程序员面试宝典

白金版

赵海军 编著

中国铁道出版社
CHINA RAILWAY PUBLISHING HOUSE

内 容 简 介

本书的一手资料来源都是各大 IT 公司的经典面试真题，很有代表性，笔者对这些真题进行了深入、细致地分析，并对其中的重点知识进行了特别说明，可以做到以点代面，能够延伸出相关的关键知识理论，可谓是“授人以鱼，更授人以渔”。

全书分为五部分共 22 章，求职准备篇包括先谈谈程序员、如何书写成功的求职简历、求职途径和准备工作不能少；编程基本功——C/C++与数据结构篇包括 C/C++语言基础、字符串与数组、函数、指针与引用、预处理和内存管理、循环与递归、面向对象、位运算与嵌入式编程和数据结构与常用算法；操作系统、数据库和网络篇包括操作系统、数据库与 SQL 语言、计算机网络；综合能力测试篇包括英语面试、电话面试和 IQ 测试；职场发展篇包括我上班了——第一次步入职场、发扬特长，寻找晋升机会；最后通过面试经验大杂烩介绍一些求职过程中的注意事项和技巧。

本书不仅适合计算机相关专业毕业生阅读，也可作为正在应聘软件行业相关工作的求职人员的参考用书，同时还可作为广大 IT 从业人员求职面试的指导书。

图书在版编目（CIP）数据

程序员面试宝典：白金版/赵海军编著. — 北京 ：
中国铁道出版社，2014.8

ISBN 978-7-113-18453-7

Ⅰ.①程… Ⅱ.①赵… Ⅲ.①程序设计－工程技术人员－资格考试－自学参考资料 Ⅳ.①TP311.1

中国版本图书馆 CIP 数据核字（2014）第 084591 号

书　名： 程序员面试宝典（白金版）
作　者： 赵海军　编著

责任编辑： 刘　伟　　**读者热线电话：** 010-63560056
特邀编辑： 王雪松　　**封面设计：** 多宝格
责任印制： 赵星辰

出版发行： 中国铁道出版社（北京市西城区右安门西街 8 号　　邮政编码：100054）
印　刷： 三河市华业印装厂
版　次： 2014 年 8 月第 1 版　　2014 年 8 月第 1 次印刷
开　本： 700mm × 1 000mm　1/16　**印张：** 21.25　**字数：** 346 千
书　号： ISBN 978-7-113-18453-7
定　价： 49.80 元

学员推荐

赵老师早就说想出一本书来指导程序员求职，看来今天真是梦想成真了，我也感谢赵老师对我的信任，有幸成为本书的第一批读者，拜读此书之后，感想颇深，里面讲解的好多知识点都很实用，对于程序员求职帮助很大，对于刚走向工作岗位的大学毕业生来说有很好的指导作用，推荐大家购买此书。

学员　莫可可

对于我们刚走出校门的大学生来说，真的很迷茫，不知道自己以后能从事什么工作，也不知道能不能进入自己向往的公司，作为赵老师培训过的学员，从他的讲课中我们学到了很多求职方面的知识，他所编写的这本书，我也看了一遍，受益匪浅，让我能够领略到很多之前没有接触过的知识，长进不小，感谢赵老师。

学员　柳暗花明

赵老师所写的这本书立意新颖，内容充实，按照“提出问题→解决问题→扩展问题”的模式，对大量求职过程中常见的问题进行了细致的描述和深入浅出的讲解。授人以鱼，更授人以渔，适合广大计算机毕业生和即将从事程序员工作的人员阅读，使你的求职面试事半功倍，得心应手！

学员　王晨风

虽然我已经找到了自己满意的工作，但是赵老师对我的培训起了很到的帮助，在此还要表示一下感谢，看了赵老师的书以后，确实发现了不少亮点，不仅对求职者有很大帮助，对于求职成功的人士来说也大有裨益，值得一看。

学员　刘一凡

这本书与以往的面试书籍不同，不仅讲解各种面试题型，而且还讲了很多求职技巧、职场处世技巧，对于刚步入社会的大学生，可谓是一盏职场指路明灯。不管你是刚毕业的大学生还是准备跳槽的强将，读了此书都会大为受益。

学员　咖喱猫

深入浅出的讲解，引人入胜的描述，经典的场景和贴心的知识拓展，多思路并举的知识讲解，不知不觉中便使人沉浸于无穷的面试技巧中，真是钦

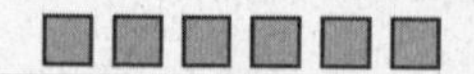

佩赵老师的独具匠心和非凡智慧。对于广大求职者来说，相信本书可以给你带来耳目一新的感觉。

学员　歪歪仔

赵老师讲课很风趣幽默，内容讲解也很有条理性，此书的写作风格与赵老师的做事风格果然一致，确实让人佩服，此书可以帮助求职者找到面试重点，从而做到心中有数，这样才能遇事不慌，从容应对。

学员　无风摇摆

本书视角独特，贴近用户，由点及面，举一反三，非常适合程序员求职者深入学习，是不可多得的面试技巧学习宝典。

学员　李明洋

虽然这不是一本保证求职成功的万能书，但是里面所讲的内容还是值得大家去品味一番的，因为很多知识，不只是对于求职，对于工作、做人都是很有帮助的，希望大家不要错过这么一本好书。

学员　何杰

前 言

刚走出校门的你，是否在为找工作而迷茫，世界之大，哪里有我的落脚之地呢？这恐怕是所有即将走向工作岗位的大学生都要经历的一个过程，也是很让人煎熬的历程。本书作者具有多年 IT 行业从业经验，对于 IT 行业的用人计划、方针、政策等十分了解，参与了很多 IT 公司的团队建设与管理。并且通过本书把自己多年积累的 IT 面试经验和盘托出，希望能够为广大 IT 行业求职人员指点迷津。

创作背景

曾经参加培训的学员问过我这样一个问题："赵老师，程序员找工作有什么捷径可走吗？"听到这个问题后，我思绪万千，现在有些大学毕业生只想走捷径，不想踏踏实实走好每一步，为自己的未来打一个好的基础。对于每一份工作或者每一件事情，其实都没有什么捷径可走，所谓的捷径也是日积月累的经验或技能。知识的探索永无止境，不断为自己补充新鲜的知识血液才是求职成功的关键。找工作不要报侥幸心理，机会是给有准备的人预留的，做好充分的准备、打好坚实的基础，那么求职成功是水到渠成的事情。

写这本书确实耗费了我很大的心力，内容的组织是否合理、取材是否有针对性、知识点分析是否到位，等等，一系列问题一直围绕在我的脑海。为读者奉献一本完美的面试指导书是我写这本书的夙愿，只有对广大求职面试者有帮助，我才会感到欣慰，才会有一份收获的喜悦。

对于广大毕业生来说，都要面临自己的第一份工作，这是人生的一个转折点，也是大多数人以后为之努力和奋斗的方向，很可能一个人的终生定位就是从第一份工作开始。选择正确和适合自身发展的工作确实不容易，有的工作是自己喜欢却没人接收，有的工作是自己不喜欢却被人录用了，好多人都是被动去工作，不一定按照自己的意愿来工作。俗话说，"干一行，爱一行。"其实这句话寓意深重，通过一个人的工作态度就能看出这个人的品行如何。作为刚刚走向工作岗位的大学毕业生，一定要摆正心态，抱着谦虚好学的态度去应对职场中的事务。无论做什么工作一定要有责任心，不要存有应付的心态去工作，这样再好的工作也会从你手里溜走的。

笔者作为 IT 行业的培训师，曾经面试过很多求职者，其中不乏眼高手低的人士，他们的美好憧憬很不错——以后要自己开公司，自己做项目，想法确实不错，但是很不切合实际。敢想敢干才是实现目标的动力，整天浮想联翩，而不付诸行动，再好的想法也是空想。在此笔者提醒即将走向工作岗位的你，一定要本着“要想做好事，先要做好人”的原则去做事，认真对待每一件事，注重细节，不能粗枝大叶，日积月累的工作细节会对你走向成功有很大的帮助。

上面所说的都是笔者多年来在IT行业摸爬滚打总结出来的实实在在的经验，希望对广大求职者能有些许帮助。

笔者近几年从事IT技术培训工作，培训了很多学员，他们大部分都是即将走向工作岗位的大学生，正是和这么多学员的接触让笔者积累了很多IT从业经验，也促成了本书的出版。

程序员就业形势分析

程序员就业范围应该是非常广泛的，如软件工厂式的编程工作、项目开发的编程工作、用户单位维护类的开发工作、后台编程工作、前端编程工作、编制网站、软件培训、与硬件相关的汇编级编程工作、数据库类编程和管理工作。随着软件专业化分工越来越细，就业种类也越来越多。面对各种就业种类，如何去选择适合自己的工作是广大毕业生很难抉择的。只有先决定就业方向，再根据就业方向所要求需要掌握的技能，才能确定自己要学的知识。

10 年前，大学生在学校里学习程序设计语言，自己从无选择程序语言的意愿，基本上是学校规定学什么，自己就学什么，从没有考虑到这些学习对今后分配工作的影响。这可能是当时的社会环境下，不愁就业的状况造成的。如今，社会已经发生翻天覆地的变化，程序员从高高在上的“稀缺人才”，变成“IT民工”。期间的变化，令人感慨和无奈。不得不承认，我们已经进入了一个市场经济的社会，更是一个竞争的市场经济的社会。面对市场、面对竞争，大学毕业生必须要适应社会的发展和进步，为自己的未来打好坚实的基础。

随着IT行业的飞速发展，对于程序员的需求也越来越大，尤其是一些高端程序员。对于程序员来说工作机会很多，主要看你有没有硬实力，有没有真才实学。

本书特色

◆案例真实，具有代表性

书中所讲题目全部来自各大IT公司的经典面试真题，很有代表性，笔者对这些真题进行了深入、细致的分析，并对其中的重要知识点进行了特别说明，可以做到以点代面，能够延伸出相关的关键知识理论，可谓是“授人以鱼，更授人以渔”。

◆ 求职技巧分析到位

详细讲解应聘者从职业规划、求职渠道、简历、面试过程等各个环节需要注意的问题，还对以后职场发展进行了具体分析。

◆ 专业知识讲解透彻

通过面试真题讲解专业知识，让求职者真正了解所学知识能用在实际工作中的哪些方面，并且熟悉企业常见的面试题，为应聘做好充分的准备。

◆ 内容安排方式新颖

每个面试真题通过出现频率、真题解析和参考答案 3 个方面进行讲解，还穿插“面试官点睛”栏目对关键知识点进行点拨，可以帮助求职者把握复习重点。

致 谢

本书的顺利出版得到很多人的鼎力支持，感谢中国铁道出版社的刘伟编辑，正是你的慧眼发现了本书的选题立项，并在本书的创作过程中提出了很多中肯和有建设性的意见，在此笔者真心表示感谢。

感谢毛军捷、刘斌、刘中兵、大漠穷秋审阅了本书，并提出很多好的建议，使得本书更加完善。最后感谢我的学员莫可可、柳暗花明、王晨风、刘一凡、咖喱猫、歪歪仔、无风摇摆、李明洋、何杰，你们的阅读心得给我的启发很大，也是我写完这本书的动力。

由于笔者水平有限，加上时间仓促，书中难免有不足之处，恳请广大读者批评指正。

编 者

2014 年 5 月

目 录

CONTENTS

第 1 部分 求职准备篇

第2部分 编程基本功——C/C++与数据结构篇

第 4 部分　综合能力测试篇

第 5 部分　职场发展篇

第 1 部分

求职准备篇

面试是获得一份工作的开始，也是求职者跨进职场的第一步。如何成功地打开求职面试的大门，是每一个求职者必须要面对的问题。

面对择业，大学生的心理是复杂而多变的。一方面为自己即将走向社会，将自己所学的知识和技能回报社会，实现自己的人生价值而感到由衷的欣慰；另一方面也常常表现出矛盾的心理，害怕步入社会，害怕社会的竞争压力。所以要调整好择业心态，做好充分的准备，积极参与竞争，勇敢迎接挑战，在择业过程中这是非常重要的。

那么求职之前要进行哪些准备呢？本部分将给出答案。

第 1 章 程序员只写代码吗

赵老师，我是即将毕业的计算机专业的学生，对程序员工作很感兴趣，可是对这份工作的理解不是很透彻，想向您请教一下这份工作的优势在哪里？具体的工作职责又是什么？成为一名优秀的程序员需要具备哪些技能和职业素质呢？

这些问题提得很好，这也是很多即将走上程序员岗位的大学生共同关注的问题。程序员的工作非常令人激动，在这个行业中，缔造了无数创富“神话”，从世界富豪比尔·盖茨到中国内地富豪李彦宏，他们都是程序员出身，他们也是当代程序员的励志对象。当然，伟大的程序员不是天生的，而是后天造就的，这就需要自身具备一定的功底，并不断在工作中磨炼和提高自己。本章将对程序员工作、职责、职业素养等方面进行详细讲解，让即将走上工作岗位的你更深刻地了解自己即将从事的行业。

1.1 你了解程序员吗

程序员（Programmer）是从事程序开发、维护的专业人员。程序员的工作非常具有创造性，充满无限的挑战和乐趣。程序员的工作是伟大的，他们用智慧推动着信息时代前进的车轮；程序员的工作是神奇的，大到航天飞机，小到手机，都离不开他们编写的代码；程序员的工作是另类的，他们喜欢颠倒时空般地疯狂工作，达到忘我的陶醉境界。

程序开发可以说是当代最激动人心的一个行业，激励着无数青年人进入这个行业。但实际上，软件开发工作并不是轰轰烈烈的，软件开发者更愿意在一个安静的环境里做出惊天动地的大事。

对于职业程序员来说，一个重要的方面就是需要不断提升自己的业务技术，使其一直保持在一个较高的水平，并且要不断发展。程序员也要寻找贸易的机会，要参加研讨会，发表专业性文章和接受职业教育，这样才能使自己得到发展并且勇往直前。

让我们来了解一下程序员工作的特点。

1. 梦想家

梦想有多大，舞台就有多大。每一个程序员都有或大或小的梦想，他们以能用代码改变世界为荣，他们有着强烈的荣誉感。很多程序员都梦想着自己成为中国的比尔·盖茨，这个起点固然很高，但是如果每个人都为了自己的梦想去奋斗、去拼搏，未尝不可实现。比尔·盖茨从小就是“电脑迷”，并有“实现让每一张桌子上有一台电脑”的梦想，最终取得了非凡的成功。当代的年轻程序员如果有比尔·盖茨敢于“做梦”和为了实现梦“工作到死”的精神，那就没有什么事情做不成。如果既没有“梦”，又没有为了实现梦“工作到死”的精神，那就什么事情也做不成了。

图 1-1 怀有梦想的比尔·盖茨

2. 忍者、挑战者

作为程序员，不但要面对各种技术问题，还要忍受长期的精神压力并经受体力挑战，成功后还要承受财富暴涨暴跌的压力。软件开发这一行，不是谁都可以尝试的，需要敢于迎接挑战、有足够心理承受力的人士。例如，Facebook 的创始人马克·扎克伯格从小就受到了良好的教育，是个电脑神童。10 岁的时候他得到了第一台电脑，从此将大把的时间都花在上面。高中时，他为学校设计了一款 MP3 播放机。之后，很多业内公司都向他抛来了橄榄枝，包括微软公司。但是扎克伯格却拒绝了年薪 25 万美元的工作机会，选择去哈佛大学上学。在哈佛，主修心理学的他仍然痴迷电脑。在上哈佛的第二年，他作为一名黑客侵入了学校的一个数据库，将学生的照片拿来用在自己设计的网站上，供同班同学评估彼此的吸引力，也正是这样的恶作剧，激发了马克·扎克伯格的创业热情。后来，马克·扎克伯格干脆退学，创建了 Facebook 网站，并使其发展成为世界知名的大型社交网站。这里不是鼓励大家中途退学去创业，而是要说明，只要你有良好的承受能力和执着的追求，没有达不成的目标。

图 1-2 勇于挑战的马克·扎克伯格

3. 天使或是魔鬼

程序员意味着责任；意味着一大群企业和一大群人要受你的代码摆布；意味着企业可能井井有条，也可能一团糟。如果把自己的技术应用到对促进社会发展有用的地方，这意味着你做了十分有意义的事情。但是有些人把自己掌握的编程技术用于给他人制造麻烦，甚至是做一些违法的事情，那你应用的这门技术就是魔鬼。例如，曾经危害一时的“熊猫烧香”病毒给无数网民带来灾难性打击。这个病毒的编写者其实也是一名电脑天才，他没有什么好的教育背景，但是凭借自己对电脑的执着和热爱，借助自己的聪明才智，在编程领域有了很大的突破。然而很遗憾，这名“天才”没有把自己的才华用到刀刃上，最终锒铛入狱。作为一名程序员一定要有自己的职业道德，才能更好地服务于社会。

图 1-3 危害一时的“熊猫烧香”病毒

4. 苦行僧

程序员的工作是世界上最困难、最辛苦的工作之一。他们夜以继日地工作，经常回家很晚，要么是在加班，要么是忘了下班，对一个人的意志是极大的挑战。

5. 学无止境

有些行业，也许很多年不学新的东西也能干得很好。但在软件开发行业，每天都有新技术产生，程序员需要时刻关注新技术，并不断学习，以适应技术发展的趋势。随着手机应用程序市场的继续增长并逐渐占据主导地位，预计 Java（Android）和 C++/C#（Windows Phone）也将会重获民心，而 Objective-C 的发展势头也十分猛烈。而且，JavaScript 和 MATLAB 的趋势也很乐观。所以作为即将走上程序员岗位的你一定要适应新技术的发展，不断学习，充实自己。

1.2　程序员的分类和职责

很多即将走上程序员岗位的大学生可能对程序员的岗位分类和职责的概念很是模糊，不大清楚程序员具体的工作内容和性质。本节将从实际出发对程序员的分类和职责进行介绍。

1.2.1 程序员的分类

计算机科学发展到今天，从事程序员工作的人很多，分工也不相同，刚走上工作岗位的你，可以按照自己的兴趣以及技术主流发展趋势选择应该掌握的开发工具。按现在主流应用趋势来看程序员可以分为如表 1-1 所示的几类。

表 1-1 程序员的分类

ASP 程序员	JSP 程序员	Delphi 程序员	PHP 程序员	PowerBuilder 程序员	Linux 程序员
NET 程序员	VB 程序员	Java 程序员	JavaScript 程序员	C++程序员	Android 程序员

从编码能力来看，可分为 5 类，这 5 个分类可以形象地代表当前程序员的工作性质，能够帮助即将走上工作岗位的你更好地定位自己的工作方式。

1. 复制型

复制型就是传说中的“代码复制员”，他们对实现功能几乎没有思路，所做的事情就是从网上或是其他团队成员写的代码中复制出片段，然后放到项目中，如果运行项目出现了期望结果，则表示任务完成。这类人只会改代码，却不会写代码。他们大多对编程毫无兴趣，只是希望以此糊口而已。

2. 新手型

当产品有功能需求时，由于经验有限，程序员并不完全知道要如何实现这个功能，需要通过学习、查找资料等方式来解决问题。这种情况下的编码过程，程

序员的主要目标是“完成功能”，那么很难有多余的心思去考虑边界条件、性能、可读性、可扩展性、编码规范等问题，因此代码 Bug 可能较多，稳定性不高，常常会发生开发需要一个月，改 Bug 却要好几个月的事情。

3. 学习型

这类程序员对所在领域的语言已经比较了解，对于一般功能可以有较为清晰的实现思路，给出需求时可以通过自己的思路来实现，并且会在一定程度上考虑边界条件和性能问题。他们对可读性和可扩展性考虑很少，也没有项目级别的考虑，主要是希望通过实现代码来练手或是学习。

这类程序员最大的表现在于喜欢“创造代码”，即使有现成的实现，他们也希望自己来实现一套，以达到“学习”的目的。他们不喜欢用别人的代码，看见项目中别人实现了类似的功能，会以“需求不同”的借口来重新实现一套。这类人一般对技术有着较为浓厚的兴趣，希望能够通过项目进行学习。从项目的角度来说，这种做法最大的麻烦在于开发周期可能较长（相比直接使用现成的实现），并且会使项目代码膨胀，影响未来的维护。但由于这类程序员对技术有兴趣，如果好好培养或许会成为高手。

4. 实现型

这类程序员一般有较为丰富的经验，由于写得太多，因此不再追求“创造代码”来进行学习，同时对所在领域可能涉及的很多第三方框架或是工具都比较熟悉，当接收到产品需求时，对功能实现方案已经了然于胸，因此他们可以快速地实现需求，并且对边界、性能都有一定程度的考虑。因为能够快速实现需求功能，经常会被团队评价为高人。但他们一般仅仅停留在“完成功能”的级别上，对代码的可读性、可扩展性、编码规范等考虑较少，对项目总体把握也较少（例如控制项目膨胀、方便部署等架构级别的东西）。

这类程序员最大的表现在于喜欢“开发项目”，却不喜欢“维护项目”。他们产出的代码最大的问题就是维护较为困难，可能过上几个月再去看自己都会晕头转向。因此即使是自己写的代码，仍然不愿意维护，一般会苦了后来人。因为接口设计的缺乏，当需求变更时，发现代码要改的东西太多，然后抱怨需求变化，却很少认为是自己编写的代码有问题。这样的项目经过长时间的变更维护，最终会变得难以维护（一般表现在需求变更，响应时间越来越长）甚至无法维护，最终要么是半死不活，要么是被推倒重来。

5. 架构型

这类程序员比实现型更进一步，他们经验丰富，对相关框架和工具等都很熟悉，完成功能、稳定性、性能这些已经不再是他们的追求，更优美的代码、更合理的架构才是他们的目标。

这类程序员代码设计大多建立在对需求的详细了解和对需求变更的预测上，可扩展性较好；代码细节也尽量多地考虑边界情况、性能稳定高效；代码命名和注释都恰到好处，可读性较高；同时在开发过程中他们会不断重构，对代码做减法，保证项目可持续发展等，但由于考虑问题较多，单从实现功能阶段来看，完成速度不一定会比实现型要快。但是到了项目中后期优势会慢慢体现出来。

1.2.2　程序员的职责

如果想成为一名优秀的程序员，必须清楚自己的岗位职责，这样在以后的工作中才能少走弯路，提高工作效率。程序员的具体职责如图 1-4 所示。

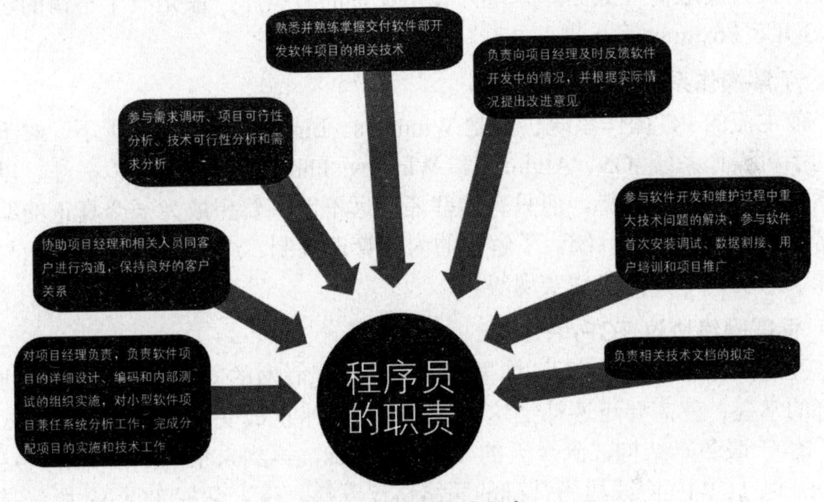

图 1-4　程序员的职责

1.3　程序员应该具备的职业技能和素质要求

程序员需要具备全面的职业技能，而且要有很高的职业素质，这样才能很好地融入工作团队中，为自己的工作竞争力增加筹码。

1.3.1 程序员应该具备的职业技能

优秀的程序员应该熟练掌握相关的技能，这样才能在工作当中游刃有余，使自己在同业的竞争中立于不败之地，程序员需要具备的职业技能如下。

1. 熟练掌握开发工具

作为一名程序员应该至少熟练掌握两三种开发工具的使用，这是程序员的立身之本，其中 C/C++和 Java 是重点推荐的开发工具，C/C++以其高效率和高度的

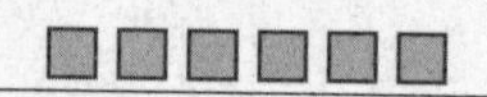

灵活性成为开发工具中的利器，很多系统级的软件还是用C/C++编写的。而Java的跨平台和与Web很好的结合是其优势所在。

其次，能掌握一种简便的可视化开发工具，如VB、VC、PowerBuilder等，这些开发工具减小了开发难度，并能够强化程序员对象模型的概念。另外，需要掌握基本的脚本语言，如Shell、Perl、HTML、JavaScript等，至少能读懂这些脚本代码。

2. 熟知数据库

为什么数据库如此重要？

很多应用程序都是以数据库的数据为中心，而数据库的产品也有不少，其中关系型数据库仍是主流形式，所以程序员要至少熟练掌握一两种数据库，对关系型数据库的关键元素要非常清楚，并熟练掌握SQL的基本语法。虽然很多数据库产品提供了可视化的数据库管理工具，但SQL是基础，是通用的数据库操作方法。如果没有机会接触商业数据库系统，使用免费的数据库产品是一个不错的选择，如MySQL，Postgres等。

3. 了解操作系统

当前主流的PC操作系统仍然是Windows、Linux/UNIX一统天下，对于当前热门的手机操作系统iOS、Android和Windows Phone，也应该加以关注，以了解这些系统的技术发展趋势。但只有这些还远远不够，要想成为一个真正的编程高手，需要深入了解操作系统，了解它的内存管理机制、进程/线程调度、信号、内核对象、系统调用、协议栈实现等。

4. 懂得网络协议TCP/IP

在互联网如此普及的今天，如果你还没有对互联网的支撑协议TCP/IP协议栈有很好的掌握，就需要迅速补上这一课，网络技术已改变了软件运行的模式，从最早的客户/服务器结构，到今天的WebServices，再到未来的网格计算，这一切都离不开以TCP/IP协议栈为基础的网络协议支持，深入掌握TCP/IP协议是非常必要的。至少，需要了解iSO七层协议模型，IP/UDP/TCP/HTTP等常用协议的原理和三次握手机制。

5. 需求理解能力

程序员要能正确理解任务单中描述的需求。在这里要明确一点，程序员不仅仅要注意软件的功能需求，还应注意软件的性能需求，要能正确评估自己的模块对整个项目影响及潜在威胁。

6. 模块化思维能力

作为一个优秀的程序员，他的思想不能局限在当前的工作任务里，要想想自己写的模块是否可以脱离当前系统存在，通过简单的封装在其他系统中或其他模块中直接使用。这样做可以使代码重复利用，减少重复的劳动，也能使系统结构更合理。模块化思维能力的提高是程序员技术水平提高的一项重要指标。

1.3.2 程序员应该具备的职业素质

优秀的程序员具有很高的职业素质，且能够在自身岗位上尽职尽责，以下是一名优秀程序员应该具备的职业素质。

1. 团队精神和协作能力

好的团队协作能力，不仅让个人受益，也能提高整个团队的工作效率，团队精神和协作能力是作为一个程序员应该具备的基本素质。软件工程已经提了将近三十年了，当今的软件开发已经不是编程了，而是工程。

独行侠写一些程序也能赚钱发财，但是进入研发团队，从事商业化和产品化的开发任务，就必须具备团队精神。可以毫不夸张地说，这是一个程序员乃至一个团队的安身立命之本。

2. 编写文档的习惯

文档是一个软件系统的生命力。一个公司的产品再好、技术含量再高，如果缺乏文档，知识就没有继承，公司还是一个原料加工的软件作坊。

作为代码程序员，必须将 30%的工作时间用于写技术文档，如图 1-5 所示为一份规范的技术文档。规范的技术文档必须层次分明，详略得当，让人阅读起来没有什么障碍。没有文档的程序员势必会被淘汰。

性能测试环境搭建手册

1. 虚拟机设置

网络设置为桥模式，2CPU X 2 核心，2GB 内存，启动 Virtualize Intel VT-x/EPT or AMD-V/RVI 支持。

2. 安装介质说明

- 官方 CentOS5.6 i386/x86_x64
- Wdlinux.cn 发布的 Lanmp2.1 整合包
- Rpc.rstatd
- Nmon

3. 安装步骤

（1）先默认安装 CentOS5.6。

（2）安装选项为语言英文，区域上海，网卡 DHCP，密码 51testing，设置不选任何组件，再选择自定义安装：

- Development 中的 Development Libraries、Development Tools。
- Base System 中的 Administration Tools、Base、System Tools 附加 Dstat 和 sysstat。

（3）重启后使用 setup 命令关闭防火墙，然后关闭系统设置一个基础的 Snapshot，然后对该系统进行 VMWare Clone 操作，分别制作出 lamp、lnmp、lanmp 三套环境。

操作系统	平台	IP 地址 子网掩码均为 255.255.255.0
CentOS32 5.6	LAMP	192.168.11.20
CentOS32 5.6	LNMP	192.168.11.21
CentOS32 5.6	LANMP	192.168.11.22
CentOS64 5.6	LAMP	192.168.11.30
CentOS64 5.6	LNMP	192.168.11.31
CentOS64 5.6	LANMP	192.168.11.32

3.1 安装 Lanmp

使用 Yum 默认安装可能需要的库文件：

yum install -y gcc gcc-c++ make autoconf libtool-ltdl-devel gd-devel freetype-devel libxml2-devel libjpeg-devel libpng-devel openssl-devel curl-devel patch libmcrypt-devel libmhash-devel ncurses-devel sudo bzip2

使用 tar xvf lanmp_v2.1.tar.gz 解包，然后使用 sh lanmp.sh 启动安装，根据菜单选择依次安装，需要连网（安装时间较长）。

3.2 安装 Rpc.rstatd

3.3 根据情况安装 nmon

图 1-5　规范的技术文档

3. 规范化的代码编写习惯

大的软件公司的代码变量命名、注释格式，甚至嵌套中行缩进的长度和函数间的空行数字都有明确规定。良好的编写习惯，不但有助于代码的移植和纠错，也有助于不同技术人员之间的协作。例如，下面的语句写法就是不正确的：

```
rect.length=0; rect.width =0;
```

正确的写法应该为：

```
rect.length=0;
rect.width =0;
```

C 语言的语法规则规定，不允许把多个短语句写到一行，即一行只能写一条语句。

4. 测试习惯

测试是软件工程质量保证的重要环节，但是测试不仅仅是测试工程师的工作，而是每个程序员的一种基本职责。程序员要认识测试不仅是正常的程序调试，而且是要进行有目的、有针对性的异常调用测试，这一点要结合需求理解能力。

5. 学习和总结的能力

程序员是很容易被淘汰的职业，所以要善于学习总结。许多程序员喜欢盲目追求一些编码的小技巧，这样的技术人员无论学了多少语言，代码写起来多熟练，但只能说他是一名熟练的代码民工（码农），他永远都不会有质的提高。一个善于学习的程序员会经常总结自己的技术水平，对自己的技术层面有良好的定位，这样才能有目的地提高自己，从程序员升级为软件设计师、系统分析员。

6. 拥有强烈的好奇心和探索精神

什么才是一个程序员的终极武器呢？那就是强烈的好奇心和探索精神。没有比强烈的好奇心和探索精神更好的武器了，它是程序员们永攀高峰的源泉和动力所在。

1.4 成功程序员的自我定位

程序员的自我定位很重要，这很可能决定一个人终生的职业取向，所以要寻找好自己的职业方向，为以后所从事的工作打下坚实的基础，涉及自身职业定位的因素有很多，这里总结了 4 条主要因素。

1. 就业方向

程序员就业范围应该是很大的。包括软件工厂式的编程工作，项目开发的编程工作，用户单位维护类的开发工作。具体就业方向如图 1-6 所示。

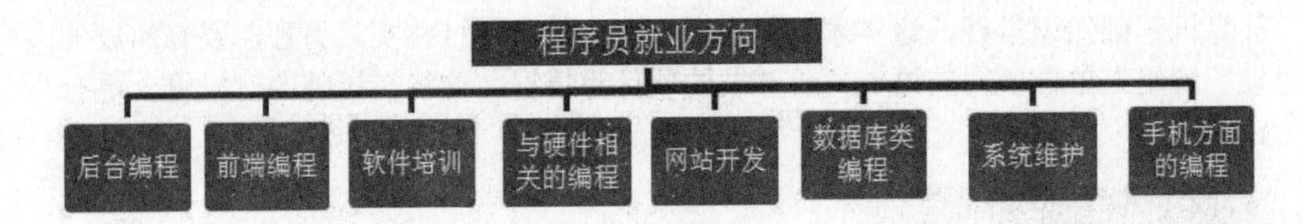

图 1-6　程序员就业方向

随着软件专业化分工的加快，分工会越来越细，就业种类就越来越多。面对各种就业种类，如何去选择是仁者见仁智者见智的。只有先定好就业方向，然后根据就业方向要求的必须掌握的语言，才能确定自己要学的语言。

如果想做后台的编程工作，就可以选择 C 语言、数据库等。
如果想编写网站，就会在 C#、Java、PHP 中进行选择。
如果想做底层与硬件有关的编程，就去学习汇编和专业的单片机语言。
如果想做手机方面的开发，可以选择 Android 语言。

2. 市场状况

当自己不知如何选择的时候，可以从"唯利是图"的角度出发，看看在程序员这个行当中，做什么职业收入最高。可以通过网络搜索的方式，去反复比较，找到收入相对较高的职业，然后根据这个职业要求选择所需的编程语言。

当然也可以从"技术至上"的角度出发，通过网络搜索的方式，看看当前哪种语言最流行，因为流行的程序往往体现这种语言的未来可持续的发展，当选择了流行的语言的时候，就意味着软件市场对这种语言的程序员需求是比较大的，因此，就业的概率相对较高。但是，正是需求增加，在供过于求的情况下，竞争就会加剧，如果没有更多的能力体现的话，就很难在竞争中胜出。

当然，也可以反向思维，选择相对比较冷门的职业，由于冷门，竞争就会有所减弱，就业的概率会大大增加。

3. 社会资源

对于已经工作过的人来说，就业还取决于个人的社会资源，假如你有足够的社会资源，你就可能想到哪儿就到哪儿，当然，这只是个别现象。其他的个人社会资源，如学校、家庭、朋友等，都是你求职的重要因素。例如，你的朋友正好在一家软件公司，而这家软件公司正好要招聘你这种程序员，求职往往会很快成功。因此，将目光放在你的社会资源上，看看他们能够触及的单位，然后，了解这些单位对程序设计语言的要求，再进行语言的准备还是非常有必要的。

4. 个人因素

你通过各方面考量，最终选择了就业方向，也就确定了你的程序设计语言。这种语言可能是你在学校学过的，也可能没有学过，但是对于你来说都要有一个重新学习的阶段。这个学习阶段和大学里无忧无虑的学习有着本质的不同，这可是关系到你能否被用人单位录用、今后生存、职业生涯的规划的头等大事。因此，你不但要把用人单位所需要的程序设计语言学好，而且要把相关的其他语言、计算机基础知识学好。这样才能把你的个人编程基础打扎实。另外，要有的放矢地了解用人单位所用的语言、所开发的项目等情况，这样在招聘的时候就会更有把握。

面试官寄语

我们可能因为语言而获得就业的机会，也可能因为语言失去工作。关键是我们每时每刻要注重语言的发展趋势，注重用人单位的语言发展趋势。语言的学习可以伴随程序员终身。从我的经验来看，要想进入程序员这个行业，主流的语言都是应该了解和掌握的，至于掌握的深度根据就业的要求深浅不一。因为，语言的掌握是没有止境的，人们不可能为掌握语言花费太多的时间和精力。就目前而言，学习.NET、Java、Android 等任何可用于网络应用软件开发的工具都是非常有前途的，因为基于网络、互联网、手机的软件是未来软件开发的主流。作为一名优秀的程序员一定要坚守自己的职业操守，把自己的才华施展到社会需要的地方。切记，不能利用自己掌握的技能去做违背职业道德或国家法律的事情。

第 2 章

成功第一步：书写好的求职简历

赵老师，我参加了好多场招聘会，在网上也投了好几十份简历，可是通知面试的寥寥无几，这是什么原因造成的呢？

造成面试机会少的原因很简单，是你的简历做得不够漂亮，不能打动面试官。简历是进行面试的第一步，如果没有一份过硬的简历，得到面试的机会很少，求职成功的概率也小。所以，准备一份好的简历，也是跨向求职成功的第一步。本章我们讨论一下如何书写成功的求职简历。

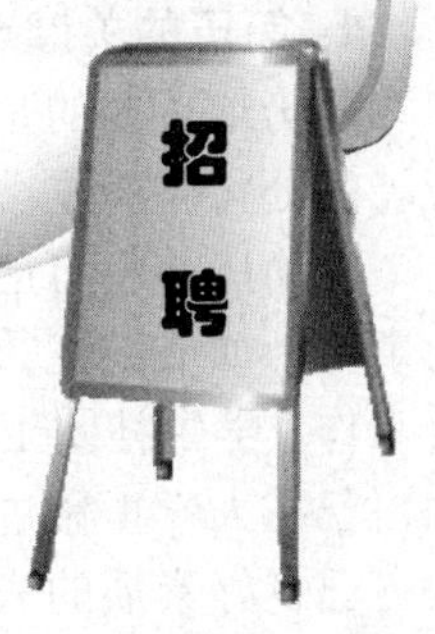

2.1 从面试官的角度来写简历

简历是面试过程中必不可少的一份材料，它是简明扼要地对个人学历、工作经历、业务能力及其他有关情况做出的书面介绍。简历是招聘单位和应聘者之间的桥梁，是企业决定录用与否的重要评价工具。简历写得好坏将直接关系到应聘者是否能进入下一轮的角逐，因此简历的设计至关重要，需要应聘者认真地去准备。图 2-1 所示是求职者通过简历求职的过程图解。

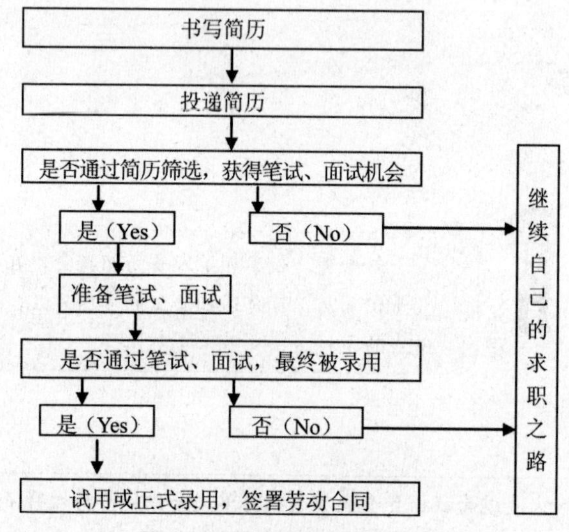

图 2-1 通过简历求职的过程

笔者曾参加过多次大型招聘会，为自己所在的部门招聘人才，在一次大型招聘会上，收到 1 000 多份简历，但招聘的职位只有 10 个，通知第一轮面试的有 100 人左右，面对林林总总的简历，不可能每一份都去仔细浏览，一般一份简历的停留时间不会超过 10 秒，求职者的简历如何能抓住面试官的眼球，这就要有一定的技巧了。以下是笔者从一名面试官的角度出发整理出来的如何书写抓人眼球的简历。

1. 简历的关键点

简历最重要的是要有针对性。这个针对性有两层含义：一是简历要针对你所应聘的公司和职位；二是简历要针对你自己，写出自己在大学的亮点。

写简历前将自己在大学的学习、社会工作和生活仔细回想一遍，写下有亮点的事情。如成绩优秀，获得过奖学金或者获得过什么竞赛奖励等；如参加过学生会工作、学生社团工作，到哪些单位实习过，组织过什么活动，取得什么成绩等；如自己在大学里做过什么有意义的事情等。找出自己与众不同的地方，找出能反映自己良好素质的成绩或实践活动。

根据所应聘的岗位和公司进行一定的筛选和修改。如果是应聘技术型的工作，重点要突出你的专业成绩、实践能力、团队精神等。简历上应该体现你的专业成绩，曾经做过的与应聘岗位有关的项目及所取得的成绩，或在专业刊物上发表的论文；另外，也可以稍加一点你参加的社会活动，表现你的团队合作精神。如果是应聘销售类的工作，重点要突出你的沟通能力、人际交往能力和不服输的精神。简历上应体现你的社会活动业绩，曾经做过的兼职，以及因为坚持和毅力取得的成绩。

2. 简历的主要要素

招聘人员在筛选简历时一般会重点注意几项内容：应聘者的期望；与公司招聘岗位所需素质相关的表现，如学习成绩、社会工作经历、体现个人优秀素质的独特经历；另外，也注意教育背景、学历、专业、毕业的大学；如果需要面试，应聘者的一些基本信息不可少，如姓名、联系方式等。由此可见，一份简历至少要包括以下几个方面的内容。

- ◆ 应聘的岗位或求职希望。
- ◆ 基本信息：姓名、性别、联系方式（邮寄地址和邮编，联系电话，电子邮件）；最好留下手机号并保持手机畅通。
- ◆ 教育背景：最高学历，毕业院校，专业。
- ◆ 与应聘岗位需求素质有关的表现、经历和业绩等，最好主题突出，条理清楚地写下来。

总之，简历的重点是自己的亮点与应聘岗位匹配，在写简历的时候不要忘记简历是展示自己特点获得面试机会的重要工具。

2.2　简历书写注意事项

很多人不知道如何写简历，即使写出来了，也是层次混乱，重点不突出。笔者接触的不少 HR 抱怨收到的许多简历都很糟糕。简历应该如何做到在格式上简洁明了、重点突出？求职信应该如何有足够的内容推销自己？如何控制长度，言简意赅？下面介绍一些书写简历的注意事项。

- ◆ 要仔细检查已成文的个人简历，绝对不能出现错别字、语法和标点符号方面的低级错误。最好让文笔好的朋友帮你审查一遍，因为别人比你更容易检查出错误。
- ◆ 个人简历最好用 A4 标准复印纸打印，字体最好采用常用的宋体或楷体，尽量不要用花里胡哨的艺术字体或彩色字，排版要简洁明快，切忌标新立异，排得像广告一样。因为你应聘的是程序员的工作，不是美工方面的工作。
- ◆ 要记住你的个人简历必须突出重点，它不是你的个人自传，与你申请的工作无关的事情尽量不要写，而对你申请的工作有意义的经历和经验绝不能漏掉。

◆要保证你的简历会使招聘者在30秒之内，即可判断出你的价值，并且决定是否聘用你。

◆个人简历越短越好，因为招聘者没有时间或者不愿意花太多的时间阅读一篇冗长空洞的个人简历。最好用一页纸，一般不要超过两页。

◆切记不要仅仅寄你的个人简历给应聘的公司，附上一封简短的应聘信，会使公司增加对你的好感。否则，你成功的概率将大大降低。

◆要尽量提供个人简历中提到的业绩和能力的证明资料，并作为附件附在个人简历的后面。一定要记住是复印件，千万不要寄原件给招聘单位，以防丢失。

◆一定要用积极的语言，切忌用缺乏自信和消极的语言写个人简历。最好的方法是在你心情好的时候写个人简历。

◆不能凭空编造你的经历，说谎永远是卑鄙的，没有哪个公司会喜欢说谎的员工，但也没有必要写出所有你真实的经历，对求职不利的经历可忽略不写。

◆要组织好个人简历的结构，不能在一个个人简历中出现重复的内容。让人感到你的个人简历条理清楚，结构严谨是很重要的。

◆最好用第三人称写个人简历，不要在个人简历中出现“我”的字样。

◆个人经历顺序应该从现在开始倒过去叙述，这样可使招聘单位在最短的时间内了解你最近的经历。

◆在结构严谨的前提下，要使个人简历富有创造性，使阅读者能产生很强的阅读兴趣。

◆遣词造句要精雕细磨，惜墨如金，尽量用简练的语言。

◆不要过分谦虚，简历中不要注水并不等于把自己的一切，包括弱项都要写进去。有的学生在简历里特别注明自己某项能力不强，这就是过分谦虚了，实际上不写这些并不代表说假话。有的求职学生在简历上写道：“我刚刚走入社会，没有工作经验，愿意从事贵公司任何基层工作。”这也是过分谦虚的表现，这会让招聘者认为你什么职位都适合，其实也就是什么职位都不适合。

◆言辞要简洁直白：大学生的求职简历很多言辞过于华丽，形容词、修饰语过多，这样的简历一般不会打动招聘者。简历最好多用动宾结构的句子，简洁直白。

◆不要写上对薪水的要求：在简历上写上对工资的要求要冒很大的风险，最好不写。如果薪水要求太高，会让企业感觉雇不起你；如果要求太低，会让企业感觉你无足轻重。对于刚出校门的大学生来说，第一份工作的薪水不重要，不要在这方面费太多脑筋。

◆ 不要写太多个人情况：不要把个人资料写得非常详细，姓名、电话是必需的，出生年月可有可无。如果应聘国家机关、事业单位，应该写政治面貌。如果到外企求职，这一项也可省去，其他都可不写。

掌握了上述要领，对于求职者来说，应该具备书写一份过硬简历的基本技能了。

2.3　合格与不合格的简历对比

2.3.1 合格的简历

一份合格的求职简历应该包括如表 2-1 所示的内容。

表 2-1　一份合格简历包括的主要内容

基本情况	教育背景及培训背景	工作（实习）经历及项目经验	其　他
姓名、性别、出生日期、婚姻状况和联系方式	按时间顺序列出大学至最高学历的教育背景	按时间顺序列出工作至今的工作情况，包括单位名称、职务、就职时间、离职时间及工作内容	个人特长及爱好、其他技能、获奖情况

对于初出茅庐的大学生来说，工作和实习经历很重要，用人单位会十分看重这些，如果有这方面的经历一定要如实写上，如勤工助学、课外活动、义务工作、参加团体组织、实习经历和实习单位的评价，等等。这部分内容要写得详细些，指明你在社团中、在活动中做了哪些工作，取得了什么样的成绩。用人单位要通过求职者的这些经历考查其团队精神、组织协调能力等。如果应聘外资企业、大的跨国公司，一定要附上英文简历，而且要把最近的经历放在最前面，简历前面最好附一封推荐信。一定要认真对待英文简历的编写，因为它会显示你的实际英文水平。下面是一份合格的简历模板。

求 职 简 历

个人介绍

姓名：小程

性别：男

出生日期：1987/08/09

学校及专业：北京大学　计算机软件及工程专业

学历：硕士

移动电话：136********

电子邮件：xiaocheng@163.net

教育背景

2010/09—2013/06：北京大学 | 计算机软件及工程专业 | 硕士

2006/09—2010/06：北京工业大学 | 计算机科学与技术 | 本科

专业技能

1．软件结构设计，需求分析能力

2．精通 C/C++、C#、SQL、Flash

3．熟悉 Windows 开发平台，精通 Linux 下的 C 语言编程

4．熟悉 UML 统一建模语言

5．深入理解面向对象的思想，并能熟练地应用于具体的软件设计开发工作中

6．英语水平：国家八级

实践经验（近期）

2013/01—2013/06

与导师合作，用 C 语言开发污水流量监测系统，并应用到北京市政监测系统，能够实时监控污水流量，并通过验证。

2012/03—2012/09

与实验室人员合作，开发了机床控制核心处理器，能够精确控制机床的工作精度，可用于高精度零件的加工。

2011/09—2013/06

东方配学学校 C 语言培训师

获奖情况

在全国机器人大赛中获得程序开发二等奖；北京大学软件开发竞赛中获得一等奖；多次获得学院一等奖学金。

其他特长

文学和美术功底较好，爱好打乒乓球、踢足球，是院足球队主力。

个人评价

本人性格开朗、为人诚恳、乐观向上、兴趣广泛，具有强烈的工作责任心，有良好的沟通能力和团队合作精神、承压能力；学习能力强，有优秀的逻辑思维能力与自我管理能力；拥有较强的组织能力和适应能力，并具有较强的管理策划与组织管理协调能力。

我谦和、谨慎，富于团队精神，希望您能给我这样一个机会展示自己。

谢谢。

2.3.2 不合格的简历

上面列举了一份合格的简历，但是有很多同学的简历写得很乱，让人摸不清头绪，从而失去了面试的机会。下面是刚毕业的小王写的一份简历，但是简历投出去之后犹如石沉大海，得到面试的机会很少。

求 职 简 历

个人介绍

姓名：小王

性别：男

出生日期：1987/08/09

专业： 计算机软件

学历：本科

移动电话：136********

电子邮件：xiaowang@163.net

特长

1. 喜欢旅游，曾游过全国大部分名胜
2. 爱好摄影，拍摄了很多风景照片
3. 喜欢编程工作
4. 精通所有的计算机编程语言
5. 精通一切与计算机相关的技术，并能熟练应用

获奖情况

获得校二等奖学金两次，获得全国大学摄影比赛三等奖。

个人评价

在大学期间，我始终以提高自身的综合素质为目标，以自我的全面发展为努力方向，树立正确的人生观、价值观和世界观。为适应社会发展的需求，我认真学习，并发挥自己的特长，挖掘自身的潜力，结合每年的假期实践，逐步提高了自己的学习能力以及一定的协调组织和管理能力。学习之余，我还坚持参加各种体育活动与社交活动。在日常生活中，我比较喜欢运动，如打网球、羽毛球、篮球、台球，我觉得这些体育运动不仅锻炼自己的体质，也锻炼自己的大脑，开拓自己的思维、能动性和团队配合意识。在家里喜欢养花，我觉得养花是一种爱好又可以培养自己的责任心。在思想行为方面，我作风优良，待人诚恳，能较好处理人际关系，处事冷静稳健，能合理地统筹安排生活中的事物，作为一名计算机专业的大学生，我所拥有的是年轻和知识。年轻也许意味着欠缺经验，但是年轻也意味着热情和活力，我自信可以凭借自己的能力在以后的工作生活中克服各种困难，不断实现自己的人生价值和追求的目标。

这段简历给人的第一印象就是太虚，没有重点，让人感觉不真实，让面试官不知道求职者具体擅长什么，所有的技术都精通，那是不现实的。作为求职简历一定要真实客观地反映求职者的现实情况，切忌太浮夸，每一个企业都不喜欢不诚实的员工。记住，写简历时，要强调工作目标和重点，语言简短，多用动词，并且避免使用不相关的信息。人力资源管理者都很繁忙，在筛除掉不合适的应聘者前不会花费时间来浏览每一份简历。简历一定要写出你的专业特长，一定要有针对性。

不合格简历的特点如下。

1. 主次不分

很多简历，内容庞杂，形式混乱，应聘者贪多求全，恨不得把所有的事情都写上，反倒让人搞不清楚应聘者究竟想表达什么。不同的经历，展示不同的能力；同一经历，不同的描述，也能展示不同的经历。写得混乱，只会让人觉得应聘者

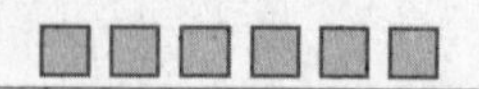

思维混乱、主次不分、目标不明。你想成为什么样的人，就把自己塑造成什么样的人，不要奢望招聘者是伯乐。

2. 重点不突出

对于应届生而言，阅历少、经验不足，但至少教育背景会是一个亮点。在面试中发现，有的应聘者只言片语带过自己的教育背景，甚至将本科教育经历和硕士教育经历写在一行，很难发现是研究生。其实，企业对于应届生的考查，并不是特别重视社会经验，关键在于应届生的学习能力、适应能力、沟通能力和严谨程度。

3. 瞎编

同一件事情，从不同角度可以进行不同描述，表达不同的目的。经历是可以挖掘的，但挖掘不等于编造。倘若是编造，被人深入提问几次，水分立刻就出来了。

4. 缺乏针对性

用一份标准模板做出来的简历适用于多种行业、多个职位的求职。精明的HR稍稍瞄上一眼就能明白，此人拥有“一份简历求遍天下职”的“雄心壮志”。没针对性，自然入不得HR的法眼了。

5. 职业路径混乱

工作一年换两三家公司，五年内进过六七个不同行业，职业经历没有连贯性，频繁跳槽、职业生涯空白期尽显HR眼底。职业生涯太乱，企业不敢用。

6. 信息表达不到位

描述工作经历时，只罗列工作内容，注重表达曾做过什么，很少有人能从过往工作经历中体现出自己的价值。

7. 未表达真实价值

花了数百字之多来描述自己曾经的学习背景和工作经历，甚至是参加过怎样的特殊培训，文笔流畅、颇富感情、感受真实，但就是让人看不懂这些经历的背后自己积累了多少宝贵经验和技能。当下的求职，要求会表达更要能总结，一个好的产品要想被市场接受，首先得亮出它的价值与特色。

8. 相片不合适

简历配上一张相片可以加深HR对你的印象，根据统计有将近三成的人配了相片。而在配过相片的人群中，有近三分之一的相片很不合适。有的是Q版大头贴，可爱搞怪五花八门；有的是装嗲真人秀，搔首弄姿极尽妩媚；还有的是自拍狂，家里的窗帘、书桌、灯饰分别做背景，统统发来当附件。HR坦言：一份简历配上好的相片能加分，而一张不合时宜的大头贴会让你直接被淘汰。

9. 信息错乱明显

简历中有明显的信息错乱，工作经历重复填写，重要信息漏填，语句不通，错字连连，出现断句，表达混乱，甚至滥用省略号、破折号。

10. 隐瞒基本信息

简历不写真实姓名，用“李先生”、“张小姐”等字样代替；工作背景描述中，常常以“A 公司”、“某公司”、“B 经理”、“某主管”来替换，故意隐瞒其真实信息。这样一方面给 HR 的背景调查带来了阻碍，另一方面也表现其严重缺乏诚意。

要想写一份合格的简历必须要杜绝上面这些现象。

面试官寄语

简历写得再好，还需要能力来证明。能力从何而来？是从实践当中来的，是你在实际的工作和社会交往中，一点一点积累起来的，是你从经历过的事情当中不断总结和领悟到的，是书本上无法明确表述的。能力是建立在你对人和对事情的正确的认识和把握基础之上的。能力也是建立在你不断自我否定的过程当中的。

能力更是建立在我们不再自以为是的认知上的。实实在在地写一份简历是最重要的，不仅能够突出个人能力，而且也能看出一个人的品德。简历不要夸大其词，一定要，实事求是，这样才能使正在求职的你在这个纷杂的社会中踏踏实实地立足。

第3章 探路先行：求职途径

赵老师，在毕业之前，我从来都没有自己单独找过工作，也没有自己去应聘过，我想了解一下找工作的具体途径都有哪些。

现在找工作的途径有很多，有校园招聘、招聘会招聘、网络招聘、报纸招聘等。随着互联网的高速发展，网络招聘已经是现代企业招聘人才，应用最广泛的途径了。下面我们就来探讨一下求职具体都有哪些途径。

3.1 校园招聘

校园招聘包括高校、中等专业学校举办的招聘活动，专业人才招聘机构、人才交流机构或政府举办的毕业生招聘活动，招聘组织（主要是大型企业）举办应届毕业生招聘活动，企业委托高校或中等专业学校培养，邀请学生到企业实习并选拔留用，企业在学校设立奖学金并在享受者中选拔录用和校园招聘专业网站。

校园招聘一般在 9 月中旬就开始启动，主要集中在每年的 9~11 月和次年的 3~4 月。虽然国家对招聘毕业生的启动时间有一定的要求，但不属于硬性要求。9 月初毕业生的最后一个学年开始后，出于招揽优质人才的考虑，越来越多的用人单位都越来越早地进入校园，通过校园宣讲会的形式提前介入到校园招聘活动中。10 月则是目前校园招聘的旺季，高潮会一直持续到 11 月底。

春节前后则迎来了校园招聘的淡季，节后 3~4 月会再现一次小高潮，主要争夺公务员考试和研究生考试失利的一批毕业生。即将走上工作岗位的你一定要抓好校园招聘的机会，校园招聘可以让你面对面了解所要应聘的企业或者招聘负责人，这样也能更好地为你的面试做一些准备。现代高校毕业生就业压力越来越大，校园招聘也十分火爆，如图 3-1 所示为一场火爆的校园招聘会现场。

图 3-1　火爆的校园招聘会

对于即将毕业的大学生来说，校园现场招聘会具有以下优点。

- ◆ 减少毕业生的求职成本。毕竟招聘会就在本校，避免了毕业生四处奔波的劳累，也减少了求职成本。
- ◆ 应聘更有针对性。其他的招聘形式，通常企业会要求应聘者具有工作经验，有些企业还会有户口方面的限制，这对于刚毕业的学生来说，无疑是不可逾越的拦路虎。但是在校园现场招聘会中，不存在这种现象。
- ◆ 用人单位招聘信息的真实准确性。由于招聘信息来源多样化，毕业生在求职过程中，难免会遇到上当、受骗的情况。但是，在校园现场招聘中，主办方（通常是校方）会详细核实用人单位的招聘信息，这样在很大程度上降低了毕业生求职过程中上当的风险。

为了增加求职者在校园现场招聘会中获胜的概率，求职者应注意以下几点。

1．有时间观念，遵守秩序

在参加校园招聘会时，应准时进入招聘现场，并且进入现场后应遵守秩序，投递简历时不能插队，这一点很重要，它能体现出一个人的综合素质，被许多面试官看重。

2．提前准备好简历

简历是成功面试的敲门砖，应聘人员在参加招聘会时应该多准备一些简历。虽然有些企业会准备一些纸张，供应聘者填写，但是，面试官看到已经打印出来的整齐的简历时，会无形中给你多打印象分。所以，应当事先准备简历，把自己的能力及求职意向表达清楚。当然，最重要的是不要忘记注明自己的联系方式，以便用人单位能及时与你取得联系。

3．保持良好的精神面貌

许多毕业生在第一次面试时，都或多或少有一些紧张，但是你应该尽最大努力克服紧张状态，面试时应面带微笑，保持平常心。这样，会给面试官留下很好的第一印象。

4．充满自信，但不盲目

求职者在面试过程中，应满怀信心，充满自信，说话声音要洪亮，不要胆怯、缩手缩脚。当然，在回答面试官问题时也不要夸夸其谈、没有重点，这样，会严重影响你的形象，面试的成功率就会大打折扣。

5．充分了解应聘公司

有一些面试官在面试时会问求职者是否听说过他们的公司、公司的主要业务有哪些、公司的市场地位怎样等内容。如果求职者对面试的公司一无所知，就会手足无措，很尴尬。相反，如果求职者能够全面了解公司的相关信息，在回答时准确地描述出公司的主要业绩、发展前景、企业文化等内容，会让面试官对你另眼相看，觉得你非常重视该公司，非常渴望加入该公司，这样面试成功的概率就增大了，有些面试官甚至会对你“开绿灯”。

3.2 网络招聘

由于科技的发展，现在信息的网络化日益显著。网络已经成为工作、生活、招聘、求职必不可少的帮手，所以在网上找工作也成为广大求职者的一种选择。据权威机构统计，目前大学生求职有60%是通过网络招聘实现的。

网络招聘作为当前的主要招聘方式，具有许多优点，当然也存在一些不足。因此求职者在进行网络招聘时应注意以下几点。

- 不要登录非正规的网站 。在校大学生应尽量在高校就业网上寻找满意的职位。
- 不要向任何网上“雇主”发送自己的某些个人重要资料。例如身份证号码、信用卡号。

- ◆不要盲目地发送自己的简历。自己要有准确的定位，否则接下来的面试会让你应接不暇。
- ◆不要同时应聘同一单位的数个不同岗位。这样做容易给招聘单位留下随意的不良印象。
- ◆不要以同一份简历应聘不同的公司。针对不同的要求 ，写几句量身定做的求职语句。
- ◆不要申请不符合自己实力的职位。如果条件仅有一两项符合的话，很可能第一轮就被刷下来。
- ◆不要以附件的形式发送求职简历。因为某些招聘单位的电脑无法打开附件，可以选择纯文本格式发送。
- ◆不要以很高的频率发送简历。这种行为很可能引起招聘单位的反感从而过滤掉你的邮件。
- ◆不要忽视已经发送的简历。最好对发出的简历做一份跟踪档案，分类并随时关注它的进展。
- ◆不要因为没有回音而过分焦虑。一定要保持平和的心态，这样才能更好地把握机会。

为了更好地帮助毕业生找工作，表 3-1 列出了一些国内比较知名的招聘网站以供参考。

表 3-1　招聘网站

网站名称	网址	网站名称	网址
智联招聘	www.zhaopin.com	卓博人才网	www.jobcn.com
前程无忧	www.51job.com	猎聘网	www.lietou.com
中华英才网	www.chinahr.com	英才网联	www.800hr.com
中国人才热线	www.cjol.com	528 招聘网	www.528.com.cn
应届生求职网	www.yingjiesheng.com		

3.3　专业的招聘网站

现在各式各样的招聘网站有很多，难免有些鱼目混杂的，所以，笔者建议应聘者网上求职要选一些正规的招聘网站，本节将介绍当今比较知名的两个网站，即智联招聘和前程无忧，以帮助求职者高效地找到自己心仪的工作。

1．智联招聘（http://www.zhaopin.com）

智联招聘网站是最近几年比较知名的一个招聘网站，入驻的招聘企业数量众多，为广大求职者提供了广泛的求职平台，其主页如图 3-2 所示。

图 3-2　智联招聘主页

（1）使用智联招聘网求职时，首先需要注册会员，登录以后可以在网站上填写简历，单击主页上的“写简历”按钮，进入简历向导页面，如图 3-3 所示。

图 3-3　简历向导页面

（2）从图 3-3 中看到，可以创建 4 种不同类型的简历。根据个人的情况单击其中的某一个按钮，即可创建指定类型的简历。这里单击“应届毕业生在此创建简历”按钮，进入填写简历页面，如图 3-4 所示。

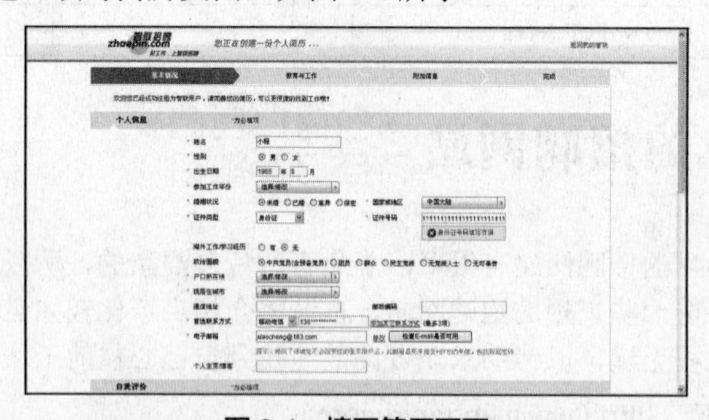

图 3-4　填写简历页面

（3）填写完简历后保存，网站会自动按照指定的样式保存你填写的简历。然后查找适合自己的职位，并且通过选中职位前面的复选框来申请该职位，如图 3-5 所示。

图 3-5　申请求职页面

2. 前程无忧网（http://www.51job.com）

前程无忧网站具有很大的影响力，是很多知名企业和公司比较青睐的一个网站，其主页如图 3-6 所示。

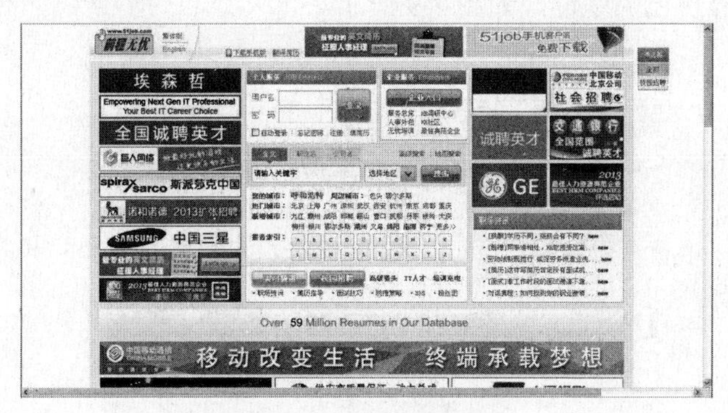

图 3-6　前程无忧主页

（1）首先需要注册会员，登录以后可以在网站上填写简历，单击主页上的“简历管理”按钮，进入简历中心页面，如图 3-7 所示。

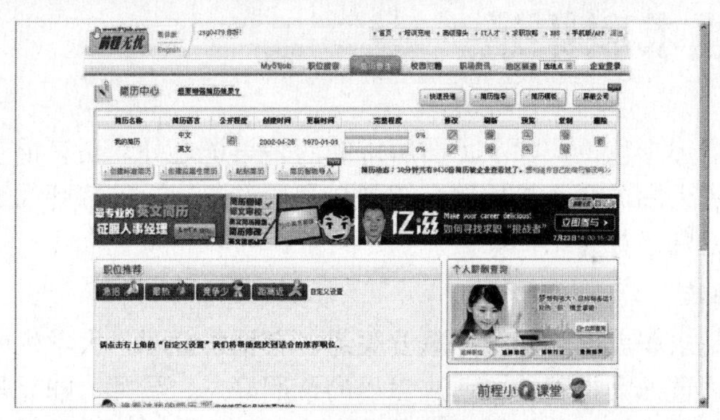

图 3-7　简历中心页面

（2）单击“创建应届生简历”按钮，进入填写简历页面，如图 3-8 所示。

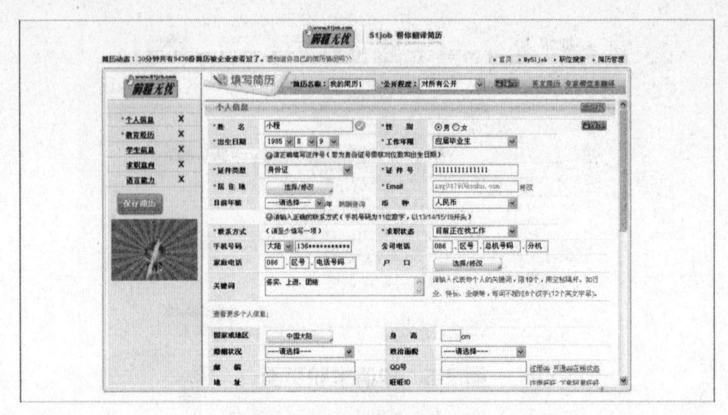

图 3-8 填写简历页面

（3）填写完简历后保存，网站会自动按照指定的样式保存你填写的简历。然后可以查找适合自己的职位，如图 3-9 所示。

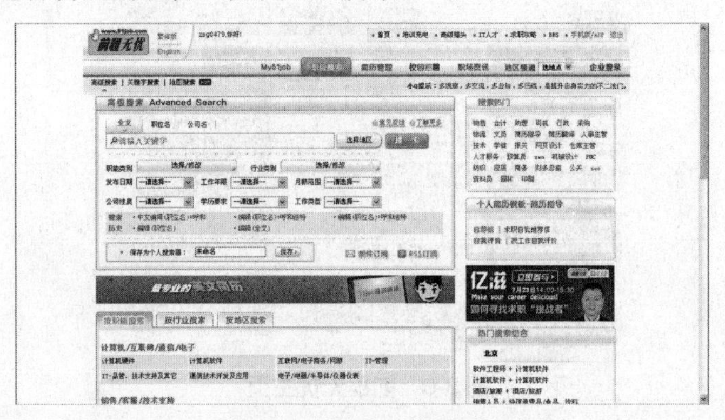

图 3-9 申请求职页面

3.4 其他求职渠道

求职的渠道形形色色，除了上面所讲的两种渠道之外，还有很多其他的求职渠道，比如通过人际关系、参加综合招聘会和通过各地区的招聘报纸获取求职信息等，本节将分别进行介绍。

1. 朋友推荐

朋友推荐是求职者不可忽视的重要渠道，有报告显示，大学生中有很大一部分人找工作是通过熟人推荐的，通过自己的亲朋好友、导师、师兄师姐获得的内部推荐机会，成功就业率非常高。这种内部推荐方式具有如下优点。

- ◆ 减少面试环节。企业在进行面试时通常会有许多环节，但是，当企业内部有熟人推荐时，通常会免去许多环节，有的甚至直接进入最终的面试环节，成功就业的概率非常大。

◆ 获得企业信任。当企业在一些重要岗位招聘人员的时候，信任会显得非常重要。相对于一个陌生的求职者来说，通过内部人员推荐，可以在一定程度上获得企业的信任。

所以这里提醒大家平时要多注意搞好人际关系。

2. 社会综合招聘会

全国的各个城市都会有定期的人才招聘会，通常都在当地的人才市场举行，这种类型的招聘会通常是综合性的，规模比较大，行业比较多，参加企业、招聘岗位、应聘人员也比较多。在这种类型的招聘会上，企业招聘的人员通常是有工作经验的人员，因此有些岗位对于刚毕业的大学生来说不是非常合适，对有工作经验的人员来说会比较合适。

3. 报纸招聘

报纸招聘是一种传统的招聘方式，其表现形式为在各个城市的报刊或专业人才刊物上发布企业招聘信息，经常阅读这些刊物，可以获得时效性较强的招聘信息。

在每年的大学生毕业之际，一些专业的人才报刊除了刊登详细的招聘信息外，还推出“择业指导”和“政策咨询”等专栏，为毕业生提供就业指导。

面试官寄语

现在招聘渠道如此之广，正在找工作的大学生，不必为自己如何找工作而发愁，真正需要做的是不断为自己充电，不断提高自身的专业知识，不能放弃每一次面试的机会，毕竟赢得一次面试机会也就赢得一次转变人生的机会。

第 4 章

不打无准备之仗：面试前的准备

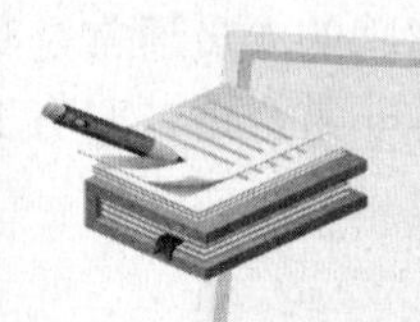

赵老师，我毕业后的目标是当一名优秀的程序员，最近面试了好几家公司，都没有被录取，到底是什么原因呢？

造成没被录取的原因有很多，你的准备工作是不是做得不充分？没有具体了解面试企业的背景或主要开展的业务，而且专业知识基础也不太牢固，这样很唐突地去面试，肯定不能博得面试官的欣赏。对于一名新的求职者，面试之前一定要做足功课，把准备工作做好。

4.1　了解应聘流程

对于没有求职经历的求职者，尤其是应届毕业生，了解应聘、面试流程是非常关键的。通常一个完整的应聘面试流程如图 4-1 所示。

图 4-1　完整的应聘面试流程

在整个应聘面试流程中，最关键的部分当属面试环节。一个规范的企业面试通常分以下几个阶段。

第一轮通常是电话面试或邮件面试。

第二轮是口语面试。

第三轮是笔试或上机面试。

只有求职者都通过了考核才算顺利过关。当然，对于一些规模较小的公司，面试流程可能会简化一些，两轮面试通过就可以了。对于大一些的公司，面试流程可能会烦琐一些，面试通常需要在三轮以上。

4.2　临场面试前的准备

要得到任何一个职位，必须经过面试这一关，短短几十分钟的面试也许就决定着你的职业生涯，当你接到企业的面试通知电话后，应该做什么呢？这也是决定成败的重要因素，一定要认真对待每一次面试的机会。以下内容将要介绍参加面试应该做的准备工作。

4.2.1 个人资料的准备

当求职者获得企业的面试通知时，不要忘记提前准备个人的资料信息，如身份证、毕业证、学位证书等。表 4-1 列出了求职者在面试时需要准备的资料。

表 4-1 个人资料

个人资料	说　明
身份证	个人的身份证明，面试时必须带的证件
毕业证	个人的学历证明，面试时必须带的证件
学位证书	如果有，建议面试时带上
户口本	有些企业招聘岗位有户口的限制，根据招聘时的条件确定带与不带
获得的专业证书、技能证书	比如英语四、六级证书，计算机等级考试证书等
个人荣誉证书	可以说明个人在校表现，也是面试加分的砝码
个人研究成果、论文或著作	这个很重要，能够充分说明个人专业能力
证件照片	在有些面试场合中会用到，建议带上

4.2.2 面试准备工作

笔者也经历过多次面试工作，被面试过，也面试过别人，下面把笔者从中总结的经验介绍一下，求职者可以借鉴一下，也许能够为你的求职之路添砖加瓦。

◆ 接到面试通知电话时一定要问清楚应聘的公司名称、职位、面试地点（包括乘车或开车的路线）和时间等基本信息，最好顺便问一下公司的网址、通知人的姓名和面试官的职位等信息。最后，别忘了道声谢。

这里提醒大家，尽量按要求的时间去面试，因为很多企业都是统一面试，如果错过可能就错失机会了。

◆ 上网查一下该公司的相关背景和应聘职位的相关情况。公司背景包括企业所属行业、产品、项目、发展沿革、组织结构、企业文化、薪酬水平、员工稳定性、发生的关键事件等，了解越全面、深入，面试的成功率就越高，同时，也有助于对企业的判断（人才和企业是双向选择的关系）。应聘职位情况包括应聘职位的名称、工作内容和任职要求等，这一点非常重要，同一个职位名称，各家企业的要求是不相同的，了解越多，面试的针对性就越强。

◆ 在亲友和人脉圈（包括猎头）中搜索一下有没有熟悉、了解这家企业的，他们的感受或了解无疑具有非常重要的参考价值。如果有熟人（无论直接或间接），能说上一两句话起码同等条件优先是可以肯定的。“有熟人好办事”绝对是放之四海皆准的真理。

◆ 去招聘会或网上投简历时，最好有个记录，包括应聘的企业和职位、哪份简历投的，哪些企业招聘会上做过简单面试，面试官是谁，面试内容是什么，提过多少待遇要求等。在接到面试通知时，马上查看一下。

◆ 学习一些实用的面试技巧。关键是要在 3~5 分钟内如何做自我介绍、如何尽可能展现自己的优势和实力，给面试官一个选择你的理由。对一些常见的面试问题要有应对的准备。最好能做个模拟面试演练，在亲友中找个在企业做经理或 HR 的做个现场评判，提提建议，以便发现问题，及时调整。这里要说明的是，一个简要而优势突出的自我介绍非常重要。

不要以为程序员就是默默无闻地编写程序，程序员也需要沟通，需要与他人交流，做一个项目你要了解客户的意图，了解团队成员的分工，与大家协作完成任务，良好的沟通能力，也是你应聘成功的优势。面试官还会通过应聘者的沟通能力来推断其是否适合做管理人员，是否有培养的价值。笔者面试别人的时候也遇到过很多不善言辞的应聘者，沟通能力很差，这样的人笔者个人认为以后的执行力也不会强。所以，大家平时一定要多锻炼自己的语言表达能力。

◆ 每家企业有不同的企业文化和对人才的软性倾向，有强调沟通协调力的、有强调执行力的，也有强调团队协作或职业感的，等等，面试者要根据现场情况发挥自己所长。

◆ 准备一身得体的职业正装，整整头发，擦擦皮鞋，也可喷点淡淡的香水，有口气的准备口香糖，出发前最好照一下镜子，好的精神面貌也会给面试官留下好印象的。

◆ 估算一下路途时间，绝对不要迟到，也不要太早到，最好是提前 5~10 分钟进场。如因堵车等原因不能准时到，也要打电话说明情况，请求谅解。

◆ 一定要充满自信，记住自信不一定成功，但不自信一定失败。心态上要平和一些，积极一些，成熟一些，不要紧张（只有放松才能把自己的东西发挥出来），让人感到你既有才干，又敬业厚道就行，毕竟谁也不会喜欢虽然太有才，但却太不让人放心的人。

◆ 在综合各种因素后认为不适合或不值得去面试的，也可以放弃，但一定要知会企业，这是职业素质的基本要求。

4.3　面试过程中的礼仪

要找到一份好工作，必须拥有天时、地利、人和。但在实际生活中，我们经常发现，一些条件很好的人，却始终无法顺利地通过最后一道关卡。究其原因，就是他们总是忽略了一些重要的细节，使求职道路一直走得不顺畅，一次次被面试官“枪毙”，一次次“死”在招聘会的面试场上。所以，面试中除了自身良好的专业素质外，求职者一定要注意各种细节，面试过程中有许多礼仪需要面试者去重视。

4.3.1 不能迟到

迟到会影响求职者自身的形象，而且大公司的面试往往会一次安排很多人，迟到几分钟就很可能永远与这家公司失之交臂了。

但面试人员是允许迟到的。这一点一定要记清楚，否则，面试人员一迟到，你的不满情绪就写在脸上，这样面试人员对你的第一印象就大打折扣了。要记住“前三分钟决策原则”，因此你稍露愠色就满盘皆输了。

而且面试人员可能的确有其迟到的理由：

一是公司可能有比招聘更重要的业务需要处理而延误了时间；

二是前一个面试可能超过了预定的时间；

三是人事部或秘书没协调好等，这种情况很有可能发生。

另外，有的主管人员由于整天在与高级客户打交道，做面试时难免会有一种高高在上的感觉，因此对很多面试细节都看得比较马虎，这样也就难免会搞错。也有人故意来晚，这也是一种考查的方式，因此你对面试人员迟到千万不要太介意。同时，也不要太介意面试人员的礼仪、素养。如果他们有什么不妥之处，比如迟到等，求职者要尽量表现得大度开朗一些，这样往往能变坏事为好事。面试无外是一种人际沟通能力的考查，你得体周到的表现自然是有百利而无一害的。另外，面试时最好提前 10~15 分钟到，可以熟悉一下环境。

4.3.2 彬彬有礼

对面试人员、服务人员都应礼貌对待，许多求职者对服务人员很不礼貌，觉得对方级别低不重要。尤其是那些自己有个一官半职的人见到比自己级别低的人就想摆出一副官架子。殊不知在现代企业文化中，级别只是代表工作分工的不同，大家都是平等的。当然这也不是教你对服务人员要阿谀奉承，只是想强调一下现代企业文化中平等性的原则。有的人虽与面试人员很谈得来，但服务人员对他却很反感。负面的评语传到面试人员的耳朵里，也可能会对面试结果产生不利影响。

不仅对面试人员和服务人员要礼貌，对别的人也应该以礼相待。这主要体现一个人的修养问题，要做到有礼有节。希望大家从现在开始就养成习惯，要是现在不养成习惯，到时候再刻意去对别人热情，很可能会显得过于殷勤了，这种例子在国内有很多。大家在初次见面的时候，都喜欢亮出自己的头衔。一旦发现对方比自己级别低或者是自己比对方资历浅，级别高的一方很自然地就摆出了一副长者或资深人员的架势，其实这是很缺乏修养的表现。这种习气已经蔓延到各个行业，遍及社会的各个年龄层了，所以我们应该格外注意，从现在开始就要养成对任何人都要有礼貌的习惯。

4.3.3　表现要大方得体

1．不要太客气

进了房间以后，所有的行动要按面试人员的指示来做，不要拘谨，也不要过于谦让。如果他让你坐，你不要客套地说“您先坐”，这样是不对的，要表现得大方得体一点。出门送客时，一般都觉得应该女士先行。有时面试你的还真是一位女经理，这时你千万不要执意让她先行，如果一定要让，最多简单地让一下就行了。因为有时候是别人送你，但人家并不走，这样在你把人家送出去之后，人家还是得回来，会很麻烦。所以应客随主便，恭敬不如从命。

2．到底喝什么

进了房间之后，面试人员可能会问你喝什么或提出其他选择时，你一定要明确的回答，这样显得有主见。最忌讳的说法是：“随便，你看着办吧。”这样说不外三个原因，一是中国人的语言习惯；二是出于你的好心，希望就着人家的方便；三是我们受到父辈的影响，觉得在别人那里喝什么、吃什么是别人赐予的东西，不应该无所顾忌地直接要求。

其实，面试人员给你喝的都是公司的正常支出，没有必要不好意思。大公司最不喜欢没有主见的员工，这种人在将来的合作中可能会给大家带来麻烦，浪费时间或降低效率。

3．讨论约见时间

如果要约定下一次的见面时间，有两种不好的情况要避免：一是太随和，说什么时间都行，这样会显得自己很无所事事；二是很快就说出一个时间，不假思索。比较得体的做法是：稍微想一下然后建议一到两个变通的时间，不要定死，而是供人选择，这样可以相互留有余地。即使你有五个可行的时间也别统统说出来，那样会显得啰唆。而且别人一旦觉得你空闲的时间太多就会随其所愿随便约定，这样就会给你带来不便。例如你去电影院看电影，若整个影院都是空的，那么你也许会为了找一个合适的位子花上三分钟的时间，把每一个座位都试着坐一坐，面试人员也可能有这样的心理。你可以先给他一两个时间，如果他觉得不合适，他自然会说出他可行的时间，只要他所提的时间与你的某个空闲相吻合，问题就解决了。但他提的时间万一还不行你不妨抛出下一套方案。

4．自然而不随便

虽说“礼多人不怪”，要保持自然，不要客套太多，也不能过于随便。这个“度”需要把握好。

5．形体语言

要注意检点自己的一言一行，因为这些都有可能引起别人的注意。而对方的一举一动虽然无言，却也可能有意。要善于察言观色，比如自己说得太多了，就要注意一下是不是自己太啰唆了，没有把握好时间。

（1）眼神的交流

你的目光要注视着对方。礼仪上往往精确到要看到对方鼻梁上某个位置或眼镜下多少毫米，面试中只要看着对方的眼部就行了。但一定要注意不能目光呆滞地死盯着别人看，这样会让人感到很不舒服。如果有不止一个人在场，你说话的时候也要适当用目光扫视一下其他人，以示尊重。

（2）做一个积极的聆听者

在听对方说话时，要适时点头，表示自己听明白了或正在注意听。同时也要面带微笑，当然也不能笑得太僵硬。总之一切都要顺其自然。

（3）手势

手势最好不要太多。太多了会分散别人的注意力。中国人的手势一般特别多，而且几乎都是一个样子。很多时候习惯两个手不停地上下晃，或者是单手比画，这点一定要注意。另外，不要用手比画一二三，这样会显得滔滔不绝，令人生厌。

（4）注意你的举手投足

手不要弄出声响。手上不要玩纸、笔，这样会显得不够严肃。手不要乱摸头发、胡子、耳朵，这样会显得紧张，没有专心交谈。不要用手捂着嘴说话，这也是一种紧张的表现。

6．坐姿的学问

坐下时身体要略向前倾。在面试时，轻易不要靠椅子的后背，也不要坐得太满，但也不能坐得太少，一般以坐满椅子的三分之二为好。另外，女士坐下时要并拢双腿，否则在穿裙子的时候，尤其显得难看。即使不穿裙子，也要双腿靠拢。新加坡人就有一种习惯，不管男女在说话时都把双腿靠拢。

如面试人员跷脚，不要觉得这是他对你不礼貌。这里面可能有三种原因。一是面试人员挺累，想休息一下；二是他觉得招聘工作不太重要，因此很放松；三是对你的心理考验，想看看你的表现。如果这时你显出不满的神情，就会给人留下很不好相处的印象。

7．其他几点

（1）面试时应杜绝吃东西，如嚼口香糖或抽烟等

虽然这是基本礼仪，但也有人会犯。例如，有人因为自我感觉良好或为了显示自己的卓尔不群，面试时嘴里嚼着口香糖，这样是很不礼貌的。有人还会忍不住烟瘾抽上几口。抽烟会显得很不礼貌，禁烟已经越来越流行了，所以面试时你不妨忍着点。

（2）面试时喝水最忌讳的两点

一是喝水出声，吃喝东西发出声响都是极失礼的举动，如果很难克制，不妨从现在起练习“默默无闻”地吃饭、喝水。二是如果水放的位置不好，很容易会洒。一般面试时，别人会给你塑料杯或纸杯，这些杯子都比较轻，而且给你倒的水也不太多，这样就更容易洒了。一旦把水洒了，你就难免紧张，虽然对方很大度，但也会给他留下你紧张的印象。所以一定要小心，要把杯子放得远一点。喝

不喝都没关系，有的求职者临走，怕不好意思就咕咚咕咚喝上几大口，其实很没有这个必要。

面试官寄语

面试的测评内容已不仅限于仪表举止、口头表述、知识面等，现已发展到对思维能力、反应能力、心理成熟度、求职动机、进取精神、身体素质等全方位的测评。且由一般素质为测评依据发展到主要以拟录用职位要求为依据，包括了一般素质与特殊素质在内的综合测评。在程序员的面试过程中，尤其是一些大公司，很注重应聘者的综合实力，而不是只关注程序员能写出多少行代码，多学一些礼仪技巧能够为自己以后为人处世打下坚实的基础。

第2部分

编程基本功

——C/C++与数据结构篇

面试是获得一份工作的开始，也是求职者跨进职场的第一步。如何成功地打开求职面试的大门，是每一个求职者必须要面对的问题。

面对择业，大学生的心理是复杂而多变的。一方面为自己即将走向社会，将自己所学的知识和技能奉献给人民，实现自己的人生价值而感到由衷的高兴；另一方面也常常表现出矛盾的心理，害怕步入社会，害怕社会的竞争压力。所以要调整好择业心态，做好充分的准备，积极参与竞争，勇敢迎接挑战，在择业过程中这是非常重要的。

求职之前要进行哪些准备呢？本部分将给出答案。

第 5 章 开发的基石：C/C++语言基础

赵老师，每个接触过编程语言的人，恐怕都要接触 C 和 C++语言，它们可谓是其他编程语言的桥梁，据我了解，在 IT 企业的面试环节中少不了对 C/C++基础知识的测试，我想了解一下这方面测试的大概范围。

编程基础是招聘方一定会考查的内容，只有具备基础知识，才有可能成为程序员。考查的方面包括对基础知识的掌握、求职者的编程风格和求职者的逻辑思维能力。所以求职者在面试之前要复习一下程序设计的基本知识，并重视细节问题。本章列举了一些知名 IT 企业真实的笔试资料，希望求职者先不要看答案，自己解答后再与答案加以比对，找出自己的不足，这样能够帮助大家提高程序基础部分的笔试能力。

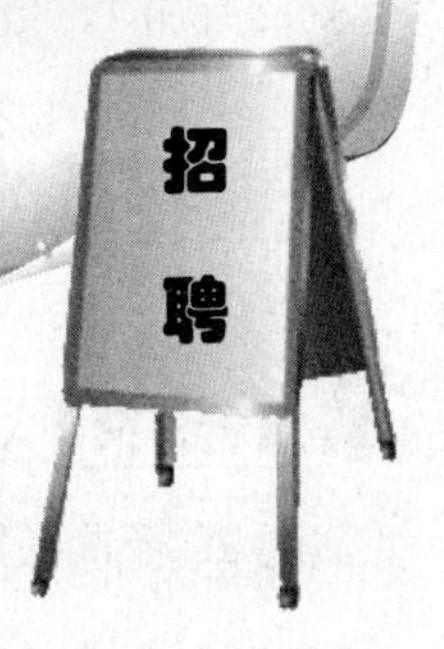

5.1 数据类型、运算符和表达式

本节主要涉及C/C++语言的数据类型、算术运算、赋值运算、逗号运算、运算规则、表达式，以及不同类型的转换，这些都是程序员面试环节必考查的内容，希望广大求职者能够重视。

真题1：整型常量的存储（某大型购物网站2012年面试真题）

【考频】★★★

－8在内存中的存储形式是（　　）。

A．11111111 11111000　　B．10000000 00001000

C．00000000 00001000　　D．11111111 11110111

【真题分析】

本题主要考查整型常量的存储方式。整型数据在内存中是以二进制的形式存放的，数值是以补码表示的。一个正数的补码和其原码的形式相同，一个负数的补码是将该数绝对值的二进制形式按位取反再加1。这里－8绝对值在内存中的存储形式如图5-1所示。

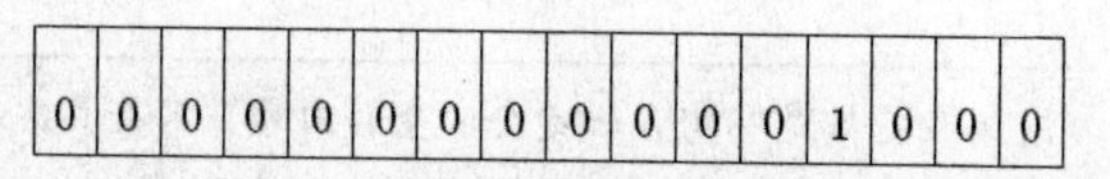

0	0	0	0	0	0	0	0	0	0	0	0	1	0	0	0

图5-1　十进制8在内存中的存储

将其进行取反操作，得到的结果如图5-2所示。

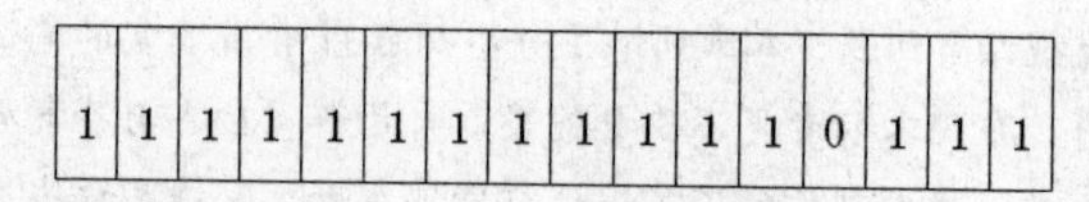

1	1	1	1	1	1	1	1	1	1	1	1	0	1	1	1

图5-2　按位取反的效果

取反后加1，效果如图5-3所示。

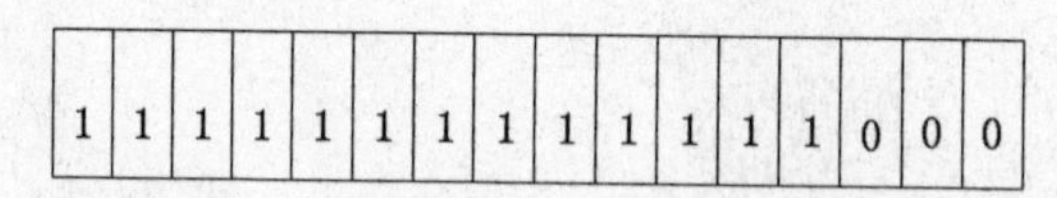

1	1	1	1	1	1	1	1	1	1	1	1	1	0	0	0

图5-3　取反后加1（－8的存储效果）

【参考答案】 A

真题2：不同数据类型之间的混合运算（某知名IT企业2012年面试真题）

【考频】★★★★

(int)((double)9/2)－(9)%2的值是（　　）。

A．0　　B．3　　C．4　　D．5

【真题分析】

此题首先执行(double) 9/2，得到结果 4.5，然后再执行(int) 4.5 得到 4，而后面(9) %2 的结果是 1，所以 4－1=3。

【参考答案】B

真题 3：数据类型所占内存（某国际大型软件公司 2012 年面试真题）

【考频】★★★

在 C 语言中，int、char 和 short 这 3 种类型数据所占用的内存是（　　）。

A．均为 2 个字节　　B．由用户自定义

C．由所用机器的机器字长决定的　　D．任意的

【真题分析】

本题考查数据类型在内存中的占用形式。这 3 种类型的数据所占用的内存是由所用机器的机器字长决定的。

【参考答案】C

在 16 位机中，int 型数据所占用的字节是 2；而在 32 位机上，int 型数据所占用的字节是 4。求职者若不仔细考虑，可能会误选 A。

真题 4：自增、自减运算（某著名通信企业 2012 年面试真题）

【考频】★★★

写出下列程序的结果。

```
#include "stdio.h"
void main()
{
   int m=5,n,y;
   n=--m;
   y=m++;
   printf("n=%d,y=%d,m=%d",n,y,m);
}
```

【真题分析】

首先对 n=－－m 的式子进行计算，对 m 进行减 1 的操作，得到 n 的值为 4，然后再执行 y=m++，在执行之前，要注意的是此时的 m 值不是原来的 5 了，而变成了 4，因为刚刚对 m 进行了减 1 的操作，所以，y 的值是 4，而 m 进行了加 1 操作后变成了 5。所以，结果输出 n=4，y=4，m=5。

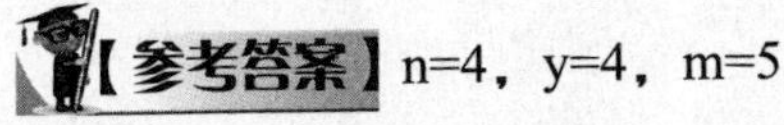

【参考答案】n=4，y=4，m=5

求职者注意，遇到这种题目的时候，一定要理解好自增和自减的含义，并注意语句之间的关系。

真题5：逗号表达式（某著名网络公司2012年面试真题）

【考频】★★★

以下逗号运算程序的结果是什么。

```
#include <stdio.h>
void main()
{
  int a=2,b=4,c=6,y;
  y=(a+b,b+c);
  printf("y=%d",y);
}
```

此题是一个逗号表达式的应用，很显然y的值就是b+c的值，即10。

【参考答案】10

真题6：数据类型的转换（某著名杀毒软件公司2012年面试真题）

【考频】★★★★

设变量a为float类型，b为int类型，则以下能实现将a中的数值保留小数点后两位，第三位进行四舍五入运算的表达式是（　　）。（多选题）

A．a=(a*100+0.5)/100.0　　B．a*100+0.5 ,a=b/100.0

C．a=(a/100+0.5)*100.0　　D．a=(int)(a*100+0.5) /100.0

本题考查float型与int型数据的转换。将float型数据赋值给int型数据时，将舍弃该float型数据的小数部分。将int型数据赋值给float型数据时，数值不变，增加小数部分（小数部分均为0）。

B、D

面试者若不细心会漏掉选项D，选项D是将(a*100+0.5)的值强制转换为整数值再进行计算的。

5.2　编程规范

如果没有好的编程规范，很难进行软件开发，作为即将成为“码农”的你务必要养成好的编程习惯并掌握规矩的编程规范，这样才能在以后的编码道路上走得更远。

真题 7：变量的命名（某著名软件公司 2012 年面试真题）

【考频】★★★★

以下正确的 C 语言自定义标识符是____。

A．－4a　　B．4a_　　C．Main　　D．a.0

【真题分析】

本题考查变量的命名规范。C 语言中规定标识符必须由字母、数字和下画线组成，且必须以字母或下画线开头，因此 B 选项和 D 选项显然不对。在这里求职者犯得比较多的一个错误就是 C 选项，C 语言中的关键字不可以用做标识符的名称，但是 C 语言中区分大小写，因此“Main”和“main”是两种不同的含义。

【参考答案】C

（1）变量名中字母可大写或小写，但有大小写之分，即 SUM、sum 将被视为两个不同的变量。

（2）有效字符相同的变量名被视为同一个变量。

（3）在实际应用中，命名应尽量见名知义。

作为一名程序员必须要养成好的变量命名规范，这样才能更好地与他人合作。

真题 8：赋值表达式正确形式判断（某著名公司 2012 年面试真题）

【考频】★★★

若变量已经正确定义并且赋值，下列符合 C 语言语法的表达式是____。

A．int(18.9%3)　　B．b=3+a+d,b++

C．b=b+9=c+d　　D．int d=d++

【真题分析】

选项 A 中，求模运算符%两侧必须是整数，18.9 不是整数。

选项 B 中，把 3+a+d 的值赋给 b，然后 b 再自增，符合表达式的形式。

选项 C 中，b= b+9 是正确的表达式，但 b+9=c+d 却不是，因为赋值的形式应该是赋值符号的左侧只能是变量，不能是表达式，因此，此项错误。

选项 D 中，d=d++这个表达式是没有意义的。如果要使 d 自增 1，使用 d=d+1，d+=1，d++或++d，而不是任何组合。

 B

真题 9：if...else 配对问题（某单位信息中心 2013 年面试真题）

【考频】★★★★

看下面这个例子，请找出不妥之处，并改正。

```
if(year%4==0)
  if(year%100!=0)
    printf("%d is a leap year", year);
else
 printf("%d is not a leap year", year);
```

【真题分析】

本题主要考查嵌套的 if 语句的规则。

如果单纯地按照书写方式来判断，那么 else 语句一定是和第一个 if 语句配对的，也就是说如果第一个 if 语句为真时，程序继续判断第二个 if 语句；如果第一个 if 语句为假时，那么程序运行 else 语句，但实际上并非如此。

开发软件是不认识书写格式的，书写规范是给用户，或者是使用者看的，开发环境只是按照相应的程序进行运行。如果按照这样的格式书写一段程序，运行之后就会发现，结果并不是想象的那样，因为 else 语句真正的配对对象是第二个 if 语句（C 语言中规定，else 总是与前面最近未配对的 if 组合）。

为了避免这种情况，在书写的时候加上一对大括号即可（形式见参考答案）。

【参考答案】

程序出现二义性，if 和 else 配对关系不明确。

应改为：

```
if(year%4==0)
{
  if(year%100!=0)
  printf("%d is a leap year", year);
}
else
 printf("%d is not a leap year", year);
```

真题 10：内存越界问题（某大型购物网站 2013 年面试真题）

【考频】★★★

阅读下面的代码：

```
char *p1 = " hello";
char *p2 = (char *)malloc(sizeof(char)*strlen(p1));
strcpy(p2,p1);
```

在程序编译时会出现什么错误？为什么会出现这种错误？并加以改正。

【真题分析】

本题考查对字符串常量的存储方式的掌握。

p1 是个字符串常量，它的长度为 5 个字符，但实际上所占的内存大小是 6 个字节。如果不仔细考虑，往往会忘了字符串常量的结束标志“\0”，这样将会导致 p1 字符串中最后一个空字符“\0”没有被复制到 p2 中。

这里需要注意的是，只有字符串常量才有结束标志符“\0”。比如下面这种写法就没有结束标志符：

```
char a[6] = {'h','e','l','l','o'};
```

此外，还需要注意的是，不要因为 char 类型大小为 1 个字节就省略 sizeof(char)这种写法，这样只会使你的代码可移植性下降。

字符串“hello”在内存中的存储方式如图 5-4 所示。

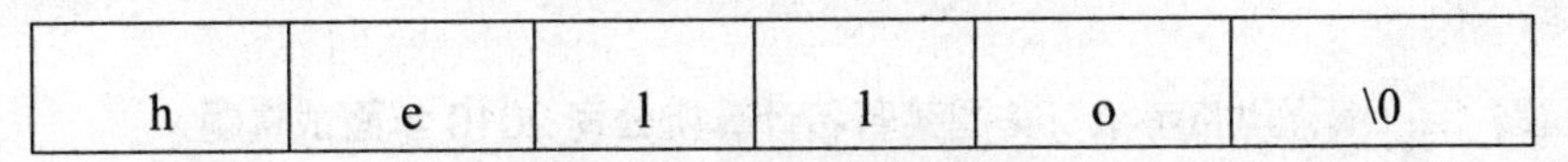

h	e	l	l	o	\0

图 5-4　字符串的存储方式

【参考答案】

会出现内存越界，因为给指针分配内存空间的大小不够，导致出现越界错误。

将代码：

```
char *p2 = (char *)malloc(sizeof(char)*strlen(p1));
```

修改为：

```
char *p2 = (char *)malloc(sizeof(char)*strlen(p1)+1*sizeof(char));
```

真题 11：构造函数的使用问题（某单位信息中心 2013 年面试真题）

【考频】★★★

以下代码有什么错误，并加以改正。

```
struct Test
{
    Test( int ) {}
    Test() {}
    void fun() {}
};
void main( void )
{
    Test a(1);
    a.fun();
    Test b();
```

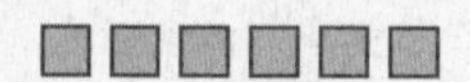

```
    b.fun();
}
```

【真题分析】

本题考查构造函数的定义。

本题主要是看求职者的准备情况，因为此类题是理论性的知识，只要求职者了解构造函数的定义格式，就不难解答。

【参考答案】

变量 b 定义出错。按默认构造函数定义对象，不需要加括号。

将代码：

```
Test b();
```

修改为：

```
Test b;
```

真题 12：编程风格考核（美国某著名计算机公司 2010 年面试真题）

【考频】★★★

下面两段程序分别有两种写法，你更喜欢哪种，为什么？

A.

```
// a is a variable
```

写法 1：

```
if( 'A'==a ) {
    a++;
}
```

写法 2：

```
if( a=='A' ) {
    a++;
}
```

B.

写法 1：

```
for(i=0;i<8;i++) {
    X= i+Y+J*7;
    printf("%d",x);
}
```

写法 2：

```
S= Y+J*7;
```

```
for(i=0;i<8;i++) {
    printf("%d",i+S);
}
```

【真题分析】

A. 第一种写法'A'==a 比较好一些。这时如果把“==”误写成“=”的话，因为编译器不允许对常量赋值，就可以检查到错误。

B．第二种写法好一些，将部分加法运算放到了循环体外，提高了效率。缺点是程序不够简洁。

【参考答案】

A．第一种写法好。

B．第二种写法好。

在编写程序时既要考虑程序的执行效率，还要考虑程序的可读性，光是效率高了，可读性不高，对于团队协作来说也是不允许的，编程规范是每个程序员应该具备的基本功。

5.3　程序流程控制

编写程序过程中，要注意对程序的流程进行控制，包括循环结构的规范、使用技巧，如果熟练使用，可以达到事半功倍的效果。

真题 13：for 循环输出金字塔图案（中国台湾某著名 IT 公司 2013 年面试真题）

【考频】★★★★★

下面程序的功能是实现输出以下金字塔图案：

```
   *
  ***
 *****
*******
```

```
#include<stdio.h>
main()
{
    int i, j;
    for(i=1; i<=4; i++)
    {
    for(j=1; j<=4-i; j++) printf(" ");
    for(j=1; j<=____; j++) printf("*");
    printf("\n");
```

```
    }
}
```

在下画线处应填入的是____。

A. i　　　B. 2*i-1　　C. 2*i+1　　　D. i+2

【真题分析】

本题主要考查 for 循环嵌套的使用。

下面来分析一下这个程序：

首先，看第 1 个 for 循环语句，它用来控制整个图形的行数，这里是 4 行，i 的取值范围是从 1 到 4。

其次，看第 2 个 for 循环语句，它用来控制空格的数量，这时需要找出每行空格数在图形中的规律。第 1 行需 3 个空格，第 2 行需 2 个空格，依此类推，第 4 行需 0 个空格，所以找出其中规律即每行的空格数等于 4 减去行数，这样就确定了第 2 个 for 循环中 j 的范围。

最后，看第 3 个 for 循环语句，它用来控制输出*的数量，同样也要找出每行需输出的字符个数的规律。第 1 行输出 1 个*，第 2 行输出 3 个*，依此类推，第 4 行输出 7 个*，所以找出其中规律即每行需输出*的个数等于行数的 2 倍减 1，这样也就确定了第 3 个 for 循环中 j 的范围。

【参考答案】B

真题 14：switch 语句与 for 语句（某知名网站 2013 年面试真题）

【考频】★★★

有下面的程序：

```
#include<stdio.h>
main()
{
 int i;
 for(i=1;i<=5;i++)
     switch(i%5)
 {
     case  0:printf("* ");break;
     case  1:printf("#");break;
     case  2:printf("&");
     default :printf("\n");
     }
}
```

输出结果是____。

A. #&;　　B. #&　&　&*　　　C. #&　*　　　D. #

【真题分析】

本题主要考查 switch 语句与 for 循环。

先计算 switch 后的表达式，将得到的值依次与 case 后面的常量表达式的值进行比较，当表达式的值与某个 case 后的常量表达式的值相等时，则执行 case 后的语句，而且，在 case 语句中如果没有 break 语句，则执行下一个 case 语句，并不进行比较，否则将跳出 switch 语句；如果表达式的值与所有的常量表达式的值都不等时，则执行 default 语句。

这样，在本题中根据 switch 语句的特性应该选择选项 D，但事实上却选择 B，这是因为这里不仅有 switch 语句，还有 for 语句，这里是将 switch 语句放在了 for 循环里面，当第一次跳出 switch 语句时，还要继续执行 for 循环，直到 i 的值是 6 时，才结束 for 循环。因此，选择 B 项。

【参考答案】 B

真题 15：while 循环（某大型软件开发公司 2012 年面试真题）

【考频】 ★★★★

若运行以下程序时，从键盘输入 3.6，2.4（表示回车），则下面程序的运行结果是____。

```
#include<stdio.h>
main()
{
 float x,y,z;
 scanf("%f%f",&x,&y);
 z=x/y;
 while(1)
 {
     if(z>1.0)
     {
     x=y;
     y=z;
     z=x/y;
     }
     else break;
 }
 printf("%f",y);
}
```

A. 1.5　　B. 1.6　　C. 2.0　　D. 2.4

【真题分析】

while(1)说明循环条件为真，执行循环体，因为 x=3.6，y=2.4，所以 if 判断条件为真，所以执行 if 语句的循环体，直到 z 的值小于等于 1.0 为止。本题需要注意 while(1)语句为无限循环语句，如果本程序不是执行到代码：

```
else break;
```

是不会跳出 while 循环语句的。

【参考答案】B

真题 16：do…while 循环（某知名软件公司 2012 年面试真题）

【考频】★★★★

下面程序的功能是计算正整数 1234 的各位数字平方和，请选择填空。

```
#include<stdio.h>
main()
{
 int n,sum=0;
 n=1234;
 do{
         sum=sum+(n%10)*(n%10);
         n=____;
 }while(n);
    printf("sum=%d",sum);
}
```

A. n/1000　　B. n/100　　C. n/10　　D. n%10

【真题分析】

do…while 语句的特点就是先执行循环体语句的内容，然后判断循环条件是否成立。也就是说 do…while 循环语句不论条件是否满足，循环过程必须至少执行一次。因为本题是为了计算各位数字平方和，所以本题中 n 应该等于 n/10。

【参考答案】C

5.4　赋值表达式

赋值语句是 C 程序中最常用的语句，使用它可以为变量赋初值、计算表达式的值，以及保存运算结果等。

真题 17：复合赋值表达式的运算（美国某软件公司 2013 年面试真题）

【考频】★★★★

已有变量 a=3，计算表达式 a－=a+a 的值。

【真题分析】

因为赋值运算符与复合赋值运算符－=和+=的优先级相同，且运算方向自右至左，所以：

（1）先计算“a+a”，因 a 的初值为 3，所以该表达式的值为 6，注意 a 的值未变。

（2）再计算“a－=6”，此式相当于“a=a－6”，因 a 的值仍为 3，所以表达式的值为－3，注意 a 的值已为－3。

由此可知，表达式 a－=a+a 的值是－3。

【参考答案】－3

真题 18：赋值语句（中国台湾某著名计算机公司 2012 年面试真题）

【考频】★★★★

下面程序的运行结果是多少？

```
#include <iostream>
using namespace std;
int main()
{

  int x=2,y,z;
  x *=(y=z=5); cout << x << endl;
  z=3;

  x ==(y=z);   cout << x << endl;
  x =(y==z);   cout << x << endl;
  x =(y&z);    cout << x << endl;
  x =(y&&z);   cout << x << endl;
  y=4;
  x=(y|z);     cout << x << endl;
  x=(y||z);    cout << x << endl;
  return 0;
}
```

这是对赋值语句的考核，在很多面试题中都会出现相关的考题。

x *=(y=z=5)表示 5 赋值给 z，z 再赋值给 y，x=x*y，所以 x 为 2*5=10。

x ==(y=z)表示 z 赋值给 y，然后看 x 和 y 相等否？不管相等不相等，x 并未发生变化，仍然是 10。

x =(y==z) 表示首先看 y 和 z 相等否，相等则返回一个布尔值 1，不等则返回一个布尔值 0。现在 y 和 z 是相等的，都是 3，所以返回的布尔值是 1，再把 1 赋值给 x，所以 x 是 1。

x =(y&z)表示首先使 y 和 z 按位与。y 是 3，z 也是 3。y 的二进制数位是 0011，z 的二进制数位也是 0011。按位与的结果如表 5-1 所示。

表 5-1

y	0	0	1	1
z	0	0	1	1
y&z	0	0	1	1

所以 y&z 的二进制数位仍然是 0011，也就是还是 3。再赋值给 x，所以 x 为 3。

x =(y&&z) 表示首先使 y 和 z 进行与运算。与运算是指如果 y 为真，z 为真，则(y&&z)为真，返回一个布尔值 1。这时 y、z 都是 3，所以为真，返回 1，所以 x 为 1。

x =(y|z) 表示首先使 y 和 z 按位或。y 是 4，z 是 3。y 的二进制数位是 0100，z 的二进制数位是 0011。与的结果如表 5-2 所示。

表 5-2

y	0	1	0	0
z	0	0	1	1
y&z	0	1	1	1

所以 y&z 的二进制数位是 0111，也就是 7。再赋值给 x，所以 x 为 7。

x =(y||z) 表示首先使 y 和 z 进行或运算。或运算是指如果 y 和 z 中有一个为真，则(y||z)为真，返回一个布尔值 1。这时 y、z 都是真，所以为真，返回 1。所以 x 为 1。

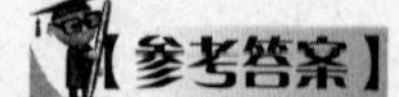

10，10，1，3，1，7

赋值表达式在 C 语言中具有重要的地位，通过它可以使变量的值发生改变。

在 C 语言中，赋值号“=”是一个运算符，称为赋值运算符。由赋值运算符组成的表达式称为赋值表达式，其形式如下：

变量名=表达式

赋值号的左边必须是一个表达某一存储单元的变量名，赋值号的右边必须是 C 语言中合法的表达式。赋值运算的功能是先求出右边表达式的值，然后把此值赋给赋值号左边的变量。

面试官寄语

作为一个求职者或应届毕业生，公司除了对你的项目经验有所问询之外，最好的考量办法就是你的基本功，包括你的编程风格，你对赋值语句、递增语句、类型转换、数据交换等程序设计基本概念的理解。当然，在考试之前最好对你所掌握的程序概念知识进行复习，尤其是各种细致的考点要加以重视。

第6章 投石问路：字符串与数组

赵老师，字符串和数组在编写程序时是必用的，字符串的使用比较灵活，比较难把握，数组的使用也有一定难度，对于它们的使用确实挺让人头疼的，怎么才能有针对性地对这方面的知识进行一下提高。

这是很多程序员新手共同的问题，之前我也面试过很多新手，他们对字符串和数组的把握确实不是很好，很容易出错。本章的内容将针对字符串和数组进行分析，所涉及的内容都是近几年出现频率比较高的有代表性的面试真题，希望对广大程序员能够有所帮助。

6.1　字符串相关函数

本节主要涉及字符串相关函数的运用，以及不同数据类型的相互转换，这些都是程序员面试环节必考的内容，希望广大求职者能够重视。

真题 1：字符串考核（某大型购物网站 2012 年面试真题）

【考频】★★★

以下不能将 s 所指字符串正确复制到 t 所指存储空间的是________。

A．while(*t=*s){t++;s++;}　　　　B．for(i=0;t[j]=s[i];i++);

C．do{*t++=*s++;}while(*s);　　　D．for(i=0,j=0;t[i++]=s[j++];);

【真题分析】

C 项中，*t++，首先运行*t，得到的是 t 所指字符的值，然后在值上进行++工作，而不是预想的将 t 顺序移动，因此这里只循环一次，C 项错误。

【参考答案】C

真题 2：输入和输出字符串（国内某知名软件公司 2012 年面试真题）

【考频】★★★

有以下程序：

```
#include <stdio.h>
main()
{
char s[]="012xy\08s34f4w2";
int i, n=0;
for(i=0;s[i]!=0;i++)
If(s[i]>= '0'&&s[i]<= '9') n++;
printf("%d\n", n);
}
```

程序运行后的输出结果是______。

A．0　　　　B．3　　　　C．7　　　　D．8

【真题分析】

阅读本程序可知，字符串 s 的前三个字符满足 if 语句，所以 n++，当遇到'\0'时 for 循环终止，所以最后输出 n 值为 3。

【参考答案】B

当对字符串进行输出时，输出项既可以是字符串或字符数组名，也可以是已指向字符串的字符指针变量。

真题 3：连接字符串（某知名网站 2013 年面试真题）

【考频】★★★

有以下程序：

```
#include<stdio.h>
#include<ctype.h>
main()
{
 char a[20]= "ABCD\0EFG\0",b[]="UK";
   strcat(a,b); printf("%s\n",a);
}
```

程序运行后的输出结果是________。

A．ABCDE\0FG\0UK　　B．ABCDUK　　C．UK　　D．EFGUK

【真题分析】

本题考查 strcat 函数的用法，其功能是连接两个字符串。char a[20]= "ABCD\0EFG\0"，当遇到\0 就结束初始化了，因此 a[]="ABCD"，b[]="UK";，连接两个字符串 strcat(a,b)得到 ABCDUK，所以，本题的正确答案是 B。

【参考答案】B

真题 4：统计单词个数（某知名杀毒软件公司 2013 年面试真题）

【考频】★★★

输入一行字符，统计其中有多少个单词（单词间以空格分隔，连续出现的空格记为出现一次；一行开头的空格不算）。例如输入："I love you"，共 3 个单词。

【真题分析】

（1）单词的数目由空格出现的次数决定。

（2）逐个检测每一个字符是否为空格。

（3）假设用 number 表示单词数（初值为 0）。word=0 表示前一字符为空格，word=1 表示前一字符不是空格，word 初值为 0。

（4）如果当前字符是空格，说明未出现新单词，此时使 word=0，number 不变。如果当前字符不是空格，而前一个字符是空格（word=0），说明出现新单词，此时使 word=1，number 加 1；如果当前字符不是空格，前一个字符也不是空格，说明未出现新单词，此时使 word=1，number 不变。

程序如下：

```
#include <stdio.h>
main ()
{   char array[50];
    int i,number=0,word=0;
    char c;
    gets(array);
    for(i=0;(c=array [i])!='\0';i++)
        if(c= =' ')   word=0;
        else
            if(word= =0)
            {   word=1;
                number++;
            }
            printf("There are %d words.\n",number);
}
```

【参考答案】

键盘输入：I love you<回车>

There are 3 words.

真题5：测试字符串长度（某知名杀毒软件公司2013年面试真题）

有以下定义和语句：

```
char sl[10]= "abcd!", *s2="n123\\";
printf("%d %d\n", strlen(s1),strlen(s2));
```

则输出结果是________。

A. 5 5　　B. 10 5　　C. 10 7　　D. 5 8

【真题分析】

strlen函数是测试字符串长度的函数，求字符串的实际字符个数，不包括字符'\0'在内，在字符'\0'之后的所有字符均不计入长度中，所以 strlen(s1)=5。而以"\"开头的字符序列是转义字符，"\\"的含义是一个字符"\"，所以s2所指向的内容实际上是"n123\"，strlen(s2)=5。因此，本题的正确答案是A。

【参考答案】A

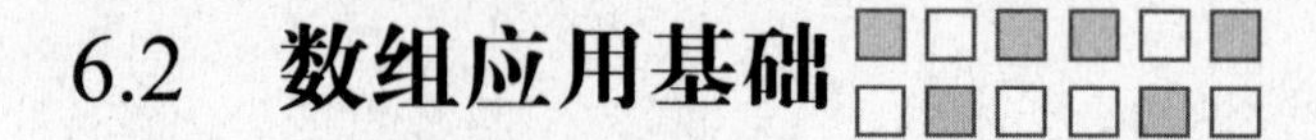

6.2 数组应用基础

在C语言中， 数组属于构造数据类型。一个数组可以分解为多个数组元素，这些数组元素可以是基本数据类型或构造类型。因此按数组元素的类型不同，数组又可分为数值数组、字符数组、指针数组、结构数组等各种类别。数组是很重要的应用类型，也是面试中出题概率很高的应用，广大应聘者一定要熟练掌握数组的基本应用。

真题6：赋初值定义数组（某知名网站2013年面试真题）

【考频】 ★★★★★

有以下程序

```
#include <stdio.h>
#include <string.h>
main()
{   char x[]="STRING";
x[0]=0; x[1]= '\0'; x[2]= '0';
printf("%d %d\n",sizeof(x),strlen(x));
}
```

程序运行后的输出结果是________。

A. 6 1　　B. 7 0　　C. 6 3　　D. 7 1

【真题分析】

char x[]="STRING"，这时分配的内存就是7个字节，包括结束字符'\0'，无论之后如何赋值都不会改变，因此sizeof(x)=7，x[0]=0; x[1]= '\0'; x[2]= '0'，第一个遇到结束字符'\0'结束赋值，这时char x[]为空，strlen(x)求的是字符串的个数为0，因此，正确答案是B。

【参考答案】 B

在C语言中，还可以通过赋初值来定义数组的大小，这时数组说明符的一对方括号中可以不指定数组的大小。

真题7：一维数组的定义和数组元素引用（某政府部门信息中心2012年面试真题）

【考频】 ★★★★

以下函数的功能是：通过键盘输入数据，为数组中的所有元素赋值。

```
#include <stdio.h>
#define N 10
```

```
void fun(int x[N])
{ int i=0;
while(i<N)scanf("%d",______)
}
```

在程序中下画线处应填入的是________。

A．x+i　　B．&x[i+1]　　C．x+(i++)　　D．&x[++i]

阅读程序，将选项 A 带入程序中的空缺处，可以实现为 x[0]赋值，不能为其他的元素赋值，即实现不了循环。将选项 B 带入空缺处，同选项 A 一样实现不了循环赋值。将选项 D 带入空缺处，不能实现为 x[0]赋值，而且还会导致出界。所以正确答案为选项 C。

【参考答案】C

真题 8：二维数组应用一（某知名网络公司 2012 年面试真题）

【考频】★★★★★

打印以下形式的杨辉三角（要求打印出 8 行）。

```
1
1    1
1    2    1
1    3    3    1
1    4    6    4    1
1    5    10   10   5    1
…    …    …    …    …    …
```

【真题分析】

杨辉三角各行的系数有以下规律：

（1）各行第 1 个数、最后 1 个数都是 1。

（2）从第 3 行起，除上面指出的第 1 个数与最后 1 个数外，其余各数是上一行同列和前一列两个数之和。例如，第 4 行第 2 个数 3 是第 3 行第 2 个数 2 和第 3 行第 1 个数 1 之和。这样得到元素的具体计算方法是：a[i][j]=a[i-1]a[j]+a[i-1][j-1]，其中 i 为行数，j 为列数（i=3，4，…，8；j=1，2，…，i-1）。

实现程序如下：

```
#define N 9
main()
{   int i,j,a[N][N];
    for(i=1;i<N;i++)
```

```
    {   a[i][i]=1;
        a[i][1]=1;
    }
    for(i=3;i<N;i++)
        for(j=2;j<=i-1;j++)
            a[i][j]=a[i-1][j-1]+a[i-1][j];
    for(i=1;i<N;i++)
    {   for(j=1;j<=i;j++)
            printf("%6d",a[i][j]);
        printf("\n");
    }
    printf("\n");
}
```

【参考答案】

运行结果如下：

```
1
1   1
1   2   1
1   3   3   1
1   4   6   4   1
1   5   10  10  5   1
1   6   15  20  15  6   1
1   7   21  35  35  21  7   1
```

真题 9：二维数组应用二（某知名软件公司 2012 年面试真题）

【考频】★★★★★

下面程序的功能是分别求出 N*N 二维数组中两个对角线元素的和，并输出。请在"________"处填入正确的内容。

```
#define N 3
int main(void )
{int a[N][N]={1,2,3,4,5,6,7,8,9},i,s1=0,s2=0;
for(i=0;i<N;i++)
{s1=________; /*s1 为主对角线的和*/
s2=________;} /*s2 为次对角线的和*/
printf("s1=%d,s2=%d",s1,s2);
```

```
return 0;
}
```

【真题分析】

已知二维数组有以下数据：

1 2 3

4 5 6

7 8 9

则第一个（主）对角线上元素的值为 1+5+9，第二个（次）对角线上元素的值为 3+5+7。主对角线上元素的特点是行下标和列下标相同，若二维数组名是 a，通过以下循环可求得主对角线上元素的和：

```
for(i=0;i<N;i++) s1=s1+a[i][i];
```

次对角线上元素的特点是行下标与列下标相加等于 N－1，通过以下循环可求得次对角线上元素的和：

```
for(i=0;i<N;i++)  s2=s2+a[i][N-1-i];
```

因此，两处分别填写：s1+a[i][i]、s2+a[i][N-1-i]

【参考答案】s1+a[i][i]、s2+a[i][N-1-i]

真题 10：二维数组筛选素数（某知名计算机公司 2013 年面试真题）

【考频】★★★

使用筛选法找出 1 到 n 之间的素数。

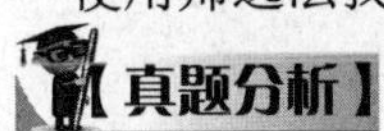

【真题分析】

由于素数为只有 1 和本身两个约数的数。可以使用筛选法求 1 到 n 的素数，使用一个 1 到 n 的数组 prime 来指示 1 到 n 的数是否为素数。如果 prime[i]为 0，则为素数。其步骤如下：

（1）从 2 开始，将 2×2 到 n 之间 2 的倍数删除，因为 2 的倍数含有约数 2，因此，为合数；

（2）从剩下的数据集合中找到最小的素数 3，将 3×2 到 n 之间 3 的倍数删除；

（3）从剩下的数据集合中找到最小的素数 x，将 x×2 到 n 之间 x 的倍数删除；

（4）重复步骤（3）直到剩下的数集合为空时，算法结束。

【参考答案】

实现方法如下。

```
#include <stdio.h>
#define SIZE 100
int main(void) {
```

```
    int prime[SIZE + 1] = {0};        /* 如果prime[i]为0，则i为素数 */
      int i = 2;                      /* 定义i */
      int j = 0;                      /* 定义j */
      int n = 0;                      /* 定义n */
      int mid = 0;                    /* 定义mid */

      printf("Input a number(<=%d):", SIZE);   /* 输出提示信息 */
      scanf("%d", &n);                /* 为n赋值 */
      mid = n / 2 + 1;                /* 获得中间值 */

      /* 使用筛选法得出1到n之间的素数 */
      while (i <= mid) {
       /* 将i的倍数设置为非素数 */
       for (j = i + 1; j <= n; ++j) {
         if (0 == prime[j] && 0 == j % i)/* 如果为合数 */
            prime[j] = 1;
       }

       ++i;
       /* 找到下一个素数 */
       while(prime[i] == 1)                 /* 掠过合数 */
         ++i;                               /* 后移一位 */
      }
      printf("Prime numbers between 1 and %d are shown as follows\n",n);
/* 换行 */
      for (i = 1; i <= n; ++i)              /* 遍历数组 */
       if (0 == prime[i])                   /* 如果为素数 */
         printf("%d ", i);                  /* 输出素数 */
       return 0;
  }
```

程序运行后要求输入一个整数，在此输入99，可得如图6-1所示的运行结果。

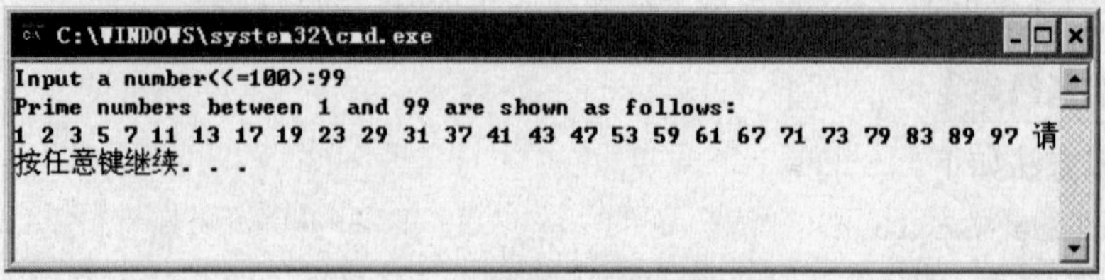

```
C:\WINDOWS\system32\cmd.exe
Input a number(<=100):99
Prime numbers between 1 and 99 are shown as follows:
1 2 3 5 7 11 13 17 19 23 29 31 37 41 43 47 53 59 61 67 71 73 79 83 89 97 请
按任意键继续. . .
```

图6-1　使用筛选法查找素数

这是很经典且具有代表性的一道程序算法题，还有其他的实现方法，解法不唯一，感兴趣的读者可以自行尝试其他方法，以拓展自己的编程思路。

6.3　字符数组

字符数组，即char型数组，是用以存放char型数据的数组容器。它的定义和使用方法与其他类型的数组基本相似。作为一名程序员要掌握字符数组的定义和赋值，初始化数组的方法等内容。

真题11：字符数组赋值（某知名购物网站2013年面试真题）

【考频】★★★★★

使用二维字符数组输出一个钻石形状。

```
  *
 * *
*   *
 * *
  *
```

【真题分析】

本题首先需要定义一个二维数组，并且利用数组的初始化赋值设置钻石形状，然后通过双重循环将所有数组元素输出。

【参考答案】实现方法如下。

```
#include<stdio.h>
int main()
{
    int iRow,iColumn;                               //用来控制循环的变量
    char cDiamond[][5]={{' ',' ','*'},              //初始化二维字符数组
                        {' ','*',' ','*'},
                        {'*',' ',' ',' ','*'},
                        {' ','*',' ','*'},
                        {' ',' ','*'} };
 for(iRow=0;iRow<5;iRow++)                          // 利用循环输出数组
  {
     for(iColumn=0;iColumn<5;iColumn++)
      {
       printf("%c",cDiamond[iRow][iColumn]);  // 输出数组元素
```

```
        }
        printf("\n");                                    // 进行换行
    }
    return 0;
}
```

真题 12：字符数组的输入（某知名软件公司 2012 年面试真题）

【考频】★★★★

输入 5 个国内城市名字的拼音，找到并输出拼音的首字母按字母顺序排在最前面的那个城市的名字。

【真题分析】

本题考查字符数组的输入函数 gets()。对于字符数组的输入可以用 scanf()函数和 gets()函数。那么，二者有什么差别呢？

使用 gets()函数输入的字符串可以含有空格，而 scanf("%s",str);不能输入含空格字符的字符串。

此题要输入城市的名字，有的城市的名字很长，而且是用空格隔开的，所以为了能使程序顺利执行，应该用 gets()函数。

【参考答案】实现方法如下。

```
#include<string.h>
#include<stdio.h>
int main()
{
 char cCity[5][20];                          //定义字符数组
 char cMins[20];
 int i;
 printf("Please input 5 city names:");  //提示输入 5 个城市的名字
 for(i=0;i<5;i++)
 {
     gets(cCity[i]);
 }
 strcpy(cMins,cCity[0]);
 for(i=5;i>1;i--)                            //通过循环进行比较
 {
     if(strcmp(cMins,cCity[i])>0)
         strcpy(cMins,city[i]);
 }
 printf("The min string is %s\n",cMins);  //输出排序最靠前的城市
```

```
return 0;

}
```

真题 13：字符数组翻转单词（某知名嵌入式开发公司 2012 年面试真题）

【考频】★★★★

在一个数组内翻转单词，在此将单词 GoodBye 实现翻转。

【真题分析】

由于单词顺序存储在一个数组内，对其进行翻转，实际上等效于将其前后调换：第一个字符和倒数第一个字符交换，第二个字符和倒数第二个字符交换，第三个字符和倒数第三个字符交换……直到字符数组的中间，假设为第 n 个字符。如果该字符数组为奇数，则正好只剩一个字符；如果为偶数，则剩余两个字符。但是不论哪种情况，都可以照样将第 n 个字符和倒数第 n 个字符交换，如果只有一个字符，就是自己和自己交换，不会影响功能。该方法的实现过程如图 6-2 所示。

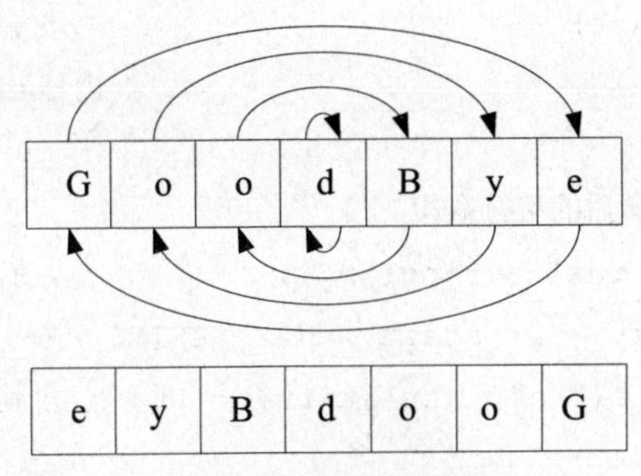

图 6-2　在一个数组内翻转单词

【参考答案】 具体实现代码如下。

```
#include <stdio.h>
#define MAX_STRING 7                          //数组容量
    int main(void) {
    char str[MAX_STRING] = {                  // 定义并初始化字符数组
        'G', 'o', 'o', 'd', 'B', 'y', 'e'
    };
    int start = 0;                            // 定义 start
    int end = 0;                              // 定义 end
            char tmp = 0;                     // 定义 tmp
        // 打印原始数组
    printf("Original String:\n");             // 打印辅助信息
    for (start = 0; start < MAX_STRING; ++start)
        printf("%c", str[start]);             // 输出第 start 个元素
```

```
    printf("\n");

    // 设定初始条件
    start = 0;                          // 将 start 指向第 1 个元素
    end = MAX_STRING - 1;               // 将 end 指向最后一个元素

    // 将整个字符串翻转
    while(start < end) {     // 当 start 的位置在 end 后面时，结束循环
        // 交换两个元素值
        tmp = str[start];
        str[start] = str[end];
        str[end] = tmp;

        // 改变索引值
        ++start;                                // 后移 start
        --end;                              // 前移 end
    }
    // 打印翻转后的字符数组
    printf("Final String:\n");              // 打印辅助信息
    for (start = 0; start < MAX_STRING; ++start)
        printf("%c", str[start]);           // 输出第 start 个元素
    printf("\n");

    return 0;
}
```

运行结果为 eyBdooG。

6.4 多维数组与矩阵

多维数组是二维数组的延伸，可以用于处理更加复杂的多维数据集合。在一些复杂的程序中，多维数组是不可缺少的。多维数组比二维数组更为复杂，要在编程中多加使用才能深入理解。

真题 14：多维数组的输出（某知名网络公司 2013 年面试真题）

【考频】 ★★★★

在空格处填上合适的语句，顺序打印出 a 中的数字。

```
char a[2][2][3]={{{1,6,3},{5,4,15}},{{3,5,33},{23,12,7}}};
for(inti=0;i<12;i++)
printf("%d",______);
```

【真题分析】

本题考查多维数组的输出问题。这里主要考虑的是每维数字的取值顺序问题：第一维，前 6 次循环都取 0，后 6 次取 1，于是 i/6 可以满足要求；第二维，前 3 次为 0，再 3 次为 1，再 3 次为 0，再 3 次为 1，用量化的思想，i/3 把 12 个数字分为 4 组，每组 3 个，量化为 0、1、2、3，要得到 0、1、0、1，这里就需要对（0、1、2、3）%2＝（0、1、0、1），于是(i/3)%2；最后一维需要的是（0、1、2；0、1、2；0、1、2；0、1、2；），则有 i%3。

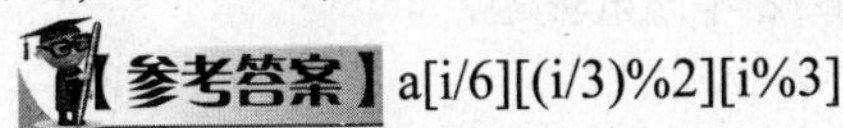

【参考答案】 a[i/6][(i/3)%2][i%3]

真题 15：找出矩阵中最大的元素（某知名搜索公司 2012 年面试真题）

【考频】 ★★★★

有如下矩阵：

$$a_{3\times4}=\begin{bmatrix}2 & 14 & 13 & 17\\ 10 & 11 & 9 & 7\\ 3 & 15 & 8 & 6\end{bmatrix}$$

求出该矩阵中最大元素的值及其所在的行号和列号。

【真题分析】

本题考查对求二维数组最大数的常用方法的掌握。根据题意，首先将这个矩阵存放到一个二维数组中，根据求最大值的方法将 a[0][0]的值赋给一个变量 iMax，然后通过双重循环将二维数组中的其他元素和 iMax 的值进行比较，比较出最大的值赋值给 iMax，并将该数组元素的行下标和列下标保存到变量 iRow 和 iColumn 中。

【参考答案】 具体实现代码如下。

```
#include<stdio.h>
int main()
{
 int i,j,iRow=0,iColumn,iMax;
 int a[3][4]={{2,14,13,17},{10,11,9,7},{3,15,8,6}};
 iMax=a[0][0];
 for(i=0;i<=2;i++)
     for(j=0;j<=3;j++)
         if(a[i][j]>iMax)
```

```
        {
            iMax=a[i][j];
            iRow=i;
            iColumn=j;
        }
        printf("max=%d,row=%d,column=%d\n",iMax,iRow,iColumn);
        return 0;
}
```

运行结果为 max=17,row=1,column=4

真题 16：矩阵的转换（某知名视频网站 2012 年面试真题）

【考频】★★★★

数组 a 的初值为

$$a=\begin{bmatrix}1 & 0 & 2\\ 2 & 2 & 0\\ 0 & 1 & 0\end{bmatrix}$$

执行语句：

```
for(i=0;i<3;i++)
 for(j=0;j<3;j++)
     a[i][j]=a[a[i][j]][a[j][i]];
```

数组 a 的结果是什么？

【真题分析】

本题有两个 for 循环，并且嵌套使用，每个 for 循环都执行 3 次，对数组 a 中的元素都重新赋了值。实现过程如下。

```
i  j   a [i][j]=a[a[i][j]][a[j][i]]
0  0  a[0][0]=a[1][1]=2
0  1  a[0][1]=a[0][2]=2
0  2  a[0][2]=a[2][0]=0
1  0  a[1][0]=a[2][2]=0
1  1  a[1][1]=a[2][2]=0
1  2  a[1][2]=a[0][1]=2
2  0  a[2][0]=a[0][1]=2
2  1  a[2][1]=a[1][2]=2
2  2  a[2][2]=a[0][0]=2
```

$$a=\begin{bmatrix}2 & 2 & 0\\0 & 0 & 2\\2 & 2 & 2\end{bmatrix}$$

真题 17：矩阵相加（某知名通信公司 2013 年面试真题）

【考频】★★★★★

计算如下两个矩阵的和，并显示两矩阵相加后的结果。

$$\begin{bmatrix}1 & 3 & 5\\7 & 9 & 11\\13 & 15 & 17\end{bmatrix}\quad\begin{bmatrix}9 & 8 & 7\\6 & 5 & 4\\3 & 2 & 1\end{bmatrix}$$

【真题分析】

数学的矩阵是一种描述二维数组的最好方式。例如矩阵相加的程序，首先必须要求两者的列数和行数都相等，相加后矩阵的列数和行数也是相同的。

例如：

$A_{mxn}+B_{mxn}=C_{mxn}$

本题矩阵的运算如下：

$$\begin{bmatrix}1 & 3 & 5\\7 & 9 & 11\\13 & 15 & 17\end{bmatrix}_{3\times3}+\begin{bmatrix}9 & 8 & 7\\6 & 5 & 4\\3 & 2 & 1\end{bmatrix}_{3\times3}=\begin{bmatrix}10 & 11 & 12\\13 & 14 & 15\\16 & 17 & 18\end{bmatrix}_{3\times3}$$

A矩阵　　B矩阵　　C矩阵

【参考答案】

具体实现代码如下。

```
#include <stdio.h>
#include <stdlib.h>
#define ROWS 3
#define COLS 3

int main()
{
 int i,j;
 int A[ROWS][COLS] = {{1,3,5},
                      {7,9,11},
                      {13,15,17}};/* 二维数组的声明 */
 int B[ROWS][COLS] = {{9,8,7},
                      {6,5,4},
                      {3,2,1}};    /* 二维数组的声明 */
 int C[ROWS][COLS] = {0};
```

```
    printf("[矩阵A的各个元素]\n");   /*打印出矩阵A的内容*/
    for(i=0;i<ROWS;i++)
    {
        for(j=0;j<COLS;j++)
            printf("%d\t",A[i][j]);
        printf("\n");
    }
    printf("[矩阵B的各个元素]\n");    /*打印出矩阵B的内容*/
    for(i=0;i<ROWS;i++)
    {
        for(j=0;j<COLS;j++)
            printf("%d\t",B[i][j]);
        printf("\n");
    }
    for(i=0;i<ROWS;i++)
    for(j=0;j<COLS;j++)
       C[i][j]=A[i][j]+B[i][j];/* 矩阵C=矩阵A+矩阵B */

    printf("[显示矩阵A和矩阵B相加的结果]\n");/*打印出A+B的内容*/
    for(i=0;i<ROWS;i++)
    {
        for(j=0;j<COLS;j++)
            printf("%d\t",C[i][j]);
        printf("\n");
    }

    system("pause");
    return 0;
}
```

运行结果如图 6-3 所示。

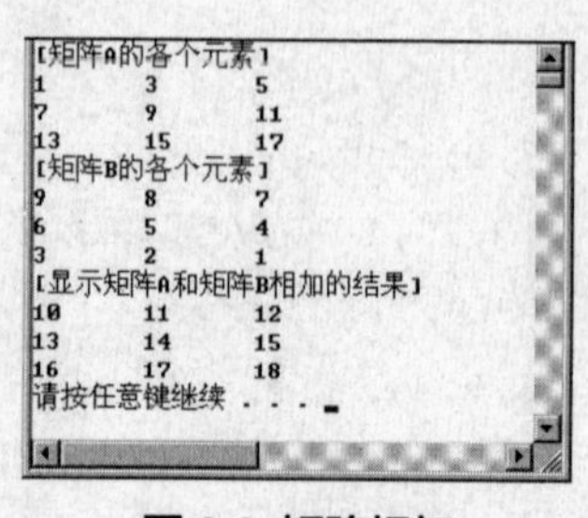

图 6-3 矩阵相加

面试官寄语

字符串是C语言中一种常用的数值对象，可以用来表示若干个字符的集合。在C语言的实现中，字符串与字符数组有着紧密的联系。程序员在学习字符串的时候要注意两者的异同点。数组是C语言中十分重要和常用的数据类型，主要用于处理相同类型的数据序列。掌握了字符串和数组的应用，对于以后的编程能够有很大的帮助，一定要重视这两方面内容的学习。

第 7 章 神通广大：函数

赵老师，函数可以说是编程过程中应用最广泛的，应用函数可以使很多算法简化，我在学习的过程中也深感其重要性，但是对于函数的应用还是掌握得不太牢固，我应该从哪些方面去提高这方面的应用能力。

俗话说“书读百遍，其义自现”，其实你应该多去看一些应用实例，或者自己多做尝试，实践出真知，应用多了，自然也就掌握其要领了，调用函数可以应用自如。本章内容对一些重要的函数进行了汇总，并给出了典型的用法，对你提高这方面的应用能力应该有所帮助。

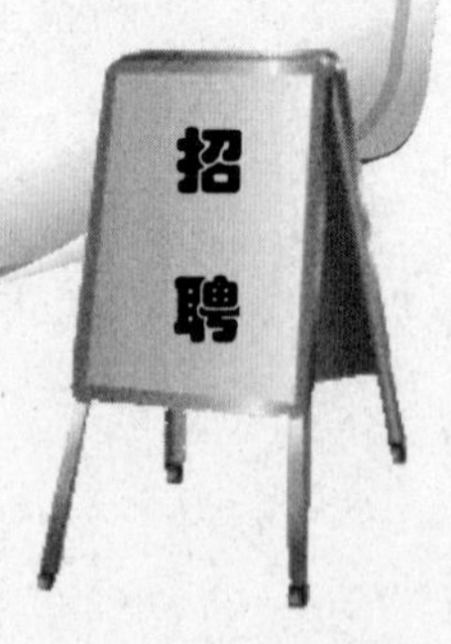

7.1　函数声明与定义

函数，就是一段程序语句的集合，并且给它一个名称来代表此程序代码的集合。C 语言的程序结构中就包含了最基本的函数之一，比如大家耳熟能详的 main()函数。不过如果 C 语言程序从头到尾只能使用一个 main()函数，那就会降低程序的可读性并增加结构规划上的困难。所以一般大中型的程序都会经常利用函数，根据程序的功能将程序划分成小单位来进行。

真题 1：函数说明（某知名软件公司 2013 年面试真题）

【考频】★★★★★

程序中对 fun 函数有如下说明。

```
void *fun( ) ;
```

此说明的含义是________。

A．fun 函数无返回值

B．fun 函数的返回值可以是任意的数据类型

C．fun 函数的返回值是无值型的指针类型

D．指针 fun 指向一个函数，该函数无返回值

由于()优先级高于*，所以 void *fun()说明了一个函数，该函数的返回值是无值型的指针类型，而 void(*fun)()说明指针 fun 指向一个函数，该函数无返回值。

【参考答案】C

真题 2：函数原型声明（某知名网站 2013 年面试真题）

【考频】★★★★★

声明一个函数，输入 m 和 n 的值，计算 m^n 的结果。

【参考答案】

具体程序代码如下。

```
#include<stdio.h>
#include<stdlib.h>

int my_pow(int,int);
/*声明函数原型*/
int main()
{
  int x,r;
```

```
    printf("请输入两个数字: \n");
    /*输入数字*/
    printf("x=");
    scanf("%d",&x);
    printf("r=");
    scanf("%d",&r);
    /*在程序语句中调用函数*/
    printf("%d 的%d 次方=%d\n",x,r,my_pow(x,r));/* 调用 my_pow()函数 */
    system("pause");
    return 0;
}
/*函数定义部分*/
int my_pow(int x,int r)
{   int i;
 int sum=1;
 for(i=0;i<r;i++)
     {
         sum=sum*x;
    } /* 计算 x^r 的值 */
    return sum;
}
```

【真题分析】

这是典型的函数原型声明例题，具体分析参见代码注释部分。程序运行结果如图 7-1 所示。

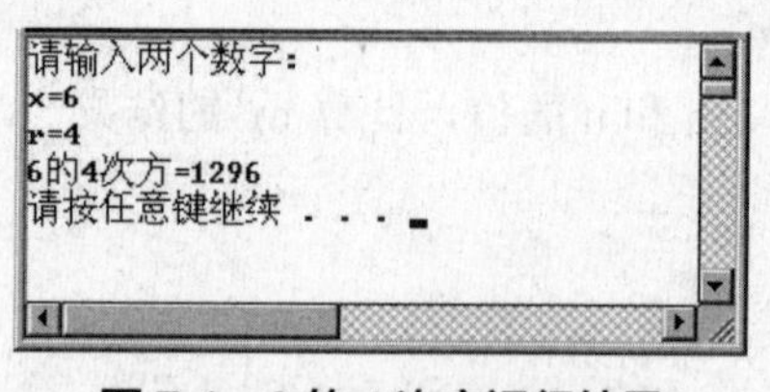

图 7-1　6 的 4 次方运行结果

7.2　函数参数

在 C 语言中除了主函数以外的函数都是子函数（函数），函数是由主函数进行调用的，那么主函数是如何调用子函数的呢？主要通过将参数从主函数传递给子函数，然后根据实际的情况返回相应的值。

真题 3：参数判断（某知名网站 2013 年面试真题）

【考频】★★★★★

若程序中定义了以下函数。

```
double myadd(double a,double b)
{return (a+b);}
```

并将其放在调用语句之后，则在调用之前应该对函数进行说明，以下选项中错误的说明是____。

A．double myadd(double a, b);　　B. double myadd(double,double);

C．double myadd(double b,double a)　D. double myadd(double x,double y);

【真题分析】

有参函数的说明形式为：<函数返回值类型><函数名>(<类型名><形参名 1>, <类型名><形参名 2>……)其中形参名可以省略。选项 A 中没对形参 b 进行说明。

【参考答案】A

真题 4：实参和形参（某购物网站 2013 年面试真题）

【考频】★★★★★

声明一个函数，利用函数求两个数之和。

【参考答案】

具体程序代码如下。

```
#include "stdio.h"
void main()
{
int a,b,c;
scanf("%d,%d",&a,&b);
c=add(a,b);  /* a,b 是实参*/
printf("sum is %d\n",c);
}
int add(int x, int y)   /* x,y 是形参*/
{ int z;
z=x+y;
return(z);
}
```

【真题分析】

这是最基础的函数声明考查。

（1）实参可以是常量、变量、表达式、函数等。无论实参是何种类型的量，在进行函数调用时，它们都必须具有确定的值，以便把这些值传送给形参。所以一般在调用函数前先给实参赋值。

（2）形参变量只有在被调用时，才分配内存单元；调用结束时，即刻释放所分配的内存单元。因此，形参只有在该函数内有效。调用结束，返回调用函数后，则该形参变量失效。

（3）实参和形参占用不同的内存单元，即使同名也互不影响。

（4）实参对形参的数据传送是单向的，即只能把实参的值传送给形参，而不能把形参的值反向传送给实参，也就是说，实参保留原值。

真题 5：函数返回值（某知名网络公司 2013 年面试真题）

【考频】 ★★★★★

定义一个函数，输入两个数，输出两个数中的最大数。

【参考答案】 具体程序代码如下。

```
#include "stdio.h"
void main()
{
int a,b,c;
int find (int a,int b);/*说明函数*/
scanf("%d,%d",&a,&b);
c=find(a,b);  /*实参 a 和 b*/
printf("max is %d\n",c);
}
int find(int x, int y)  /*形参 x 和 y*/
{ int z;
if(x>y);
z=x;
else
z=y;
return z;
}
```

【真题分析】

此题由一个主函数和一个子函数构成，在主函数中实参是 a 和 b，函数名是 find，在程序执行的时候，当从键盘上输入 a 和 b 的值后，执行 find(a,b)，调用子函数 find(int x,int y)，把 a 的值赋值给 x，把 b 的值赋值给 y，然后在子函数中进行 x 和 y 的选择操作，得到最大的值赋值给 z，由于 find 前面的函数类型是 int，这说明该子函数是有返回值的，并且该返回值就是 return 后面的内容。所以，此题 z 的值就是该子函数的结果，并且把 z 的值返回给了主函数中的 c，最后输出 c 的值。

关于子函数的说明有以下几点需要注意。

（1）子函数位于主函数下面的时候，要在主函数的定义部分对其进行说明，或者在头文件和 void main()之间进行说明。

（2）子函数位于主函数上面的时候，可以不再对其进行说明，但应该养成进行函数说明的习惯。

（3）一定要把子函数的返回类型确定好，否则编写出来的程序有可能不符合原来的意思。

真题 6：参数传值（某知名计算机硬件公司 2012 年面试真题）

【考频】 ★★★★

根据下面的代码，写出输出的结果。

```
#include <stdio.h>
void change_by_value(int x)          //自定义函数 change_by_value
{
    x=x+10;
}
void change_by_address(int *x)       //自定义函数 change_by_address
{
    *x=*x+10;
}
void main()
{
    int a=3;
    printf("a=%d\n",a);
    change_by_value(a);
    printf("a=%d\n",a);              //a 的值并没有改变
    change_by_address(&a);
    printf("a=%d\n",a);              //输出 a 的值
}
```

【真题分析】

C 语言的参数传递有传值和传地址两种方式。传值的过程：

（1）形参与实参各占一个独立的存储空间。

（2）形参的存储空间是函数被调用时才分配的。调用开始，系统为形参开辟

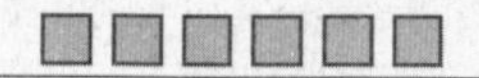

一个临时存储区，然后将各实参之值传递给形参，这时形参就得到了实参的值。

（3）函数返回时，临时存储区也被撤销。

【参考答案】

输出结果如下：

3

3

13

面试官点睛：传值的特点：单向传递，即函数中对形参变量的操作不会影响到调用函数中的实参变量。

真题 7：数组参数（某知名网络公司 2012 年面试真题）

【考频】★★★★★

求方程 $ax^2+bx+c=0$（$a\neq0$）的实数根。

【真题分析】

定义函数 dict 来判断方程是否有实根，有实根则返回函数值 1，否则返回函数值 0；然后在主函数中求方程的实根。

【参考答案】具体程序代码如下。

```
#include <stdio.h>
#include <math.h>
void main()
{ float a,b,c,x1,x2,d,dt;
   int dict(float,float,float);  /*声明函数 dict 及形式参数类型*/
   printf("Input a,b,c:");
   scanf("%f,%f,%f",&a,&b,&c);/*输入方程*/
   d=dict(a,b,c);   /*调用函数 dict，传递实参 a,b,c*/
   dt=b*b-4*a*c;   /*可以用一个函数实现*/
if(d)
{ x1=(-b+sqrt(dt))/(2*a);
  x2=(-b-sqrt(dt))/(2*a);
  printf("实根 x1=%f,x2=%f\n",x1,x2);}
else
  printf("无实数根!\n");
}
int dict(float a,float b,float c)  /*定义函数 dict 及形参说明*/
{ float d;
```

```
    d=b*b-4*a*c;    /*可以用一个函数实现*/
    if(d>=0) return(1);
    else return(0);
}
```

（1）用数组名做函数参数，应该在调用函数和被调用函数中分别定义数组，且数据类型必须一致，否则结果将出错。

（2）C编译系统对形参数组大小不做检查，所以形参数组可以不指定大小。因此形参的数组也可以写为 float a[]。

（3）如果指定形参数组的大小，则实参数组的大小必须大于等于形参数组，否则因形参数组的部分元素没有确定值而导致计算结果错误。

（4）数组名做函数参数时，把实参数组的起始地址传递给形参函数，这样两个数组就共占同一段内存单元。形参数组中各元素的值发生变化，会使实参数组元素的值同时发生变化。这一点与变量函数参数的情况不同，当然也与数组元素作为函数参数不同。

7.3　函数调用

真题8：函数调用（某政府部门信息中心2013年面试真题）

【考频】 ★★★★★

有以下程序：

```
#include  <stdio.h>
void fun(int p)
{ int d=2;
   p=d++;
   printf("%d",p);
}
void main()
{ int a=1;
   fun(a);
   printf("%d\n",a);
}
```

程序运行后的输出结果是____________。

A. 32　　B. 12　　C. 21　　D. 22

【真题分析】

本题主要考查主函数和子函数之间的调用关系，当a等于1的时候，调用fun(1)执行子函数，在子函数中，p的值经过了p=d++的运算后变成了2，由于子函数是没有返回值的，所以子函数对于主函数来说，没有任何影响，主函数中a的值保持不变，结果还是1，答案选C。

【参考答案】C

真题9：函数嵌套调用（国内著名搜索公司2013年面试真题）

【考频】★★★★★

求3个数中最大数和最小数的差值。

【参考答案】具体程序代码如下。

```
#include <stdio.h>
int dif(int x,int y,int z);
int max(int x,int y,int z);
int min(int x,int y,int z);
void main()
{  int a,b,c,d;
    scanf("%d%d%d",&a,&b,&c);
    d=dif(a,b,c);
    printf("Max-Min=%d\n",d);
}
int dif(int x,int y,int z)
{  return max(x,y,z)-min(x,y,z);
}
int max(int x,int y,int z)
{   int r;
    r=x>y?x:y;
    return(r>z?r:z);
}
int min(int x,int y,int z)
{  int r;
    r=x<y?x:y;
    return(r<z?r:z);
}
```

【真题分析】

（1）在定义函数时，函数 dif、max、min 是互相独立的，这从函数原型声明中可以看到。

（2）整个程序从 void main 函数开始执行，执行到 dif 函数时，出现一个 max 和 min 函数，此时先调用 max 函数，再调用 min 函数。体现出了一个被调用函数中再次调用别的函数，即为函数的嵌套调用。

C 语言嵌套调用，即在被调函数中又调用其他函数。其关系可表示为如图 7-2 所示。其执行过程是：执行 void main 函数中调用 f1 函数的语句时，即转去执行 f1 函数，在 f1 函数中调用 f2 函数时，又转去执行 f2 函数，f2 函数执行完毕返回 f1 函数的断点继续执行，f1 函数执行完毕返回 void main 函数的断点继续执行。

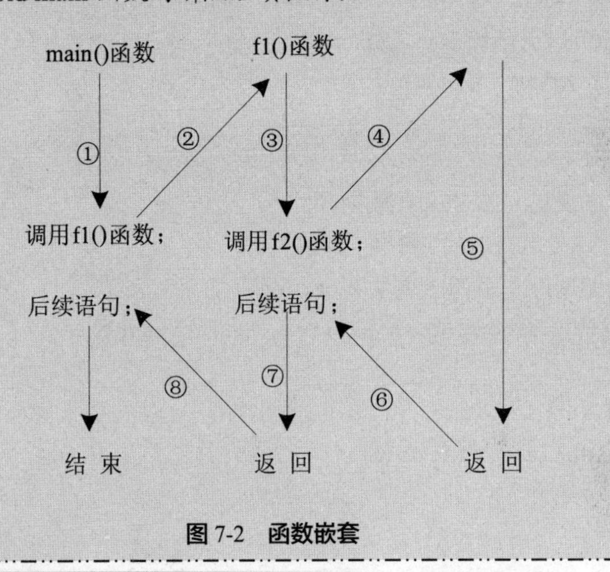

图 7-2 函数嵌套

真题 10：字符串复制函数（某知名电子商务公司 2013 年面试真题）

【考频】★★★★

声明一个函数实现字符串的复制功能。

【真题分析】

在 C 语言中，如果想要将 A 字符串复制给 B 字符串，不能直接使用赋值操作符“=”将 A 字符串变量的内容指定给 B 字符串变量。如果想要进行字符串复制，必须将字符串中的字符一个一个取出，并指定到另一个字符数组中相对应的位置，本题可以利用传址调用传递方式来设计一个字符串复制的函数。另外字符串的每个字符复制完毕后，别忘了加上空字符。

【参考答案】具体程序代码如下。

```
#include <stdio.h>
#include <stdlib.h>
char* strcopy(char*, char*);   /* 字符串复制函数声明 */
int main( )
{
    char strscr[80];
    char strdes[80];
    printf( "请输入一个英文字符串：" );
    scanf( "%s", strscr );
    strcopy(strdes, strscr);
    printf( "字符串复制：%s\n", strdes );

    system("pause");
    return 0;
}
/* 自变量：strscr 来源字符串  */
/*   strdes 目的字符串  */
/* 返回值：字符串复制结果 strdes  */
char* strcopy(char* strdes, char*strscr)
{
    int i = 0;
    while ( *(strscr+i) != '\0' )
    {
        *(strdes+i) = *(strscr+i);
        i++;
    }
    *(strdes+i) = '\0'; /* 字符串的每个字符复制完毕后,记得加上空字符 */
return strdes;
}
```

程序运行结果如图 7-3 所示。

图 7-3 字符串复制

真题 11：函数递归调用（某知名网络公司 2012 年面试真题）

【考频】★★★★★

编程求斐波那奇（Fibonacci）数列（1,1,2,3,5,8,⋯）的值。

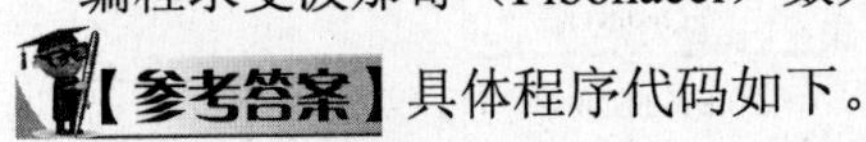

具体程序代码如下。

```
#include <stdio.h>
void main()
{ int n;
long m;
    long fib(int);    /*函数声明*/
    scanf("%d", &n);  /*求第 n 项*/
    m=fib(n);
    printf("fib(%d)=%ld\n",n,m);
}
long fib(int n)   /*定义函数 fib 及形参说明*/
{ if (n==1)
    return(1);
      else if(n==2)
    return(1);       /*递归终止条件*/
      else
          return fib(n-1)+fib(n-2);
}
```

【真题分析】

（1）对于斐波那奇数列而言，有两个初始条件，分别为：fib(1)=1、fib(2)=1。

（2）其递推关系为从第 3 项开始，每项是前两项之和。因此，可以写出它的递归公式。

fib(n)=1（n=1 或 2）

fib(n)=fib(n－1)+fib(n－2)　（n>2）

本程序是个典型的递归调用程序，首先在主函数中调用 fib(5)，接下来执行 fib(4)+fib(3)，由于递归终止条件是 n=2，所以程序继续递归执行。同理，fib(4)调用 fib(3)+fib(2)，fib(3)调用 fib(2)+fib(1)，此时满足递归终止条件 n=2，递归结束，具体如图 7-4 所示。

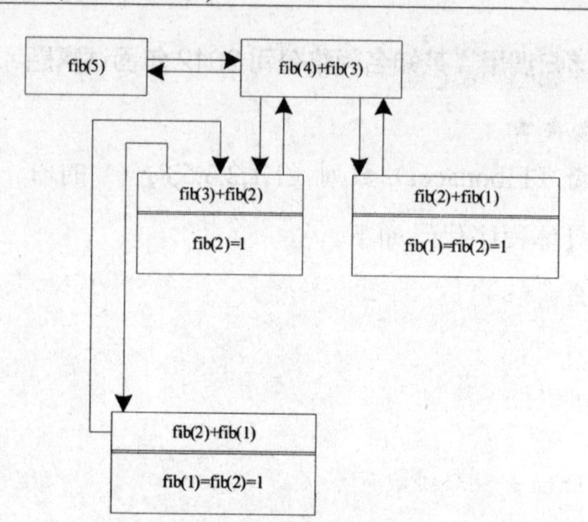

图 7-4 递归调用过程

真题 12：函数递归调用（某软件公司 2013 年面试真题）

法国数学家 Lucas 所提出的流传在印度的河内塔（Tower of Hanoil）游戏可以这样形容：

有 3 根木桩，1 号木桩上有 n 个盘子，最底层的盘子最大，依序上层的盘子会越来越小。河内塔问题就是将所有的盘子从第一根木桩，并以 2 号木桩当桥梁，全部搬到 3 号木桩上，如图 7-5 所示。

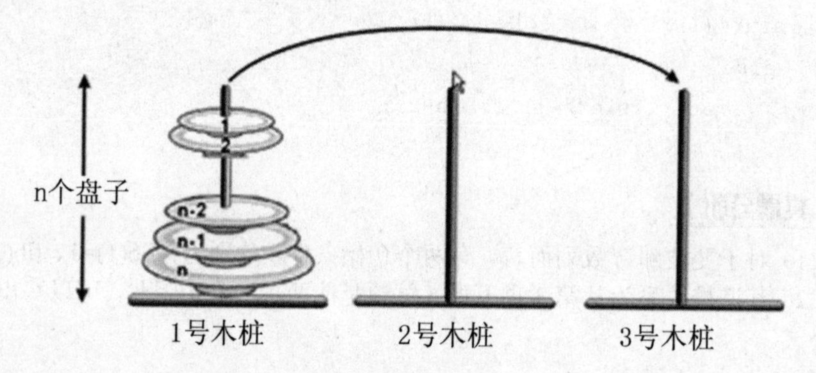

图 7-5 河内塔游戏

在搬动时，还必须遵守以下游戏规则：

- 每次只能从最上面移动一个盘子。
- 盘子可以搬到其他任何木桩上。
- 直径较小的盘子永远必须放在直径较大的盘子之上。
- 请用递归调用方式实现河内塔游戏过程。

【真题分析】

这是一个超经典的递归调用范例。为了方便了解，在此利用数学归纳法的方式来逐步验证，最后可以得到一个结论，当有 n 个盘子时：

步骤 1：将 n－1 个盘子，从 1 号木桩移动到 2 号木桩。
步骤 2：将第 n 个最大的盘子，从 1 号木桩移动到 3 号木桩。
步骤 3：将 n－1 个盘子，从 2 号木桩移动到 3 号木桩。
具体实现过程如图 7-6 所示。

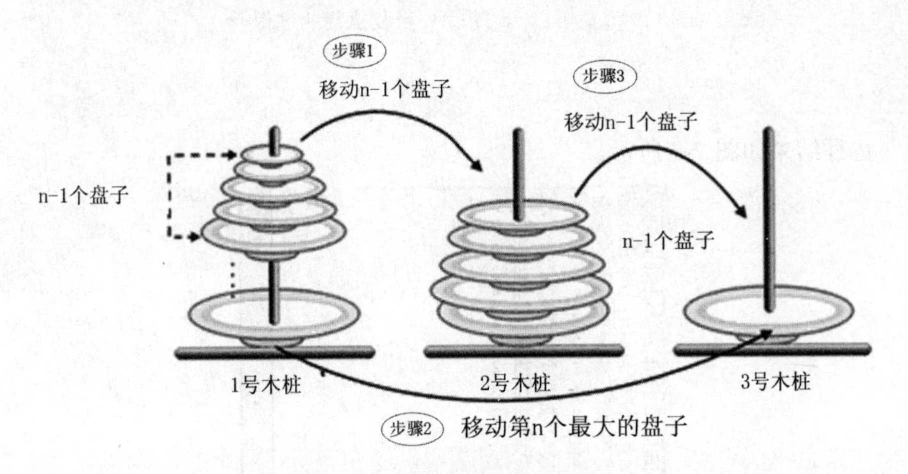

图 7-6 河内塔游戏实现过程

以下程序范例将以递归方式来实现河内塔算法的求解。从图 7-6 中可以发现，它满足了递归的两大特性：有反复执行的过程；有停止的出口。看起来有点困难的河内塔算法，通过递归式来解决，真的很容易。

【参考答案】 具体程序代码如下。

```
#include <stdio.h>
void hanoi(int, int, int, int); /* 递归函数原型声明 */
int main()
{
    int j;
    printf("请输入盘子数量: ");
    scanf("%d", &j);
    hanoi(j,1,2,3);

    system("pause");
    return 0;
}
    void hanoi(int n, int p1, int p2, int p3)
     {
        if (n==1)
        printf("盘子从 %d 移到 %d\n", p1, p3);/* 停止的出口*/
```

```
        else
        {
        hanoi(n-1, p1, p3, p2);/* 反复执行的过程 */
        printf("盘子从 %d 移到 %d\n", p1, p3);
        hanoi(n-1, p2, p1, p3);/* 反复执行的过程 */
      }
    }
```

运行结果如图 7-7 所示。

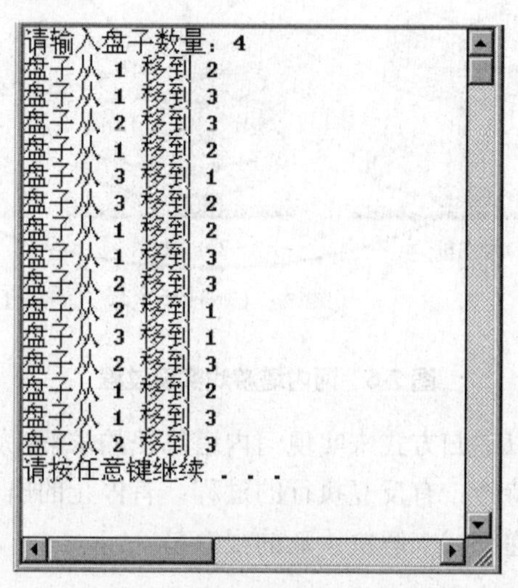

图 7-7　河内塔程序运行结果

7.4　内部函数和外部函数

真题 13：内部函数（某知名网络公司 2012 年面试真题）

【考频】★★★

static()函数与普通函数有什么区别？

只在当前源文件中使用的函数应该说明为内部函数（static），内部函数应该在当前源文件中说明和定义。对于可在当前源文件以外使用的函数，应该在一个头文件中说明，要使用这些函数的源文件要包含这个头文件。

使用内部函数的好处是，不同的开发者可以分别编写不同的函数，而不必担心所使用的函数是否会与其他源文件中的函数同名，因为内部函数只可以在所在的源文件中进行使用，所以即使不同源文件有相同的函数名也没有关系。

真题 14：外部函数（某知名软件公司 2013 年面试真题）

【考频】★★★★

有一个字符串，内有若干个字符，现输入一个字符，程序将字符串中该字符删去，由外部函数实现。

【参考答案】

具体程序代码如下。

```
file1.c(文件 1)
void main()
{ extern enter_string(char str[]),delete_string(char str[],char ch),print_string(char str[]);
    /*说明本文件要用到其他文件中的函数*/
    char c;
    static char str[80];
    enter_string(str);
    scanf("%c",&c);
    delete_string(str, c);
    print_string(str);
}
file2.c(文件 2)
#include "stdio.h"
extern enter_string(char str[80]) /*定义外部函数 enter_string*/
{ gets(str);}                /*读入字符串 str*/
file3.c(文件 3)
extern delete_string(char str[],char ch) /* 定 义 外 部 函 数 delete_string*/
{ int i,j;
    for(i=j=0;str[i]!='\0';i++)
    if(str[i]!=ch)
                str[j++]=str[i];
    str[j]='\0';
}
file4.c(文件 4)
extern print_string(char str[])/*定义外部函数 print_string*/
{ printf("%s",str);}
```

【真题分析】

整个程序由 4 个文件组成，每个文件包含一个函数。主函数是主控函数，由 4 个函数调用语句组成。其中 scanf 是库函数，另外 3 个是用户定义函数，它们都

定义为外部函数。在 void main 函数中，用 extern 说明在 void main 函数中用到的 enter_string()、delete_string()、print_string()是外部函数。

面试官寄语

可以说C程序的全部工作都是由各式各样的函数完成的，所以也把C语言称为函数式语言。由于采用了函数模块式的结构，C语言易于实现结构化程序设计。使程序的层次结构清晰，便于程序的编写、阅读、调试。

第8章

高深莫测：指针

赵老师，指针是C语言中的难点，很难掌握，看起来也很抽象，有些根本看不明白，但是这又是C编程中很重要的应用，有什么好的方法能够灵活应用指针呢？

是的，指针理解起来很抽象也很难懂，但是离开它们，好多程序会很复杂，用好指针可以使程序变得简洁，提高运行效率。指针是C语言的特色，也是C++提供的一种颇具特色的数据类型，允许直接获取和操纵数据地址，实现动态存储分配。本章所举的经典面试题型，对于广大应聘者提高指针的应用水平有很大帮助。

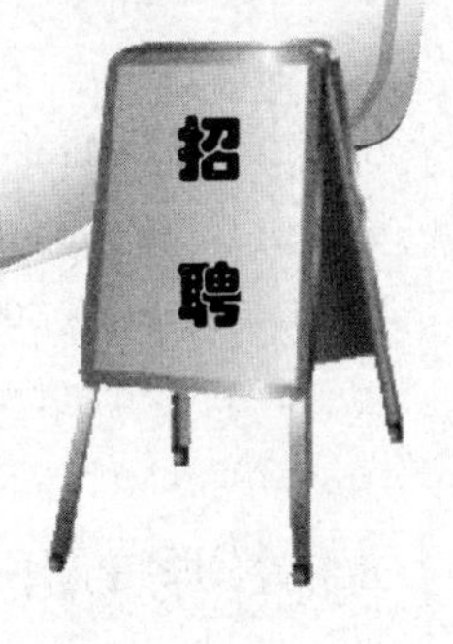

8.1 指针基础

C 语言具有获取变量地址和操纵地址的能力。而用来操作地址的这种特殊数据类型就是指针。指针是 C 语言的灵魂，用好了指针可以在 C 编程中事半功倍地实现一些强大的功能；同时，指针也是学习 C 语言的难点，其概念复杂，用法灵活，使用不当也会导致隐蔽而严重的程序问题。

真题 1：指针定义（美国某知名软件公司 2013 年面试真题）

【考频】 ★★★★★

用变量 a 给出下面的定义。

a．一个整型数。

b．一个指向整型数的指针。

c．一个指向指针的指针，它指向的指针是指向一个整型数。

d．一个有 10 个整型数的数组。

e．一个有 10 个指针的数组，该指针指向一个整型数。

f．一个指向有 10 个整型数的数组的指针。

g．一个指向函数的指针，该函数有一个整型参数并返回一个整型数。

h．一个有 10 个指针的数组，该指针指向一个函数，该函数有一个整型参数并返回一个整型数。

【真题分析】

该试题主要考查指针的定义。a 定义一个整型变量；b 定义一个整型指针；c 定义一个二级指针；d 定义一个整型数组；e 定义一个指针数组；f 定义一个数组指针；g 定义一个函数指针；h 定义一个指针函数。

【参考答案】

```
a.  int a;
b.  int *a;
c.  int **a;
d.  int a[10];
e.  int *a[10];
f.  int (*a)[10];
g.  int (*a)(int);
h.  int (*a[10])(int);
```

真题 2：字母大小写转换（某知名搜索公司 2013 年面试真题）

【考频】 ★★★★

有以下程序：

```
#include <stdio.h>
   void fun(char *c)
   { while(*c)
     { if(*c>='a'&&*c<='z') *c=*c-('a'-'A');
       c++;
     }
   }
   main()
   { char s[81];
     gets(s); fun(s); puts(s):
   }
```

当执行程序时从键盘上输入 Hello Beijing<回车>，则程序的输出结果是____。

A．hello Beijing　　B．Hello Beijing

C．HELLO BEIJING　　D．HELLO Beijing

【真题分析】

函数的功能将输入的所有小写字母换成大写字母。所以，此题的答案为 C。

【参考答案】 C

真题 3：指针比较大小（某知名网络公司 2013 年面试真题）

【考频】 ★★★★★

输入两个整数，按从小到大的顺序输出。

【参考答案】 具体程序代码如下。

```
#include  "stdio.h"
void main()
{ int a,b,*p,*q,*t;
   scanf("%d%d",&a,&b);
   p=&a;          /*将变量 a 的地址赋值给指针 p*/
   q=&b;          /*将变量 b 的地址赋值给指针 q*/
   if(*p>*q)           /*如果变量 a 的值大于变量 b 的值，进行交换*/
{  t=p;        /*将指针 p 的值赋值给 t*/
   p=q;        /*将指针 q 的值赋值给 p*/
   q=t;        /*将指针 t 的值赋值给 q*/
  }
      printf("结果是：%d %d",*p,*q);
}
```

【真题分析】

程序的具体分析参见代码中的解释文字，交换过程如图 8-1 所示。

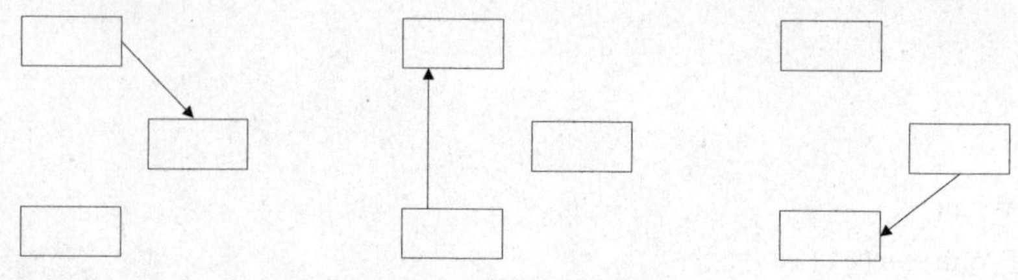

图 8-1　两个数的交换

真题 4：指针运算（某政府部门信息中心 2013 年面试真题）

【考频】★★★★★

若有定义语句：int year=2013,*p=&year;，以下不能使变量 year 中的值增至 2014 的语句是________。

A. *p!=1　　B. (*p)++;　　C. ++(*p);　　D. *p++;

【真题分析】

A 项中，p 所指内容执行增 1 操作；B 项中先取 p 指针所指的内容，再执行后++运算；C 项中，先去 p 指针所指内容，再执行前++运算；D 项中实际上是 p 指针执行++操作。A、B、C 皆可增加到 2014，只有 D 选项不能。

【参考答案】D

真题 5：函数返回地址值（某知名杀毒软件公司 2012 年面试真题）

【考频】★★★★

有以下程序：

```
#include<stdio.h>
int *f(int *p,int *q);
main( )
{  int m=1,n=2,*r=&m;
   r=f(r,&n);printf("%d\n ",*r);
}
int *f(int *p,int *q)
{return (*p>*q)?p:q;}
```

程序运行后的输出结果是________。

【真题分析】

根据程序的意思，r 为指向 m 的指针，int *f(int *p,int *q)是将返回指针 p 和 q

所指数值的大值，r=f(r,&n)，所以实际上比较的是 m 和 n 的值，返回大值 2。

 2

以下是关于函数值的类型的几点说明：

（1）存储类型有两种——static 和 extern，默认为 extern。

（2）“*函数名”不能写成“（*函数名）”，否则就成了指向函数的指针。

（3）此类函数的调用形式通常是：p=函数名(实际参数列表)，其中 p 通常是调用函数中定义的一个指针变量。

8.2 指针与数组

C 语言中，指针和数组存在很多相似点，是学习的难点。指针也可以用来指向数组或指向数组中的一个元素。当指针指向一个数组时，可以通过指针来访问数组中的元素。本节将讨论指针和数组组合而成的一些数据类型的概念和使用方法，以使求职者能够理解指针和数组之间的区别。

真题 6：指针表示数组（某知名杀毒软件公司 2013 年面试真题）

【考频】★★★★

写出以下程序的输出结果。

```
#include <stdio.h>
int main(void)
{
int a[5]={1,2,3,4,5};
int *ptr=(int *)(&a+1);
printf("%d,%d",*(a+1),*(ptr-1));
}
```

【真题分析】

该程序将输出：2,5，这是因为*(a+1)就是 a[1]，*(ptr-1)就是 a[4]，执行结果是 2，5，而&a+1 不是首地址+1，系统会认为加一个 a 数组的偏移，是偏移了一个数组的大小（本例是 5 个 int），int *ptr=(int *)(&a+1)；则 ptr 实际是&(a[5])，也就是 a+5。

 a+5

真题 7：数组指针的初始化（某知名通信公司 2012 年面试真题）

【考频】★★★★

设有“int w[3][4];”，pw 表示指向数组 w 的数组指针，则 pw 的初始化语句是什么？

【真题分析】

本题考查的是数组指针的初始化。在 C 语言中数组名代表数组中第一个元素（即序号为 0 的元素）的位址，所以可以使用数组的名称。在定义的时候可以写成：

```
int *p;
p=w;
```

也可以写成：

```
int *p=w;
```

【参考答案】pw 的初始化语句为：int *p=w;

真题 8：指向数组的指针（某知名软件公司 2013 年面试真题）

【考频】★★★★

下面代码的输出结果是什么？

```
main()
{
  int arr[][3] = { 1,2,3,4,5,6};
  int (*ptr)[3] =arr;
  printf("%d %d ",(*ptr)[0], (*ptr)[1] );
  ptr++;
  printf("%d %d",(*ptr)[0], (*ptr)[1] );
}
```

【真题分析】

本题考查的是指向数组的指针的应用。

int arr[][3] = { 1,2,3,4,5,6}表示定义了一个 2 行 3 列的二维数组。

int (*ptr)[3] =arr 表示定义了一个指向整型数组的指针，数组包含 3 个元素，并指向数组 arr 的首地址。(*ptr)[0]和(*ptr)[1]表示指向的当前数组的第 1 个和第 2 个元素的值也就是 1 和 2。

ptr++表示指向 arr 的下一行。当前行的第 1 个元素值就是 4，第 2 个元素值就是 5。

1 2 4 5

真题9：利用指针排序数组（某知名杀毒软件公司2013年面试真题）

【考频】★★★★★

利用指针把下列数组中大于等于0的元素按升序排列输出。

{-72，18，-34，99，2，-25，0，7}

【参考答案】具体程序代码如下。

```
#include <stdio.h>
#define SIZE 6

void print_array(const int a[], const int n) {
                                    /* n为要输出的数组元素的个数 */
 int i = 0;
 for (i = 0; i < n; ++i)      /* 使用循环输出从a开始的n个数组元素 */
     printf("%4d", a[i]);
 printf("\n");                /* 输出回车 */
 }

int main(void) {
 int a_int[SIZE] = {-72, 18,-34, 99, 2, -25,0, 7};
                                    /* 初始化为一个升序整数序列 */
 int *p = a_int;

 /* 找到第一个大于0的数组元素的地址 */
 while(*p < 0)
     ++p;                           /* 将p后移 */

 print_array(p, SIZE - (p - a_int));/* 输出p开始的剩余数组元素 */

 return 0;
}
```

【真题分析】

由于数组为有序数组，因此，只要在数组中找到第一个不小于0的元素，那么其后的元素都不小于 0，只要输出该元素及其之后的元素即可实现程序功能。最终的运行结果为：0 2 7 18 99。

调用含数组形参的函数时，数组变量和数组元素型指针变量都可以作为实参。但不论是数组变量还是数组元素型指针变量，它们的值都是数组的首地址。调用函数时，指针变量型数组的形参会被赋值为数组的首地址。C 语言也允许传递其他数组元素的地址来实现部分数组元素的访问。

真题 10：利用指针实现矩阵相乘（美国某著名硬件公司 2012 年面试真题）

【考频】★★★★★

编写一个函数，可以实现 2×3，3×4 矩阵相乘运算（用指针方式）。

【真题分析】

（1）使用一个 2×3 的二维数组和一个 3×4 的二维数组保存原矩阵的数据；用一个 2×4 的二维数组保存结果矩阵的数据。

（2）结果矩阵的每个元素都需要进行计算，可以用一个嵌套的循环（外层循环 2 次，内层循环 4 次）实现。

（3）根据矩阵的运算规则，内层循环里可以再使用一个循环，累加得到每个元素的值。一共使用三层嵌套的循环。

【参考答案】具体程序代码如下。

```
main()
{
int i,j,k, a[2][3],b[3][4],c[2][4];
/*输入a[2][3]的内容*/
printf("\nPlease input elements of a[2][3]:\n");
for(i=0;i<2;i++)
for(j=0;j<3;j++)
scanf("%d", a[i]+j); /* a[i]+j 等价于&a[i][j]*/
/*输入b[3][4]的内容*/
printf("Please input elements of b[3][4]: \n");
for(i=0;i<3;i++)
for(j=0;j<4;j++)
scanf("%d", *(b+i)+j); /* *(b+i)+j 等价于&b[i][j]*/
/*用矩阵运算的公式计算结果*/
for(i=0;i<2;i++)
for(j=0;j<4;j++)
{
*(c[i]+j)=0; /* *(c[i]+j)等价于 c[i][j]*/
```

```
for(k=0;k<3;k++)
*(c[i]+j)+=a[i][k]*b[k][j];
}
/*输出结果矩阵 c[2][4]*/
printf("\nResults: ");
for(i=0;i<2;i++)
{
printf("\n");
for(j=0;j<4;j++)
printf("%d ",*(*(c+i)+j)); /* *(*(c+i)+j)等价于 c[i][j]*/
}
}
```

运行上述代码，将提示输入矩阵数字，如图 8-2 所示。

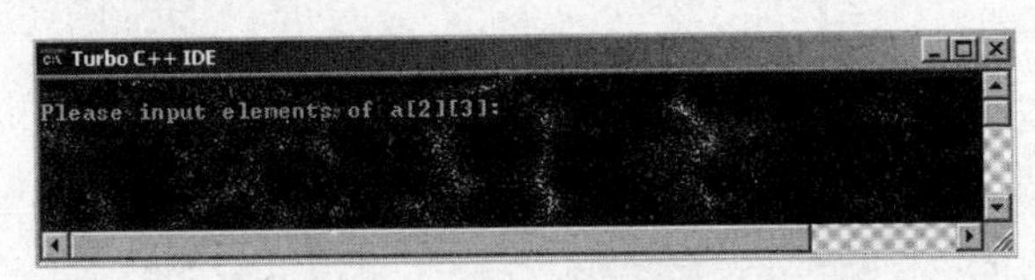

图 8-2　提示输入数组数字

输入指定的矩阵数字，按【Alt+F5】组合键后，将会分别输出运算后的结果，如图 8-3 所示。

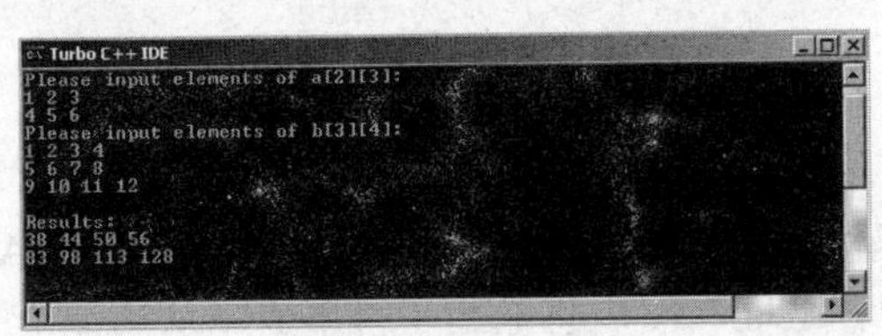

图 8-3　运算结果

在上述实例代码中，通过指针方式实现 2×3，3×4 矩阵相乘运算。在实际应用中可以灵活使用。在具体使用时，一定要注意二维数组指针变量说明的一般形式为：

类型说明符　(*指针变量名)[长度]

其中，“类型说明符”为所指数组的数据类型；“*”表示其后的变量是指针类型；“长度”表示二维数组分解为多个一维数组时，一维数组的长度，也就是二维数组的列数。应注意“(*指针变量名)”两边的括号不可少，如缺少括号则表示是指针数组，意义就完全不同了。

8.3 指针与字符串

在C语言中，指针和字符串的关系十分密切，两者之间相互关联可以实现具体的用户需求。事实上，如同指针处理数组的方式，字符串也可以经由指针来声明与操作。

真题11：字符串与指针的关系（某知名购物网站2013年面试真题）

【考频】★★★★★

以下程序的输出结果是 ________。

```
#include <stdio.h>

int main(void)
{
    char s[]="ABCD";
    char *p;
    for (p=s;p<s+4;p++)
      printf("%c\n",*p);

   return 0;
}
```

【真题分析】

该试题主要考查字符串与指针的关系。上述语句定义指向字符串的指针 p，其指向字符串 s。该循环语句首先将输入字符串 s 的所有字符 ABCD，因为指针 p 的初值为字符串 s 的首地址，然后将输出字符串 s 中从第二个字符开始的剩余字符串 BCD，因为指针 p 经过了++运算，其值指向字符串 s 中的字符 B，依次类推。

【参考答案】可以得到该程序的输出结果如下：

ABCD

BCD

CD

D

真题12：利用指针比较字符串（中国台湾某著名硬件公司2013年面试真题）

【考频】★★★★★

编程实现利用指针比较两个字符串是否相同。

【参考答案】具体程序代码如下。

```
#include <stdio.h>
#define SIZE 256

int main(void) {
char str1[SIZE] = "\0"; /* 定义一个字符数组 str1 并初始化为全 0 */
char str2[SIZE] = "\0"; /* 定义一个字符数组 str2 并初始化为全 0 */
    char * p1 = str1;        /* 定义一个指向 str1 的字符指针 p1 */
    char * p2 = str2;        /* 定义一个指向 str2 的字符指针 p2 */

    printf("Please input the first string:");
gets(p1);                 /* 从标准输入获得一个字符串，为 str1 赋值 */
    printf("Please input the second string:");
gets(p2);                 /* 从标准输入获得一个字符串，为 str2 赋值*/

    /* 比较两个输入字符串 */
    while(*p1 == *p2 && '\0' == *p1) {
        ++p1;                 /* 将 p1 后移 */
        ++p2;                 /* 将 p2 后移 */
    }

    /* 根据 p1 和 p2 指向的值来判断比较结果 */
    if(*p1 == *p2)            /* 如果 p1 和 p2 指向的内容相同 */
    printf("They are same.\n"); /* 说明两者完全一致，打印信息 */
    else if (*p1 > *p2)       /* 如果 p1 指向的内容大于 p2 */
        printf("The first one is larger than the second one.\n");
    else                      /* 如果 p1 指向的内容小于 p2 */
printf("The first one is smaller than the second one.\n");
    return 0;
}
```

【真题分析】

程序中将字符指针 p1 和 p2 初始化为两个字符数组的首地址，并将它们作为 gets 函数的实参，分别为两个字符数组赋值。其中，while 语句的判断表达式是简化后的结果，其完整表达式应该是：

while(*p1 == *p2 && '\0' == *p1 && '\0' == *p2)

即如果两个字符不相等或者其中一个字符串已结束，那么，字符串比较完毕。但是，当*p2 为'\0'时，如果*p1 不为'\0'，那么，第一个子表达式*p1 == *p2 为假，循环结束。如果*p2 为'\0'，那么，第二个表达式'\0'==*p1 为假，循环结束。因此，无论如何，'\0' == *p1 都不会发生作用，可以省略。

使用字符指针实现字符串的比较功能，字符串间的大小比较规则与 strncmp 函数相同。对于该问题，可以使用两个字符指针分别赋值为两个字符串的首地址。在一个循环结果中比较它们当前指向的结果，每一次比较后都将两个指针后移一位以指向下一个字符元素，直至找到第一个不相等的字符。

真题 13：利用指针复制字符串（某著名网站 2012 年面试真题）

【考频】★★★★★

要求利用指针把一个字符串的内容复制到另一个字符串中，并且不能使用 strcpy 函数。

【参考答案】具体程序代码如下。

```
cpystr(char *pss,char *pds)
{
  while((*pds=*pss)!='\0'){
      pds++;
      pss++;
}
 }
main(){
  char *pa="CHINA",b[10],*pb;
  pb=b;
  cpystr(pa,pb);
  printf("string a=%s\nstring b=%s\n",pa,pb);
}
```

【真题分析】

在上述代码中，程序完成了如下两项工作：

一是把 pss 指向的源字符串复制到 pds 所指向的目标字符串中。

二是判断所复制的字符是否为“\0”，若是则表明源字符串结束，不再循环。否则，pds 和 pss 都加 1，指向下一字符。

在上述实例代码中，把一个字符串的内容复制到另一个字符串中。在上述主函数中，以指针变量 pa、pb 为实参，分别取得确定值后调用 cpystr 函数。由于采用的指针变量 pa 和 pss、pb 和 pds 均指向同一字符串，因此在主函数和 cpystr 函数中均可使用这些字符串。也可以把 cpystr 函数简化为以下形式：

```
cprstr(char *pss,char*pds)
{
while ((*pds++=*pss++)!='\0');
}
```

即把指针的移动和赋值合并在一个语句中。 进一步分析还可发现"\0"的 ASCⅡ码为 0，对于 while 语句只看表达式的值为非 0 就循环，为 0 则结束循环，因此也可省去"!='\0'"这一判断部分，而写为以下形式：

```
cprstr (char *pss,char *pds)
{
while (*pdss++=*pss++);
}
```

此处的表达式的意义可解释为，源字符向目标字符赋值，移动指针，若所赋值为非 0 则循环，否则结束循环，这样使程序更加简洁。所以可以进行如下更改：

```
cpystr(char *pss,char *pds){
      while(*pds++=*pss++);
}
main(){
   char *pa="CHINA",b[10],*pb;
   pb=b;
   cpystr(pa,pb);
   printf("string a=%s\nstring b=%s\n",pa,pb);
}
```

真题 14：利用指针计算字符串长度（某著名软件公司 2013 年面试真题）

【考频】★★★★★

设计一个函数实现 strlen 函数的功能，即要求返回传入字符串的字符长度。

【真题分析】

从字符串第一个字符开始检查每一个字符，直至遇到'\0'，具体分析参考代码中的注释。

【参考答案】具体程序代码如下。

```
#include <stdio.h>
#define SIZE 256

/* 得到字符串的有效字长 */
int my_strlen(char * p) {   /* my_strlen函数声明 */
    int count = 0;

    while (*p != '\0') {    /* 如果*p为字符终止符，则结束循环 */
        ++p;                /* 后移 p */
        ++count;            /* 有效字长加 1 */
    }

    return count;
}

int main(void) {
    char str[SIZE] = "\0";          /* 定义并初始化 str */

    /* 输入一个字符串 */
    puts("Please input a string:");/* 辅助信息 */
    gets(str);                      /* 获得 str 的值 */

    /* 输出字符串的有效字长 */
    printf("The length of this string is %d.\n", my_strlen(str));
                                    /* 调用 my_strlen 函数 */

    return 0;
}
```

真题 15：利用指针截取字符串（某著名通信公司 2013 年面试真题）

【考频】★★★★★

请设计一个取子字符串的函数，函数声明必须包含以下信息：源字符串、子字串开始位置、子字串字符个数。如果子字串指定的长度超过字符串的范围，那么，只取到字串末尾。

【真题分析】

为了提高安全性，函数声明必须包含源字符串和目的字符串的字节空间。在函数开始时，检查两个字符指针的有效性，以及子字符串开始位置和长度的有效性。在函数功能实现时，将一个字符指针指向子字串的开始位置，在循环结构中将其指向的值赋值给目的字符指针指向的空间，每一次循环后将两个字符指针后移一位。其他具体分析参考代码中的注释。

【参考答案】具体程序代码如下。

```
#include <stdio.h>
#define SIZE 256

char * my_substr(char * src,               /* 源字符串 */
                 const int size_src,       /* 源字符串空间大小 */
                 char * dest,              /* 目的字符串 */
                 const int size_dest,      /* 目的字符串空间大小 */
                 const int start,          /* 子字符串开始位置 */
                 const int n)              /* 子字符串字符个数 */
{
    char * tmp = dest;
    int count = 0;

    /* 检查形参的有效性 */
if (NULL==src || NULL==dest || start>=size_src||n>size_dest){
                                           /* 检查各种异常情况 */
        printf("Error in function my_substr.\n");
                                           /* 打印错误信息 */
        return NULL;                          /* 返回错误值 */
    }

    /* 实现子字符串的复制 */
    for (src += start, count = 0;
        count < n && *src != '\0';
        ++count)
        *dest++ = *src++;                /* 复制单个字符 */

    return tmp;
}

int main(void) {
    char p[SIZE] = "\0";                 /* 定义并初始化 p */
```

```
    char sub_str[SIZE] = "\0";         /* 定义并初始化 sub_str */
    int start = 0;                     /* 定义并初始化 start */
    int n = 0;                         /* 定义并初始化 n */

    puts("Please input a string:");/* 输出辅助信息 */
    gets(p);                           /* 从标准输入读取一个字符串 */
    printf("Please input the start position of sub-string:");
    scanf("%d", &start);               /* 输入要复制的子字符串的起始位置
*/
    printf("Please input the length of sub-string:");
    scanf("%d", &n);                   /* 输入要复制的字符个数 */
    puts(my_substr(p, SIZE, sub_str, SIZE, start, n));
                                       /* 调用子字符串复制函数 */

    return 0;
}
```

8.4 指针与函数

可以使用整型变量、浮点型变量和字符型变量作为函数参数，其实，指针变量也可以作为函数参数使用，此外，还可以使用指针型变量作为函数的函数值。程序中可以通过函数指针来调用函数，函数指针的课程可能稍微让求职者伤点脑筋了，但是只要多花心思研究，难题也会迎刃而解。

真题 16：函数返回地址值（某软件公司 2013 年面试真题）

【考频】★★★★

有以下程序：

```
#include<stdio.h>
void f(int *p);
main()
{ int a[5]={1,2,3,4,5}, *r=a;
  f(r);  printf("%d\n",*r);
}
void f(int *p);
{p=p+3;printf("%d\n",*p)}
```

程序运行后的输出结果是________。

A. 1,4　　B. 4,4　　C. 3,1　　D. 4,1

【真题分析】

在调用 f 函数时，指针 p 得到指针 r 传递的地址，指向数组 a，然后向后移动 3 位，输出 4，而指针 r 依然指向数组 a 的首地址，输出 1，因此选 D 项。

【参考答案】D

真题 17：函数返回指针变量（某软件公司 2013 年面试真题）

【考频】★★★★

有以下程序：

```
#include<stdio.h>
void fun (char*c,int d)
{
    *c=*c+1;d=d+1;
 printf("%c,%c, ",*c,d);
}
main()
{
 char b='a',a='A';
 fun(&b,a); printf("%c,%c\n",b,a);
}
```

程序运行后的输出结果是________。

A．b,B,b,A　　　　B．b,B,B,A

C．a,B,B,a　　　　D．a,B,a,B

【真题分析】

本题要注意 fun()函数中的两个局部变量 c 和 d，c 是一个字符指针变量，在程序中取出指针所指内存单元的值进行了修改，所以这一改变对于整个程序都是有效的；而 d 是一个整型变量，在程序中进行的修改是局部的，不影响其他函数。所以最后的输出结果应该是 A。

【参考答案】A

真题 18：函数的指针（某计算机硬件公司 2012 年面试真题）

【考频】★★★★★

利用函数的指针求 a 和 b 中的最大值。

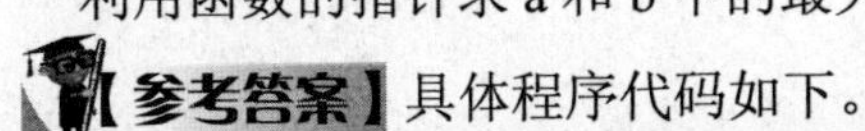

【参考答案】具体程序代码如下。

```
main()
{ int max(int,int);
```

```
    int (*p)(int,int);          //说明p是一个指向函数的指针变量
    int a,b,c;
    p=max;                      //max函数首地址赋予p
    printf("Please input 2 number:a,b\n");
    scanf("%d, %d",&a,&b);
    c=(*p)(a,b);                        //调用max函数，实参为a、b
    printf("a=%d,b=%d,max=%d",a,b,c);
}

max(int x,int y)
{ int z;
    if(x>x) z=x;
    else z=y;
    return(z);
}
```

程序运行结果如图 8-4 所示。

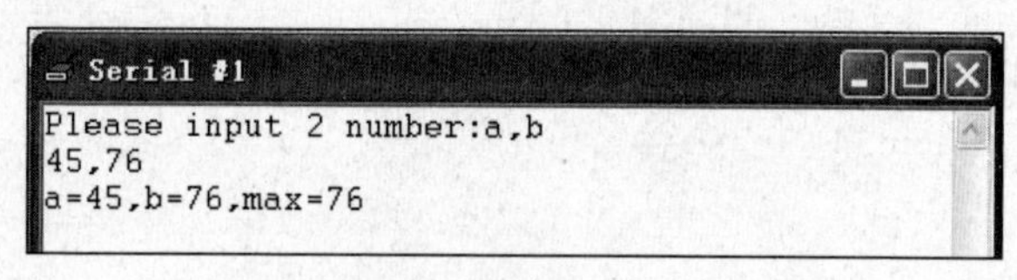

图 8-4 程序运行结果

求两个数的大小可以用很多方法实现，也是面试中经常出现的考核内容。这里要求用函数的指针实现，代码解析如下。

① p=max 的作用是将函数 max 的入口地址赋给指针变量 p。

② 通过语句“c=(*p)(a，b);”调用 max 函数，它等价于“c=max(a，b);”。

③ 指针变量 p 只能指向函数的入口处，因此不能对 p 做 p++、*(p++)等运算。

指针变量可以指向变量、字符串、数组，也可以指向一个函数。一个函数在编译时被分配给一个入口地址，这个入口地址称为函数的指针。可以定义一个指向函数的指针变量，将函数的入口地址赋予指针变量，然后通过指针变量调用此函数。

指向函数的指针变量定义形式如下。

```
类型标识符    (*指针变量名)();
      ↑
 函数返回值的类型
```

真题 19：函数指针的应用（某计算机硬件公司 2013 年面试真题）

【考频】★★★★★

指出下面代码中的错误，并改正。

```
#include<stdio.h>
void swap(int *x,int *y)                //交换数值
{
   int temp;
 temp=*x;
 *x=*y;
 *y=temp;
}
void main()
{
 int a=3, b=4;
 void *p;
 p=swap;
 (*p)(&a,&b);
 printf("%d%d",a,b);
}
```

【真题分析】

本题考查的是函数指针的应用。

本题中函数指针的声明存在错误。函数指针变量声明的一般形式为：

```
数据类型(*指针变量名)(参数列表)
```

这里的数据类型指的是函数返回值的类型。

函数指针可以指向函数入口地址的值，可以通过调用函数指针来实现对函数的调用。

函数指针变量不是固定地指向哪一个函数的，它表示专门存放函数入口地址的变量，在程序中把哪个函数的地址赋给函数指针，它就指向哪一个函数（但是指针函数指向函数的返回类型要相同）。

在给函数指针赋值的时候只需给出函数名，不用给出参数。例如本题中的：

```
p=swap;
```

就是正确的赋值方法，不能写成 p=swap(a,b)的形式。

用函数指针变量调用函数时，只需使用(*p)来代替函数名 swap 即可，此时要写上正确的实参。如本题中使用函数指针调用函数 swap()的代码：

```
(*p)(&a,&b);
```

还要注意，因为函数指针只能指向函数的入口地址而不可能指向函数的某一条指令，因此不能使用 p+i、p++这样的运算。

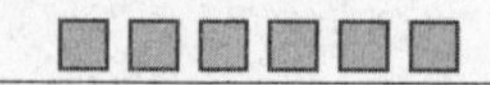

【参考答案】

本题中代码在主函数中对函数指针的声明是不正确的，应将：

```
void *p;
```

改为：

```
void (*p)(int*,int*);          //函数指针
```

真题 20：函数指针数组的应用（某网络公司 2012 年面试真题）

【考频】★★★★★

下面代码的输出结果是什么？

```
void f1(int *s, int q);
void f2(int *s, int q);
void(*p[2]) ( int *, int);

main()
{
 int a=5;
 int b=6;
 p[0] = f1;
 p[1] = f2;
 p[0](&a , b);
 printf("%d %d " , a ,b);
 p[1](&a , b);
 printf("%d %d " , a ,b);
}

void f1( int* s , int q)                //交换两个数的值
{
 int tmp;
 tmp =*s;
 *s = q;
 q= tmp;
}

void f2( int* s , int q)
{
 ++(*s);
 ++q;
}
```

本题考查的是函数指针数组。

声明 void(*p[2]) (int *, int)表示 p 为函数指针数组，它有两个元素（相当于两个指针变量），分别指向返回值为空并且有两个参数的函数。

在主函数中 p[0] = f1 和 p[1] = f2 这两句代码使指针分别指向函数 f1()和函数 f2()。

p[0](&a , b)表示调用函数 f1(),传入的参数分别为变量 a 的地址和变量 b 的值。函数 f1()实现将传入的两个数进行交换,因为 s 传入的是地址,q 传入的是一个值,在函数结束后参数 q 的值释放，所以返回后 a 的值为 6，进行了交换，b 的值仍然为 6，没有进行交换。

p[1](&a , b)表示调用函数 f2()，将传入的两个数分别进行自加。因为 s 传入的是地址，q 传入的是一个值，所以函数调用结束后，a 的值为 7，b 的值仍然为 6。

【参考答案】输出结果：6 6 7 6

真题 21：函数指针变量（某知名网站 2012 年面试真题）

【考频】★★★

对用户输入的两个数，利用函数指针变量根据不同的情况分别调用 add()、sub()、mul()、div()这 4 个函数完成加、减、乘、除的运算，并返回结果。

```
#include <stdio.h>                                    //头文件
#include <stdlib.h>

int calc(int(*pf)(int,int),int a,int b);              //函数声明
int add(int a, int b);
int sub(int a, int b);
int mul(int a, int b);
int div1(int a, int b);

int main()
{

    int i,j,k;

    printf("请输入两个整数:");
    scanf("%d%d",&i,&j);                              //输入数字
    k=calc(add,i,j);                             //求和
    printf("两数之和为:%d\n",k);
    k=calc(sub,i,j);                             //求差
```

```
    printf("两数之差为:%d\n",k);
    k=calc(mul,i,j);                                  //求积
    printf("两数之积为:%d\n",k);
    k=calc(div1,i,j);                                 //求商
    printf("两数之商为:%d\n",k);

    system("pause");
    return 0;
}

int calc(int(*pf)(int,int),int a,int b)           //自定义函数
{
      int f;
      f=(*pf)(a,b);
      return f;
}
int add(int a,int b)                              //求和
{
    return a+b;
}
int sub(int a, int b)                             //求差
{
    return a-b;
}
int mul(int a, int b)                             //求积
{
    return a*b;
}
int div1(int a, int b)                            //求商
{
    if(b)
        return a/b;
    else
        return -1;
}
```

执行这段程序，按照提示输入两个数字，得到如下结果：

```
请输入两个整数:18  9
两数之和为:27
两数之差为:6
两数之积为:162
两数之商为:2
```

【真题分析】

本程序分别定义了 5 个函数，下面介绍各函数的功能。

- ◆ add()函数：返回两个形参相加之和。
- ◆ sub()函数：返回两个形参相减之差。
- ◆ mul()函数：返回两个形参相乘之积。
- ◆ div1()函数：返回两个形参相除之商。在进行除法运算时必须判断除数是否为 0，如果除数 b 为 0，则返回-1。若不加判断，当除数为 0 时，程序将出错中断。
- ◆ calc()函数，这是本例的关键所在。在该函数中，第一个形参为函数指针变量，调用该函数时需指定一个函数名作为实参。在程序中，使用该函数指针变量调用对应的函数。

在 main()主函数中，首先是声明函数原型。接着，要求用户输入两个整数值。然后调用 calc()函数，将函数名 add()作为实参，将函数 add()的入口地址传到 calc()函数的函数指针变量 pf 中，在 calc()函数中将调用 add()函数进行运算，并返回相加的结果。接着调用 calc()函数，将函数名 sub()作为实参，在 calc()函数中将调用 sub()函数进行运算，并返回相减的结果。后面调用情况与此相似。

用函数指针变量调用函数的一般形式为：

(*指针变量名)(实参表)

使用函数指针变量还应注意以下两点：

①不能对函数指针变量进行算术运算，对函数指针变量加上或减去一个数，是一个无意义的内存地址。

②函数调用时，“(＊指针变量名)”两边的括号不可少，其中的＊不应该理解为求值运算，在此处它只是一种符号。

面试官寄语

指针是 C 和 C++的精华所在，也是 C 和 C++的一个十分重要的概念。一个数据对象的内存地址称为该数据对象的指针。指针可以表示各种数据对象，如简单变量、数组、数组元素、结构体，甚至函数。换句话说，指针具有不同的类型，可以指向不同的数据存储体，为程序存储带来了很大的便利，同时又是一把双刃剑，运用不好，会适得其反。

第 9 章

深藏不露：预处理和内存管理

赵老师，预处理和内存管理在 C 和 C++中使用比较频繁，这两个概念也十分重要，我理解的不是很透彻，希望赵老师能帮解析一下。

预处理和内存管理也是面试题中经常出现的。程序设计领域中，预处理一般是指在程序源代码被翻译为目标代码的过程中，生成二进制代码之前的过程。内存管理是指软件运行时对计算机内存资源的分配和使用的技术。本章介绍的内容主要是针对预处理和内存管理进行的，希望求职者能够好好掌握。

9.1　宏定义 

宏定义是指用一个指定的标识符（名字）来代表程序中的一个字符串。宏定义除了允许定义符号常量外，还可以用于定义带有参数的宏。在宏定义中的参数称为形式参数，简称形参；在宏调用中的参数称为实际参数，简称实参。

真题 1：宏定义（某知名软件公司 2013 年面试真题）

【考频】★★★★★

设有宏定义;#defineIsDIV(k.n)　((k%n==1)?1:0)且变量 m 已正确定义并赋值，则宏调用：IsDIV(m,5)&&IsDIV(m,7)为真时所要表达的是____。

A．判断 m 是否能被 5 或者 7 整除

B．判断 m 是否能被 5 和 7 整除

C．判断 m 是否能被 5 或者 7 整除是否余 1

D．判断 m 是否能被 5 和 7 整除是否都余 1

【真题分析】

本题考查对宏定义的理解，从判断的要求 IsDIV(m,5)&&IsDIV(m,7)都为真，所以即((k%n==1)?1:0)返回 1，这是个选择表达式，当(k%n==1)为真时，返回 1，否则返回 0，所以要求(k%n==1)为真，所以即是：m%5,m%7 都等于 1，即题中表达的是判断 m 是否能被 5 和 7 整除是否都余 1，故选项 D 正确。

【参考答案】D

宏定义格式如下:

#define 标识符 字符串

其中的标识符就是所谓的符号常量，也称为“宏名”。

例如：# define PI 3.1415926

把程序中出现的 PI 全部换成 3.1415926。

说明:

① 宏名一般用大写。

② 使用宏可提高程序的通用性和易读性，减少不一致性和输入错误，便于修改。

③ 预处理是在编译之前的处理，而编译工作的任务之一就是语法检查，预处理不做语法检查。

④ 宏定义末尾不加分号。

⑤ 宏定义写在函数的花括号外边，作用域为其后的程序，通常位于文件的最开头。

⑥ 可以用#undef 命令终止宏定义的作用域。

⑦ 宏定义可以嵌套。

⑧ 字符串中永远不包含宏。

⑨ 宏定义不分配内存，变量定义分配内存。

真题 2：函数的宏替换（某知名网络公司 2012 年面试真题）

【考频】★★★★

以下程序

```
#include <stdio.h>
#define  SUB(a)  (a)-(a)
main()
{  int  a=2,b=3,c=5,d;
    d=SUB(a+B)*c;
    printf("%d\n",d);
}
```

运行后的结果是____。

A．0　　　B．-12　　　C．-20　　　D．10

【真题分析】

将函数的宏替换代入程序中即可，d=SUB(a+B)*c=SUB(2+3)*5=(2+3)-(2+3)*5=5-25=-20。故本题的正确答案是 C。

【参考答案】C

真题 3：带参数的宏（某购物网站 2013 年面试真题）

【考频】★★★★

有以下程序：

```
#include <stdio.h>
 #define f(x) x*x*x
  main()
 { int a=3,s,t;
   s=f(a+1);t=f((a+1));
  printf("%d,%d\n",s,t);
 }
```

运行后的输出结果是____。

A．10,64　　　B．10,10　　　C．64,10　　　D．64,64

【真题分析】

C 语言中带参数的宏可以理解为用参数直接替代定义式中的变量，而不进行任何修改。所以 s=f(a+1)=a+1*a+1*a+1，t=f((a+1))=(a+1)*(a+1)*(a+1)。

【参考答案】A

真题 4：无参数和带参数的宏（某杀毒软件公司 2012 年面试真题）

【考频】★★★★

有以下程序：

```
#include<stdio.h>
#define PT 3.5;
#define S(x)  PT*x*x;
main()
{     int a=1, b=2;
      printf("%4.1f\n",S(a+b));
}
```

运行后的输出结果是____。

A．14.0　　B．31.5　　C．7.5　　D．程序有错无输出结果

【真题分析】

本题考查两种宏定义：无参数的宏定义，即#define PT 3.5；带参数的宏定义，不能用宏来计算，宏只能简单代替，但不能做计算，故程序会报错。

【参考答案】 D

9.2　内存管理

内存管理，是指软件运行时对计算机内存资源的分配和使用的技术。其最主要的目的是如何高效、快速地分配，并且在适当的时候释放和回收内存资源。

真题 5：动态存储分配（某知名计算机硬件公司 2013 年面试真题）

【考频】★★★★

写出下列程序的结果。

```
#include  "stdio.h"
#define f(x)  x+x
void main()
{ int y;
y=f(4)*5;
printf("y=%d",y);
}
```

本题的结果很容易让人觉得答案是 40，其实答案是 24，y 的值是 4+4*5=24，而不是(4+4)*5=40，因为 f(x)表示的是 x+x，而不是(x+x)。

【参考答案】24

真题 6：calloc 函数（某嵌入式开发公司 2012 年面试真题）

【考频】★★★★

以下程序运行后的输出结果是____。

```
#include <stdio.h>

#include <stdlib.h>

#include <string.h>

main()

{ char *p; int i;

p=(char *)malloc(sizeof(char)*20);

strcpy(p, "welcome");

for(i=6;i>=0;i--) putchar(*(p+i));

printf(" \n"); free(p);

}
```

【真题分析】

本题是对 calloc 函数的考查，根据题意知本段程序的作用是用来实现将字符串“welcome”从后向前输出，p[0]=w，p[1]=e，p[2]=l，p[3]=c，p[4]=o，p[5]=m，p[6]=e；for()语句实现从 p[6]到 p[0]倒序输出，所以输出结果为 emoclew。

【参考答案】emoclew

ANSI C 标准规定 calloc 函数返回值的类型为 void *，calloc 函数的调用形式为：

calloc(n,size);

其中，n 和 size 的类型都为 unsigned int 型。其返回值的类型为 void*。calloc 函数用来给 n 个同一类型的数据项分配连续的存储空间。每个数据项的长度为 size 字节，若分配成功，函数返回存储空间的首地址，否则返回空。由调用 calloc 函数所分配的存储单元，系统自动设置初值为 0。

面试官寄语

预处理过程读入源代码，检查包含预处理指令的语句和宏定义，并对源代码进行响应的转换。内存管理对于编写出高效率的 Windows 程序是非常重要的，这是因为 Windows 是多任务系统。掌握预处理和内存管理对于编写高效率的代码是很有帮助的。

第 10 章
勇往直前：循环和递归

赵老师，循环、递归与概率这几个应用是 C 和 C++ 中的应用难点，不太好掌握，没有点基础还真不好上手，您能帮我们介绍一下这方面的关键知识吗？

递归问题是编程中十分复杂的问题，也是本书的难点之一。由递归衍生出的相关问题，诸如迭代问题、概率问题、循环问题也是企业经常重复的考点。本章将通过对一些知名公司面试题目进行全面仔细的解析，帮助读者解决其中的难点。

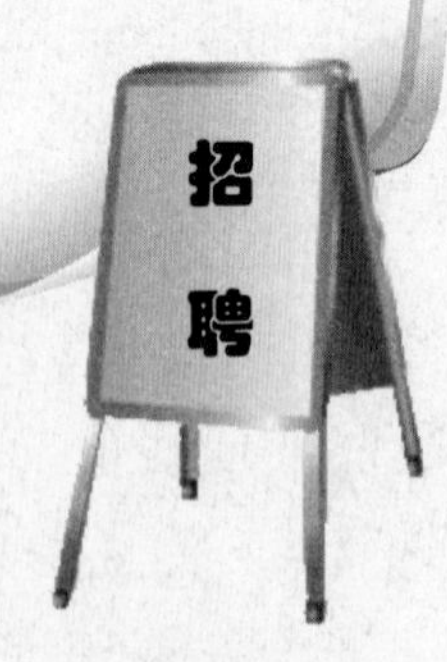

10.1　循环

循环控制结构是程序设计的另一个常用结构。在实际问题中，常常需要进行大量的重复操作步骤，这时使用循环结构就可以使我们只写很少的语句，而让计算机进行多次重复执行，从而完成大量相同的计算。

真题 1：while 循环（某知名软件公司 2013 年面试真题）

【考频】 ★★★★★

有以下程序段

```
#include <stdio.h>
main()
{
while(getchar()!='\n');
}
```

以下叙述中正确的是________。

A．此 while 语句将无限循环

B．getchar()不可以出现在 while 语句的条件表达式中

C．当执行此 while 语句时，只有按回车键程序才能继续执行

D．当执行此 while 语句时，按任意键程序就能继续执行

【真题分析】

本题中 while 循环条件为 getchar()!='\n'，表示只要不输入回车键 getchar()!='\n' 语句一直为真，则 while 循环会出现空循环，当按下回车键后跳出 while 循环执行下一个语句。

【参考答案】 C

while 循环的执行过程是：计算 while 后表达式的值，当值为非零时，执行循环体中的语句；当值为零时，退出 while 循环，如图 10-1 所示。

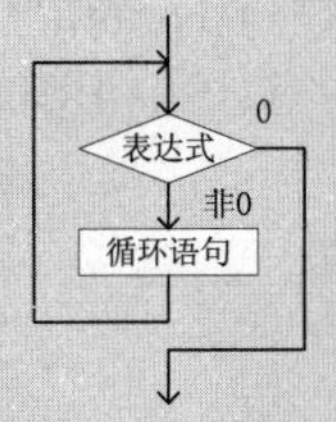

图 10-1　while 语句执行流程图

真题 2：do…while 循环（某知名网络公司 2013 年面试真题）

【考频】★★★★★

以下程序运行后的输出结果是________。

```
#include <stdio.h>
main()
{ int a=1,b=7;
do {
      b=b/2;a+=b;
     } while(b>1);
printf("%d\n",a);}
```

【真题分析】

本题主要考查 do…while 语句的使用，当 b=7 的时候，执行 b=b/2，结果为 3，然后执行 a+=b，得到 a=4，由于 b>1，继续执行循环，直到 b<=1，循环结束，本题答案为 a=5。

a=5

do…while 语句的一般格式为：

```
do
        { 循环体语句组;}
While(循环继续条件);
```

当循环体语句组仅由一条语句构成时，可以省略花括号{}。

真题 3：for 语句（某知名网络公司 2012 年面试真题）

【考频】★★★★★

若 i 和 k 都是 int 类型变量，有以下 for 语句：

for(i=0，k=－1；k=1；k++)　printf("*****\n");

下面关于语句执行情况的叙述中正确的是________。

A．循环体执行两次　　B．循环体执行一次

C．循环体一次也不执行　　D．构成无限循环

【真题分析】

本题中 for 循环判断条件为 k=1，这个语句使赋值语句总是正确，所以会陷入无限循环中。

【参考答案】 D

> for 语句的一般格式为：
> for([循环变量赋初值]; [循环继续条件]; [循环变量增值])
> 　　　{循环体语句组;}
> 如果循环体语句组仅由一条语句构成，可以不用复合语句的形式。

真题 4：for 和 switch 语句（某知名硬件公司 2013 年面试真题）

【考频】★★★★

有以下程序：

```
#include  <stdio.h>
main()
{ int a[ ]={2,3,5,4},i;
for(i=0;i<4;i++)
switch(i%2)
{ case 0:switch(a[i]%2)
{ case 0:a[i]++;break;
case 1:a[i]--;
}break;
case 1:a[i]=0;
}
for(i=0;i<4;i++) printf("%d",a[i]); printf("\n");
}
```

运行后的输出结果是_______。

A. 3 3 4 4　　　B. 2 0 5 0　　　C. 3 0 4 0　　　D. 0 3 0 4

【真题分析】

本题主要考查 for 和 switch 语句结合起来的知识点，同时 switch 语句套有 switch 语句，分析过程如下。

（1）当 i=0 的时候，执行：

```
case 0:switch(a[i]%2)
{case 0:a[i]++;break;
case 1:a[i]--;
}break;
```

由于 a[0]%2=0，执行：

```
    case0:a[i]++;break;
```

得到a[0]的值为3，跳出内部switch语句，但由于外部也有一个break语句，所以直接指向外面for循环的i++，使i的值增加1，执行i=1。

（2）当i=1的时候，执行“case 1:a[i]=0;”，得到a[1]为0，继续执行for循环的i++，使i的值变为2。

（3）当i=2的时候，执行：

```
case0:switch(a[i]%2)
{case 0:a[i]++;break;
case 1:a[i]--;
}break;
```

由于a[2]的值为5，执行“case 1:a[i]--;”，得到a[2]为4。

（4）当i=3的时候，执行“case 1:a[i]=0;”，得到a[3]为0，循环结束。

经过以上分析，此题选C。

【参考答案】 C

真题5：for循环嵌套（某知名硬件公司2013年面试真题）

【考频】 ★★★★

以下程序运行后的输出结果是____。

```
#include<stdio.h>
main()
{
int n[2],i,j;
for(i=0;i<2;i++)    n[i]=0;
  for(i=0;i<2;i++)
    for(j=0;j<2;j++)   n[j]=a[i]+1;
 printf("%d\n",n[i]);
}
```

【真题分析】

程序中的for语句是两层循环，当i=0时，满足外循环条件，此时判断内循环，j=0，满足内循环判断条件，执行n[0]=1，j++，n[1]=2，再执行外循环i++，满足外循环判断条件，执行n[1]=n[1]+1=3，跳出循环，故最终输出结果为3。

【参考答案】 3

真题6：for循环嵌套（某金融公司2013年面试真题）

【考频】 ★★★★

使用for循环输出101～200中所有的素数。判断素数的方法：用这个数分别去除2到这个数加1的平方根范围中的每一个数，如果能被整除，则表明此数不是素数，反之是素数。

【参考答案】具体程序代码如下。

```
#include<stdio.h>
#include <math.h>
void main()
{
    int m,i,h=0,leap=1;double k;
    printf("\n");
    for(m=101;m<=200;m++)                    //m 从 101 到 200
    {
        k=sqrt(m+1);                     //（m+1）的算术平方根，赋值给 k
        for(i=2;i<=k;i++)                    //i 从 2～k
        if(m%i==0)                       //m 除 i 取余的结果为 0,符合判定条件
        {
            leap=0;
            break;                       //leap=0，退出循环
        }
        if(leap)
        {
            printf("%-4d",m);h++;
                                         //每行限制输出 10 个素数
            if(h%10==0)          //h 除 10 取余的结果为 0，符合判定条件
            {
                printf("\n");
            }
        }
        leap=1;
    }
    printf("\n 范围内素数总共有%d 个",h);
    getchar();
}
```

运行结果如下：

101 103 107 109 113 127 131 137 139 149
151 157 163 167 173 179 181 191 193 197
199
范围内素数总共有 21 个

【真题分析】

上面代码是一个 for 循环嵌套 for 循环的程序。在第 7 行定义了外层 for 循环的条件 m<=200，在第 10 行定义了内层循环条件 i<=k，外层循环执行一次，内层循环执行一遍。这里需要注意的是 11 到 15 行的整体为循环体。

真题 7：break 语句（某知名购物网站 2013 年面试真题）

【考频】 ★★★

利用 break 语句来控制九九表的打印程序，由使用者输入数字，并打印这个数字之前的九九表项目。

【参考答案】 具体程序代码如下。

```
#include<stdio.h>
#include<stdlib.h>

int main()
{
  int number;
  int i,j;
  printf("输入数字,打印此数字之前的九九表项目:");
  scanf("%d", &number);
  /*九九表的双重循环*/
  for(i=1; i<=9; i++)
  {
    for(j=1; j<=9; j++)
    {
       if(j>=number)
           break;/*设定跳出的条件*/
       printf("%d*%d=",j,i);
       printf("%d\t ",i*j);
    }
    printf("\n");
  }
  system("pause");
  return 0;
}
```

程序运行结果如图 10-2 所示。

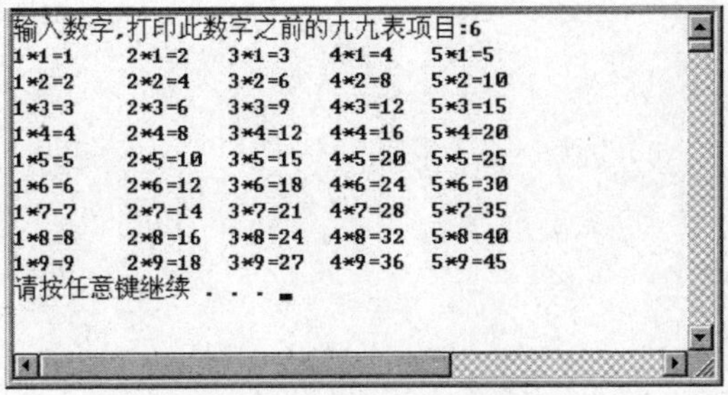

```
输入数字,打印此数字之前的九九表项目:6
1*1=1    2*1=2    3*1=3    4*1=4    5*1=5
1*2=2    2*2=4    3*2=6    4*2=8    5*2=10
1*3=3    2*3=6    3*3=9    4*3=12   5*3=15
1*4=4    2*4=8    3*4=12   4*4=16   5*4=20
1*5=5    2*5=10   3*5=15   4*5=20   5*5=25
1*6=6    2*6=12   3*6=18   4*6=24   5*6=30
1*7=7    2*7=14   3*7=21   4*7=28   5*7=35
1*8=8    2*8=16   3*8=24   4*8=32   5*8=40
1*9=9    2*9=18   3*9=27   4*9=36   5*9=45
请按任意键继续. . .
```

图 10-2　程序运行结果

【真题分析】

scanf("%d", &number);表示输入数字。if(j>=number)设定当 j 大于或等于所输入的数字时，就跳出内层循环，再从外层的 for 循环执行。break;执行跳出语句。

10.2　递归

递归调用是一个函数在它的函数体内调用它自身的函数调用方式。这种函数也称为“递归函数”。在递归函数中，主调函数又是被调函数。执行递归函数将反复调用其自身。每调用一次就进入新的一层。

真题 8：求阶乘（某国际知名软件公司 2012 年面试真题）

【考频】★★★★

编写函数，用递归调用方法根据用户输入的值计算出其阶乘。

【参考答案】具体程序代码如下。

```
#include<stdio.h>                                   //头文件
#include<stdlib.h>
int fact(int n);                                    //求阶乘
int main()
{
 int i;                                             //声明变量
    printf("请输入要求阶乘的一个整数：");
    scanf("%d",&i);                                 //输入数据
    printf("%d 的阶乘结果为：%d\n",i,fact(i));      //调用函数
    system("pause");
    return 0;
 system("pause");
 return 0;
}
```

```
int fact(int n)
{
 if(n<=1)
     return n;
 else
     return n*fact(n-1);
}
```

在以上程序中，函数 fact()是一个递归函数。在该函数内部中，程序又调用了名为 fact()的函数（即自身）。编译执行这段程序，输入一个整数后，得到如下结果：

请输入要求阶乘的一个整数：5

5 的阶乘结果为：120

请按任意键继续...

递归函数的调用过程比较难懂。现在来详细分析一下函数 fact()的运行过程。当输入 n=5 时，其计算过程如下：

首先，在 main()函数中，使用 printf()函数调用 fact(5)，引起第 1 次函数调用。进入函数 fact()后实参 n=5，应执行计算 5*fact(4)。

为了计算 fact(4)的值，引起对 fact()函数的第 2 次调用（进入递归调用），重新进入函数 fact()。这时，实参 n=4，应执行计算 4*fact(3)。

为了计算 fact(3)，引起对函数 fact()的第 3 次调用（递归调用），重新进入函数 fact()。这时，实参 n=3，应执行计算 3*fact(2)。

为了计算 fact(2)，引起对函数 fact()的第 4 次调用（递归调用），重新进入函数 fact()。这时，实参 n＝2，应执行计算 2*fact(1)。

为了计算 fact(1)，引起对函数 fact()的第 5 次调用（递归调用），重新进入函数 fact()。这时，实参 n＝1，根据程序判断，n<=1 时，函数 fact(1)=1，这时将返回第 4 次调用层。

在第 4 次调用层中计算执行 2*fact(1)，因为 fact(1)在上一次中返回的结果为 1，所以，这里的算式应该是 2*1，即 fact(2)=2，然后返回第 3 次调用层。

在第 3 次调用层中计算执行 3*fact(2)，因为 fact(2)在上一次中返回的结果为 2，所以，这里的算式应该是 3*2，即 fact(3)=6，然后返回第 2 次调用层。

在第 2 次调用层中计算执行 4*fact(3)，因为 fact(3)在上一次中返回的结果为 6，所以，这里的算式应该是 4*6，即 fact(4)=24，然后返回第 1 次调用层。

在第 1 次调用层中计算执行 5*fact(4)，因为 fact(4)在上一次中返回的结果为 24，所以，这里的算式应该是 5*24，即 fact(5)=120。到达第 1 层时，递归调用已完全完成，这时函数将返回其主调函数 printf()中，由 printf()函数输出其计算结果。

以上文字描述看起来很复杂，可参考图 10-3，进一步了解递归的过程。

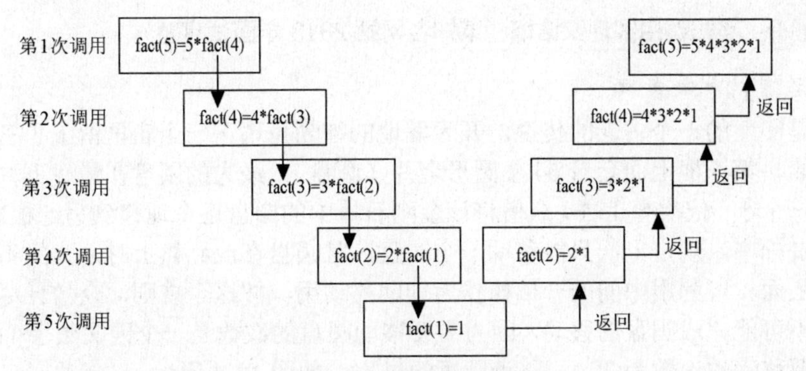

图 10-3　递归调用过程

大多数递归都可使用循环替代。循环程序在一个函数内部完成，不会产生调用函数时的压入栈、返回时的弹出栈等操作，可节约系统开销，因此使用循环相对于使用递归调用可以大大提高性能。上面计算阶乘的例子可改写为使用循环的方式来完成，实现代码如下。

```
#include <stdio.h>                                  //头文件
#include <stdlib.h>
int fact(int n);                                    //函数声明
int main()
{
    int i;                                          //声明变量

    printf("请输入要求阶乘的一个整数：");
    scanf("%d",&i);                                 //输入数据
    printf("%d 的阶乘结果为：%d\n",i,fact(i));  //调用函数
    system("pause");
    return 0;
}
int fact(int n)                                     //求阶乘函数
{
 int i,m;
     for(m=1,i=n;i;i--)
     m*=i;
 return m;
}
```

在该程序中，fact()函数使用 for 循环完成变量 n 的阶乘运算。编译执行这段程序，输入一个整数 5 后，得到如下结果：

请输入要求阶乘的一个整数：5
5 的阶乘结果为：120
请按任意键继续...

真题 9：递归调用实现汉诺塔（某知名网站 2013 年面试真题）

【考频】★★★★

这是印度的一个古老的传说。开天辟地的神勃拉玛在一个庙里留下了三根金刚石的棒，第一根上面套着 64 个圆形金片（圆盘），最大的圆盘在最底下，其余一个比一个小，依次叠上去。众僧将该金刚石棒中的圆盘逐个地移到另一根棒上。在移动过程中，规定一次只能移动一个圆盘，且圆盘在放到棒上时，大的不能放在小的上面。可利用中间的一根棒作为辅助移动用。按这个规则，众僧耗尽毕生精力也不可能完成圆盘的移动，因为需要移动圆盘的次数是一个天文数字（64 个圆盘需要移动的次数为 2^{64}）。移动圆盘的过程，如图 10-4 所示。

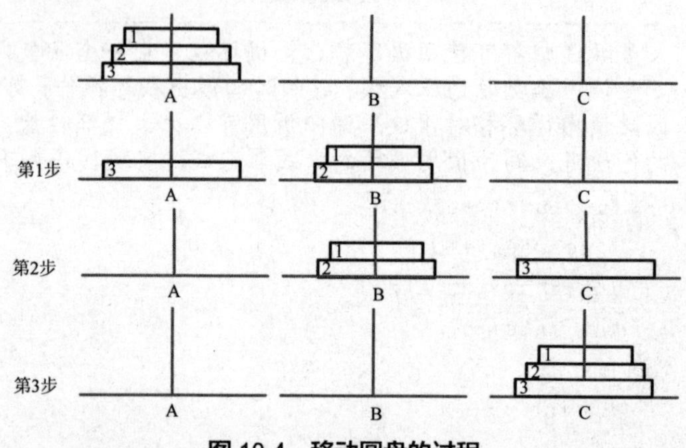

图 10-4　移动圆盘的过程

用计算机编写程序来解决该问题，假设有 A、B、C 三根棒，初始状态时，A 棒上放着若干个圆盘，将其移动到 C 棒上，中途可在 B 棒中暂时放置圆盘。（要求用递归方法实现）

【真题分析】

此题目是具有代表性的递归调用算法，设计很巧妙，调用过程分析如下。

（1）如果只有一个圆盘，则把该圆盘从 A 棒移动到 C 棒，完成任务。

（2）如果圆盘数量 n>1，移动圆盘的过程可分为三步：

◆ 把 A 棒上的 n−1 个圆盘移到 B 棒上。

◆ 把 A 棒上的一个圆盘移到 C 棒上。

◆ 把 B 棒上的 n−1 个圆盘移到 C 棒上。

其中，第一步和第三步又是移动多个圆盘的操作，又可重复上面的三个步骤来完成这两步中多个圆盘的移动，这样就构成了一个递归过程。

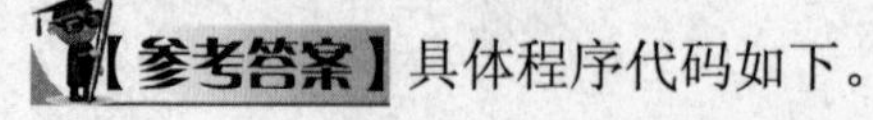
【参考答案】具体程序代码如下。

```
#include <stdio.h>                              //头文件
#include <stdlib.h>
```

```
void hanoi(int n,char a,char b,char c);        //函数声明
long count;

int main()                                      //主函数
{
    int h;

    printf("请输入汉诺塔圆盘的数量:");
    scanf("%d",&h);                             //输入汉诺塔圆盘的数量
    count=0;
    hanoi(h,'A','B','C');                       //调用函数
    system("pause");
    return 0;
}

void hanoi(int n,char a,char b,char c)          //递归函数
{
    if(n==1)
    {
       printf("第%d 次, %c 棒-->%c 棒\n",++count,a,c);
    }
    else
    {
        hanoi(n-1,a,c,b);
        printf("第%d 次, %c 棒-->%c 棒\n",++count,a,c);
        hanoi(n-1,b,a,c);
    }
}
```

【程序分析】

在以上程序中，首先是函数 hanoi()的原型声明，并声明了一个全局变量 count，用来计算移动圆盘的次数。函数 hanoi()需要 4 个参数。参数 n 为需要移动圆盘的数量，参数 a、b、c 为三个棒（a 为圆盘所在棒、c 为需要移到的目标棒、b 为辅助棒）。在该函数中判断，当 n=1 时（即只有一个圆盘时），直接将其从 A 棒移到 C 棒即可，使用 printf()函数打印输出移动的过程。

当 n 不等于 1 时（移动多个圆盘），按前面算法分析，需要经过三步移动圆盘。

- ◆首先执行程序，使用递归调用移动 n-1 个圆盘，这 n-1 个圆盘需要从 A 棒移到 B 棒，使用 C 棒作为辅助。
- ◆接着将 A 棒中的圆盘移动到 C 棒，执行程序使用 printf()函数打印输出移动过程。
- ◆最后将 B 棒中的 n-1 个圆盘移动到 C 棒，在移动过程中使用 A 棒作为辅助。执行程序，进行递归调用。

在使用 hanoi()函数时，注意圆盘所在的位置、移动到的目标位置、辅助位置及进行递归调用时函数参数的顺序。在 main()函数中调用 hanoi()函数，开始进行圆盘的移动。编译执行以上程序，输入圆盘数为 5，得到如下结果：

```
请输入汉诺塔圆盘的数量:4
第 1 次，A 棒-->B 棒
第 2 次，A 棒-->C 棒
第 3 次，B 棒-->C 棒
第 4 次，A 棒-->B 棒
第 5 次，C 棒-->A 棒
第 6 次，C 棒-->B 棒
第 7 次，A 棒-->B 棒
第 8 次，A 棒-->C 棒
第 9 次，B 棒-->C 棒
第 10 次，B 棒-->A 棒
第 11 次，C 棒-->A 棒
第 12 次，B 棒-->C 棒
第 13 次，A 棒-->B 棒
第 14 次，A 棒-->C 棒
第 15 次，B 棒-->C 棒
请按任意键继续. . .
```

函数的递归调用分两种情况：直接递归和间接递归。
直接递归，即在函数中调用函数本身。
间接递归，即间接地调用一个函数，如 func_a()调用 func_b()，func_b()又调用 func_a()。间接递归用得不多。

面试官寄语

递归通常很直白地描述一个求解过程，因此也是最容易被想到和实现的算法。循环其实和递归具有相同的特性（即做重复任务），但有时，使用循环的算法并不会那么清晰地描述解决问题步骤。单从算法设计上看，递归和循环并无优劣之别。然而，在实际开发中，因为函数调用的开销，递归常常会带来性能问题，特别是在求解规模不确定的情况下。而循环因为没有函数调用开销，所以效率会比递归高。除少数编程语言对递归进行了优化外，大部分语言在实现递归算法时还是十分笨拙，由此带来了如何将递归算法转换为循环算法的问题。算法转换应当建立在对求解过程充分理解的基础上，有时甚至需要另辟蹊径。

第 11 章 简单高效：面向对象

赵老师，C++是一种面向对象的程序设计语言，这是其与 C 语言的最大不同点，面向对象的编程似乎效率更高一些，是这样吗？

面向对象的语言除了提供一些程序设计语言常规语法现象外，很多语法现象和概念与人类的认知规律也具有对应关系，更形象直观一些，使用起来也方便。

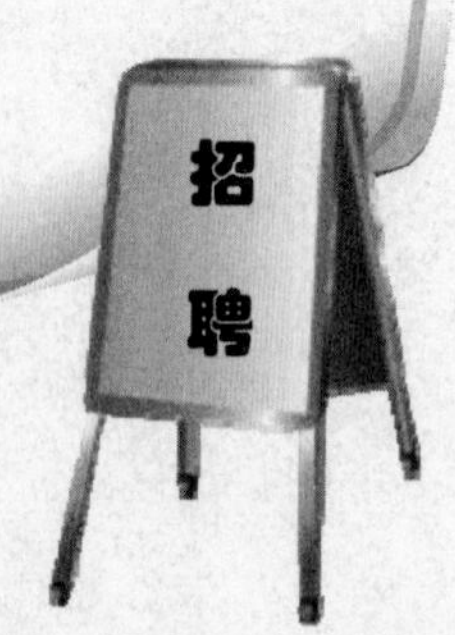

11.1　类

在 C++语言中，类是一种用户自定义的复杂数据类型，它是将不同类型的数据和与这些数据相关的操作封装在一起的集合体，是真实世界的事物的抽象。类的结构是用来确定类对象的行为的，而这些行为是通过类的内部数据结构和相关的操作来确定的。这些行为是通过一种操作接口来描述的（即平时我们所看到的类的成员函数），使用者关心的是接口的功能（也就是只关心类的各个成员函数的功能），对它是如何实现的并不感兴趣。而操作接口又被称为类对象向其他对象所提供的服务。

真题 1：类成员访问权限（某知名硬件公司 2013 年面试真题）

【考频】 ★★★★★

C++中类成员访问权限有哪几种？简述其作用。

【真题分析】

本题是一道基础的面试题，也是面试人员必须掌握的内容。在 C++中为了使用类更好地封装对象，并且不被外界所破坏，为类成员提供了 3 种访问权限，分别为 private、protected 和 public。在设计类时，应尽量使用 private 成员，这样可以对类起到保护作用。

【参考答案】

在 C++中，类成员共有 3 种访问权限，分别为 private、protected 和 public。其作用分别如下：

private：类中的 private 成员只能够在本类中或者友元类中进行访问，子类或者外界是无法访问私有成员的。

protected：类中的 protected 成员只允许本类或者子类中进行访问，外界无法访问 protected 成员。在定义类时，如果希望该成员能够被子类继承，但是不被外界访问，可以定义 protected 成员。

public：类中的 public 成员在本类、子类和外界中都能够进行访问。通常，类中向用户提供的服务设计为 public 成员。

关于类的上述 3 种成员的访问控制，在 C++中有一定的访问规则，如下所示：

类的公有成员而言，在程序的任何位置都能够以正确的方式引用它。

类的私有成员只能被其自身成员所访问，即私有成员的名字只能出现在所属类类体、成员函数中，不能出现在其他函数中。

类的保护成员只能在该类的派生类类体中使用。

真题 2：类的声明（国内某门户网站 2013 年面试真题）

【考频】★★★★★

声明一个图书类，其包含一些成员变量和成员函数。

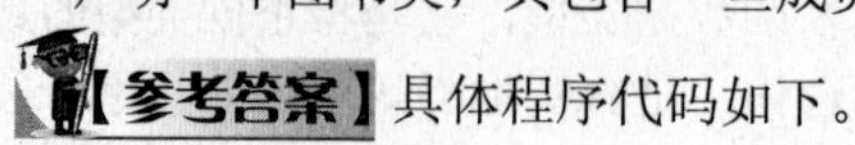
【参考答案】具体程序代码如下。

```
class Cbook                                   //声明类 Cbook
{
private:                                      //下面的为私有数据
    char * m_pczName;
    int m_nPages;
    int m_nEdition;
public:                                       //下面的为公有数据和函数
    void GetBookName(char *pName);
    int GetTotalPages();
    int GetBookEdition();
private:                                      //下面的为私有数据和函数
    void SetBookName(char * pName);
    void SetTotalPages(int nPages);
    void SetBookEdition(int nEdition);
public:                                       //下面的为公有数据和函数
    Cbook();
};
void main()
{
    Cbook op1;                                   //声明对象
    cout<<"Class define Success"<<endl;          //输出信息
}
```

【真题分析】

上述代码中，声明了一个类 Cbook，该类包含了私有数据成员和公有成员，每一类中都包含变量和函数。在 main()函数中，上述程序使用该类定义了一个对象 op1。

Cbook 类中定义了私有和公有两类成员，其数据成员都为私有，这是出于封装的目的，不希望直接访问数据成员，而是通过所提供的公有函数访问。例如要知道书的名字可调用函数 GetBookName()，要改变书的版本号要调用 SetBookEdition()。

真题 3：类的定义（国内某网络公司 2013 年面试真题）

编写一个程序，输入 N 个学生数据，包括学号、姓名、成绩，要求输出这些学生数据并计算平均分。

【真题分析】

该题主要考查类的定义。此处设计一个学生类 Stud，除了包括 no（学号）、name（姓名）和 deg（成绩）数据成员外，有两个静态变量 sum 和 num，分别存放总分和人数，另有两个普通成员函数 setdata()和 disp()，分别用于给数据成员赋值和输出数据成员的值，另有一个静态成员函数 avg()，用于计算平均分。在 main()函数中定义了一个对象数组用于存储输入的学生数据。

【参考答案】具体程序代码如下。

```
class Stud
{
    int no;
    char name[10];
    int deg;
    static int num;
    static int sum;
public:
    void setdata(int n,char na[],int d)
    {
        no=n; deg=d;
        strcpy(name,na);
        sum+=d;
        num++;
    }
    static double avg()
    {
        return sum/num;
    }
    void disp()
    {
        cout<<no<<name<<deg);
    }
};
```

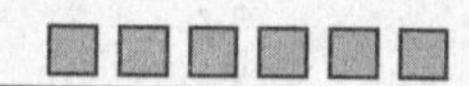

真题 4：类定义的语法格式（某金融公司 2013 年面试真题）

【考频】★★★★★

下面代码关于类的定义有哪些错误，并改正。

```
struct CBook
{
private:
 CString m_szBookName = "程序员面试圣经";
 CString m_szAuthor = "赵老师";
public:
 CBook()
 {
 }
}
```

【真题分析】

通常，在 C++中使用 class 关键字定义一个类，但是也可以使用 struct 关键字定义类。因此，上述代码中使用 struct 定义类是合法的。本例在此处只是设计了一个陷阱，如果面试人员在改错时将“struct”改为“class”就中计了。C++语言与 Java 不同，它不允许在定义数据成员时直接为其赋值，同时在类定义结尾处应该有分号。

【参考答案】

关于类的定义犯的错误有：

① 在定义数据成员 m_szBookName 和 m_szAuthor 时不能直接进行初始化，为数据成员提供初始值应该放在构造函数中。

② 类定义的末尾应添加分号。

正确的定义如下：

```
class CBook
{
private:
 CString  m_szBookName;
 CString  m_szAuthor;
 CBook()
 {
     m_szBookName = "程序员面试圣经";
     m_szAuthor = "赵老师";
 }
};
```

11.2　构造函数和析构函数

构造函数是一个可以被重载的用户定义函数，它是由类设计者提供的，在程序中的对象第一次被使用之前，构造函数被自动应用在每个类对象上。析构函数（destructor）是与构造函数互补的用户自定义成员函数，在对象的最后一次被使用之后它被自动应用在每个类对象上。析构函数主要被用来释放在类的构造函数中或整个生命期中获得的资源。

真题 5：构造函数与析构函数定义（某国际知名软件公司 2012 年面试真题）

【考频】★★★★★

下面关于构造函数和析构函数描述正确的是（　　）。

A．只能有一个构造函数和一个析构函数
B．可有一个构造函数和多个析构函数
C．可有多个构造函数和一个析构函数
D．可有多个构造函数和多个析构函数

【真题分析】

在设计构造函数时，用户可以提供多个构造函数，也就是构造函数可以重载，因为实际开发中经常需要这么做。例如，设计一个 CBook 类，可以提供一个默认的构造函数来初始化图书的价格、作者、出版社等信息，也可以通过构造函数的一些参数来动态指定图书的价格、作者等。因此，构造函数一定可以有多个。无论采用何种方式构建对象，在内存中同一类对象（多个对象间）都具有相同的特征（以图书为例，每一个图书对象都具有价格、作者等内容），只是它们的属性值不同罢了。因此，多个析构函数是没有意义的，只要有一个析构函数释放对象就可以了。在 C++中，可以有多个构造函数，但是只能有一个析构函数，这是非常科学和合理的。

【参考答案】 C

真题 6：构造函数和析构函数的重载（国内某知名网络公司 2013 年面试真题）

【考频】★★★★

构造函数和析构函数是否可以被重载，为什么?

【真题分析】

在 C++中可以定义多个构造函数，让用户根据实际需要来初始化不同的数据成员。但是只需要一个析构函数来释放类对象，因为同一类对象的内存布局是相同的。所以，构造函数是可以重载的，析构函数是不允许重载的。

【参考答案】构造函数可以被重载，析构函数不可以被重载。因为构造函数可以有多个且可以带参数，而析构函数只能有一个且不能带参数。

真题 7：析构函数（国内某金融公司 2013 年面试真题）

【考频】★★★★

通过实现一个析构函数来释放不再使用的内存资源，避免内存泄露。

【参考答案】具体程序代码如下。

```
#include <iostream.h>                                   //头文件包含
#include <string.h>
class Teacher                                           //类定义
{
public:                                                 //公有成员
 Teacher()                                              //构造函数
 {
     director = new char[10];                           //申请内存
     strcpy(director,"张三");                            //字符串复制
 }
 ~Teacher()                                             //析构函数
 {
     cout << "释放堆区 director 内存空间 1 次" << endl;
     delete[] director;                                 //释放内存
 }
 char *show();
protected:                                              //保护成员
 char *director;
};
char *Teacher::show()                                   //show 函数实现
{
return director;
}
class Student                                           //类定义
{
public:                                                 //公有成员
 Student()                                              //构造函数
 {
     number = 1;
```

```
        score = 100;
    }
    void show();                              //数据显示

   protected:                                 //保护成员
    int number;
    int score;
    Teacher teacher;
   };
   void Student::show()                       //show 函数实现
   {
    cout << teacher.show() << endl << number << endl<< score << endl;
   }
   int main()                                 //主函数
   {
    Student a;                                //定义对象
    a.show();                                 //展示结果
    return 0;                                 //返回值
   }
```

【真题分析】

该示例中为 Teacher 类添加了一个名为"~Teacher()"的析构函数，用于清空堆内存。建议读者编译运行代码时观察调用情况，程序将在结束前，也就是对象生命周期结束时自动调用"~Teacher()"。"~Teacher()"中的"delete[] director;"就是清除堆内存的代码。

真题 8：重载构造函数（国内知名门户网站 2013 年面试真题）

【考频】★★★★

分析以下程序执行的结果，并写出其输出结果。

```
#include<iostream.h>
class Sample
{
  public:
  int x,y;
  Sample(){x=y=0;}
  Sample(int a,int b){x=a;y=b;}
 void disp()
  {
```

```
    cout<<"x="<<x<<",y="<<y<<endl;
  }
 };
void main()
{
  Sample s1(2,3);
  s1.disp();
}
```

【真题分析】

该题主要考查重载构造函数的定义方法。读者需要注意，构造函数是唯一不能被显式调用的成员函数，它在定义类的对象时自动调用，也称为隐式调用。该题首先定义了一个类 Sample，在 main()中定义了它的一个对象，定义 s1 对象时调用其重载构造函数(x=2,y=3)，然后，调用其成员函数输出数据成员。因此，该程序段输出为：x=2，y=3。

真题 9：构造函数的调用顺序（国内知名网络公司 2013 年面试真题）

【考频】★★★★

分析以下程序的执行结果。

```
#include<iostream.h>
class Sample
{
    int x,y;
public:
    Sample(){x=y=0;}
    Sample(int a,int b){x=a;y=b;}
    void disp()
    {
        cout<<"x="<<x<<",y="<<y<<endl;
    }
};
int main()
{
    Sample s1,s2(2,3);
    s1.disp();
    s2.disp();
}
```

该题主要考查构造函数的调用顺序。上述程序段首先定义了一个类 Sample，在 main()中定义了它的两个对象，定义 s1 对象时调用其默认构造函数(x=0,y=0)，定义 s2 对象时调用其重载构造函数(x=2,y=3)，然后，调用各自的成员函数输出各自的数据成员。

【参考答案】

x=0,y=0
x=2,y=3

11.3　静态成员

C++语言中，提出静态成员的目的是为了解决数据共享的问题。一个给定类的每个对象都有类中定义的所有数据的副本，如果在类中将数据成员用 static 关键字说明为静态的，则这个类成员只有一个副本，并且它被这个类的所有对象所共享。与类的其他成员一样，静态成员包含静态数据成员和静态成员函数。

真题 10：静态成员（国际知名软件公司 2013 年面试真题）

【考频】★★★

下列程序的输出结果是什么？

```
#include<iostream.h>
void f()
{
 static int i=15;
 i++;
 cout<<"i="<<i<<endl;
}
void main()
{
 for(int k=0;k<2;k++)
  f();
}
```

【真题分析】

该题主要考查静态成员的应用。上述程序中定义了变量 i 为静态数据成员，其初始值为 15，在主函数中循环调用该函数 f。第一次调用时，输出 i++后的值为

16；第二次调用时 i 的值已经变为 16，此时再进行 i++运算并输出，输出 i 的值为 17。因此，该程序的输出结果为：i=16　i=17。

【参考答案】i=16　i=17

真题 11：静态数据成员（国内知名搜索公司 2013 年面试真题）

【考频】★★★

下面关于类定义有何错误？

```
class CMath
{
public:
 static double PI;                    //定义静态数据成员
 double rad;
 static double Area()                 //定义静态方法
 {
     return rad*rad*PI/2;
 }
 CMath()
 {
     rad = 10.5;
 }
};
double CMath::PI = 3.1415926;     //初始化静态数据成员
```

【真题分析】

静态方法与静态数据成员类似，它能够直接使用类名来调用，而不需要定义对象。这也限制了静态方法只能访问静态数据成员，而不能访问普通的数据成员，因为在类没有实例化之前，普通数据成员是不存在的。

【参考答案】上述代码在静态方法 Area 中访问了非静态成员 rad，出现语法错误。应该将 Area 方法改为非静态方法或者修改 rad 成员为静态成员。

11.4　函数模板和类模板

模板可分为函数模板和类模板，而函数模板又可以分为函数模板和模板函数。对于函数模板，当编译系统发现了一个对应的函数调用时，将根据实参的类型来确认是否匹配函数模板中对应的形参，然后生成一个重载函数，称该重载函数为模板函数。函数模板与模板函数的区别在于，函数模板与类相似，是模板的定义；

而模板函数与对象相似，是函数模板的实例，具有程序代码、占用内存空间等特征。

同样，在说明了一个类模板后，也可以创建类模板的实例，即生成模板类。类模板与模板类的区别在于，类模板是模板的定义，不是一个实实在在的类，模板类才是实实在在的类。

真题 12：函数模板（国内知名软件公司 2012 年面试真题）

【考频】★★★★

编写一个程序，通过函数模板的声明和模板函数的生成，实现不同数据类型数值的交换，例如实现整型数据之间的相互交换和浮点型数据之间的相互交换。

【真题分析】

该程序段要求实现不同数据类型数值的交换，就必须定义函数模板，在模板中完成交换功能，并在主函数中分别对该模板进行整型实例化和浮点型实例化，从而实现交换的目的。

【参考答案】具体程序代码如下。

```
template<typename T>                    //声明模板函数，T 为数据类型参数标识符
void swap(T &x, T &y)                   //定义模板函数

 T z;                                   //变量 z 可取任意数据类型及模板参数类型 T
 z=y;                                   //交换两个变量的值
 y=x;
 x=z;                                   //交换完成
}
void main()                             //主函数
{
 int m=3,n=6;                                //定义整型变量并初始化
 double a=7.8,b=4.5;                         //定义双精度变量并初始化
 cout<<"m="<<m<<"   n="<<n<<endl;            //未交换前输出结果
 cout<<"a="<<a<<"   b="<<b<<endl;            //未交换前输出结果
 swap(m,n);                                  //实例化为整型模板函数
 swap(a,b);                                  //实例化为双精度型模板函数
 cout<<"m 与 a,n 与 b 交换以后："<<endl;      //输出提示
 cout<<"m="<<m<<"   n="<<n<<endl;            //交换后输出结果
 cout<<"a="<<a<<"   b="<<b<<endl;            //交换后输出结果
}
```

函数模板的定义格式如下。

```
template <class 类型参数名1, class 类型参数名2, …>
函数返回值类型 函数名(形参表)
{
 函数体
}
```

格式说明如下。

① 类型参数名代表形形色色数据类型的通用参数名，它可以代表基本数据类型，也可以代表类。

② 函数模板允许使用多个类型参数，但在template定义部分的每个形参前必须有关键字typename或class。

③ 关键字template总是放在模板的定义与声明的最前面，它后面用逗号分隔的模板参数表必须用尖括号< >括起来。

④ 模板参数表不能为空模板参数，可以是一个模板类型参数template type parameter，代表一种类型；也可以是一个模板非类型参数template nontype parameter，代表了一个常量表达式。

⑤ 格式中关键字class也可以是关键字typename。

⑥ 在template语句与函数模板定义语句<函数返回值类型>之间不允许有别的语句。

真题13：类模板（国内某政府部门信息中心2013年面试真题）

【考频】★★★★

分析以下程序的执行结果。

```
#include<iostream>
template <class T>
class Sample
{
 T n;
public:
 Sample(T i){n=i;}
 void operator++();
 void disp(){cout<<"n="<<n<<endl;}
};
template <class T>
void Sample<T>::operator++()
{
```

```
    n+=1;                          // 不能用 n++;因为 double 型不能用++
    }
    int main()
    {
    Sample<char> s('a');
    s++;
    s.disp();
    }
```

在上述程序段中，Sample 是一个类模板，由它产生模板类 Sample<char>，通过构造函数给 n 赋初值，通过重载++运算符使 n 增 1，这里 n 由'a'增 1 变成'b'。因此，输出结果为 n=b。

【参考答案】n=b

定义类模板的一般形式如下。

```
template <class 类型参数名 1, class 类型参数名 2, …>
class 类名
{
 类定义
}
```

格式说明如下。

① template 是声明类模板的关键字；template 后面的尖括号不能省略；数据类型参数标识符是类模板中参数化的类型名，当实例化类模板时，它将由一个具体的类型来代替。

② 定义类模板时，可以声明多个类型参数标识符，各标识符之间用逗号分开。

③ 类定义中，凡要采用标准数据类型的数据成员、成员函数的参数或返回类型的前面都要加上类型标识符。

④ 如果类中的成员函数要在类的声明之外定义，则它必须是模板函数。

真题 14：类模板和重载运算符（国内某知名网站 2013 年面试真题）

【考频】★★★★

分析以下程序的执行结果。

```
#include<iostream>
template<class T>
```

```
class Sample
{
 T n;
public:
 Sample(){}
 Sample(T i){n=i;}
 Sample<T>&operator+(consta Sample<T>&);
 void disp(){cout<<"n="<<n<<endl;}
};
template<class T>
Sample<T>&Sample<T>::operator+(const Sample<T>&s)
{
 static Sample<T> temp;
 temp.n=n+s.n;
 return temp;
}
int main()
{
 Sample<int>s1(10),s2(20),s3;
 s3=s1+s2;
 s3.disp();
}
```

【真题分析】

在上述程序段中，Sample 为一个类模板，产生一个模板类 Sample<int>，并建立它的三个对象，调用重载运算符+实现 s1 与 s2 的加法运算，将结果赋给 s3。可以看出，重载后的运算符+能够实现两个对象直接的加法运算，因此，该程序段的输出为 s=30。

s=30

11.5 友元

在 C++中，为了使得类的私有成员和保护成员能够被其他类或其他成员函数访问，引入了友元的概念。友元提供了不同类或对象的成员函数之间、类的成员函数与一般函数之间进行数据共享的机制。

真题 15：友元函数（国内某搜索公司 2013 年面试真题）

【考频】★★★★

通过友元函数求两点之间距离，在类中声明一个友元函数 dist()，在外部对该友元函数进行定义。

【参考答案】 具体程序代码如下。

```
#include <iostream.h>
#include <math.h>                                   //调用头文件
class point                                         //定义类
{
    double x,y;                                     //定义私有成员变量
public:
    point(double a=0,double b=0)                    //定义构造函数
    {
        x=a;                                        //初始化成员
        y=b;
    }
    point(point &p);                                //重载构造函数
    double getx()                                   //定义成员函数
    {
        return x;
    }
    double gety()
    {
        return y;
    }
    friend double dist(point &p1,point &p2);            //声明友元函数
};
double dist(point &p1,point &p2)                        //定义友元函数
{
    return
(sqrt((p1.x-p2.x)*(p1.x-p2.x)+(p1.y-p2.y)*(p1.y-p2.y)));
}
void main()
{
    point ob1(2,2);                                     //创建对象
    point ob2(8,9);
```

```
    cout<<"The distance is:"<<dist(ob1,ob2)<<endl; //调用友元函数
}
```

【真题分析】

上述代码定义了类 point，在类中声明了友元函数 dist()，在类的外部对该函数进行了定义。在主函数 main()中创建了两个对象 ob1 和 ob2，创建对象的同时调用构造函数对其成员进行了初始化。其他参数介绍请参见代码中的注释。

友元函数与普通成员函数不同，它不是当前类的成员函数，而是独立于当前类的外部函数；它可以是普通函数或其他类的成员函数。友元函数定义后可以访问该类的所有对象的所有成员，包括私有成员、保护成员和公有成员。

友元函数使用前必须要在类定义时声明；其定义既可以在类内部进行，也可以在类外部进行，但通常都定义在类的外部。

11.6 类的继承与派生

继承是面向对象的一块基石，是允许创建分等级层次类的关键。因为有继承，可以创建一个通用的类，然后派生出多个类，在这些类里可以增加新的成员，以实现具体、多样的功能。类的继承与派生是面试过程中经常出现的试题，希望广大面试者能够加以重视。

真题 16：公有继承（某知名网络公司 2013 年面试真题）

【考频】★★★★★

编写一个公有继承类的应用，A 作为基类，定义类 B 公有继承于类 A。

【参考答案】具体程序代码如下。

```
#include <iostream.h>
class A                                        //定义基类 A
{
private:                                       //定义基类私有成员
    int s;
public:                                        //定义基类公有成员
    void inits(int n)                          //定义成员函数
    {
    s=n;
    }
```

```
    int gets()                                    //定义成员函数
    {
        return s;
    }
};
class B:public A                                  //类 A 以公有继承的方式派生类 B
{
private:                                          //定义派生类的私有成员变量
    int t;
public:
    void initt(int n)                             //定义派生类的成员函数
    {
        t=n;
    }
    int gett()                                    //定义派生类的成员函数
    {
        return t*gets();                          //调用基类成员函数
    }
};
void main()
{
    B ob;                                     //创建对象
    ob.inits(12);                             //通过类外的对象访问基类的公有成员
    ob.initt(5);                                      //调用派生类的公有成员
    cout<<"the result of ob.gett() is:  "<<ob.gett()<<endl;
}
```

【真题分析】

上述代码中，定义了两个类 A 和 B，其中类 B 公有继承于类 A。在主函数 main()中，由类 B 创建了一个对象 ob，通过该对象可以调用类 A 的公有成员函数 inits()，也可以访问其自身类 B 的成员函数。

此处注意如下两个问题：

① 虽然派生类以公有的方式继承了基类，但并不是说派生类就可以访问基类的私有成员，基类无论怎样被继承，其私有成员对派生类而言仍然保持私有性。

② 在派生类中声明的名字如果与基类中声明的名字相同，则派生类中的名字起支配作用。也就是说，若在派生类的成员函数中直接使用该名字的话，该名字是指在派生类中声明的名字。

真题 17：单继承（某知名软件公司 2012 年面试真题）

【考频】★★★★★

分析以下程序的执行结果。

```
#include<iostream.h>
class base
{
public:
 base(){cout<<"constructing base class"<<endl;}
 ~base(){cout<<"destructing base class"<<endl; }
};
class subs:public base
{
public:
 subs(){cout<<"constructing sub class"<<endl;}
 ~subs(){cout<<"destructing sub class"<<endl;}
};
int main()
{
subs s;
}
```

【真题分析】

本题主要考查单继承情况下构造函数和析构函数的调用顺序。此处 base 为基类，subs 为派生类。在单继承情况下，首先调用基类的构造函数，随后调用派生类的构造函数，析构函数的调用顺序则正好相反。

【参考答案】输出结果如下：

```
constructing base class
constructing sub class
destructing sub class
destrcuting base class
```

真题 18：多重继承（某知名通信公司 2013 年面试真题）

【考频】★★★★

设计一个圆类 circle 和一个桌子类 table，另外设计一个圆桌类 roundtable，它是从前两个类派生的，要求输出一个圆桌的高度、面积和颜色等数据。

【真题分析】

在本题中，circle 类包含私有数据成员 radius 和求圆面积的成员函数 getarea()；table 类包含私有数据成员 height 和返回高度的成员函数 getheight()。roundtable 类继承所有上述类的数据成员和成员函数，添加了私有数据成员 color 和相应的成员函数。

【参考答案】实现代码如下：

```
class circle
{
 double radius;
public:
 circle(double r) { radius=r; }
 double getarea() { return radius*radius*3.14; }
};
class table
{
 double height;
public:
 table(double h) { height=h; }
 double getheight() { return height; }
};
class roundtable : public table,public circle
{
 char *color;
public:
 roundtable(double h, double r, char c[]) : circle (r) , table (h)
 {
     color=new char[strlen(c)+1];
     strcpy (color, c);
 }
 char *getcolor() { return color; }
};
```

在多重继承中，需要解决的主要问题是标识符不唯一，即二义性问题。例如，当在派生类继承的多个基类中有同名成员时，派生类中就会出现标识符不唯一（二义性）的情况，这在程序中是不允许的。在多重继承中，派生类由多个基类派生时，基类之间用逗号隔开，且其每个基类前都必须指明继承方式，否则，默认为私有继承。

真题 19：虚基类（某网络安全公司 2012 年面试真题）

【考频】★★★★

分析以下程序的执行结果。

```
#include<iostream.h>
class A
{
public:
 int n;
};
class B:virtual public A{};
class C:virtual public A{};
class D:public B,public C
{
 int getn(){return B::n;}
};
void main()
{
 D d;
 d.B::n=10;
 d.C::n=20;
 cout<<d.B::n<<","<<d.C::n<<endl;
}
```

【真题分析】

上述程序中，类 D 是从类 B 和类 C 派生的，而类 B 和类 C 又都是从类 A 派生的，但这是虚继承关系，即是虚基类。因此，类 B 和类 C 共用一个副本，所以对于类 D 的对象 d，d.B::n 与 d.C::n 是一个成员。

20，20。

虚基类的声明是在派生类的声明过程中进行的，其声明的一般形式如图 11-1 所示。

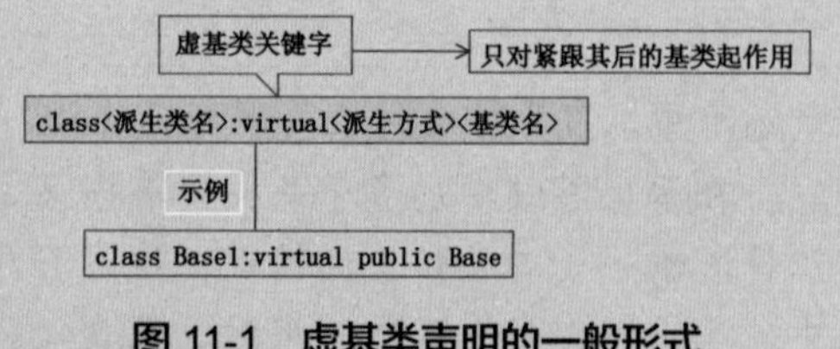

图 11-1　虚基类声明的一般形式

这种派生方式称为虚拟继承，声明了虚基类以后，虚基类的成员在进一步派生过程中和派生类一起维护同一个内存复制。

面试官寄语

C++语言是面向对象的语言，而 C 语言是面向过程的，这是 C++语言优越于 C 语言的最明显标志。面向对象编程是一种编程架构，具有良好的封装性、继承性和多态性，在软件工程中有 3 个目标，即重用性、灵活性和扩展性。掌握面向对象的编程对于程序员来说非常重要，因为我们以后使用的大部分都是面向对象的编程。

第 12 章

高难攻坚：位运算与嵌入式编程

赵老师，位运算与嵌入式编程的应用十分广泛，但是很难学懂，也是我们初学者面临的难题之一，如何才能学好这方面的内容呢？

对于程序员来说，位运算与嵌入式编程确实是难点问题，对于这些问题，我们也进行了深入的研究，针对一些难点知识进行了细化分析，希望能够给广大面试者提供帮助。

12.1　位运算

实际上，操作数在计算机内存中的值，是采取二进制形式存储的。可以使用位操作符进行位和位间的逻辑运算。C 语言中提供 6 种二进制的位操作符，如表 12-1 所示。

表 12-1　C 语言中提供的二进制的位操作符

位操作符	说明	使用语法
&	A 和 B 进行 AND 运算	A & B
|	A 和 B 进行 OR 运算	A | B
~	A 进行 NOT 运算	~A
^	A 和 B 进行 XOR 运算	A^B
<<	A 进行左移 n 个位运算	A<<n
>>	A 进行右移 n 个位运算	A>>n

真题 1：移位运算（某知名嵌入式公司 2013 年面试真题）

【考频】★★★★★

若有以下程序段：

```
int r=8;
printf("%d\n",r>>1);
```

输出结果是____。

A．16　　B．8　　C．4　　D．2

本题实际上考查右移 1 位的结果，可以直接进行运算，右移 n 位，就是除以 2 的 n 次方，而左移 n 位，就是乘以 2 的 n 次方，所以，此题的答案为 C。

C

左移运算符<<的功能是把<<左边的运算数的各二进制位全部左移若干位，由<<右边的数指定移动的位数，高位丢弃，低位补 0。
右移运算符>>的功能是把>>左边的运算数的各二进制位全部右移若干位，由>>右边的数指定移动的位数。

真题 2：逻辑运算（某知名嵌入式公司 2013 年面试真题）

【考频】★★★★★

使用位操作符来对两个整数操作数 12 和 7，进行位和位间的 AND、OR、XOR 逻辑运算，并显示结果。

【真题分析】

本题考查位操作符的逻辑运算，将十进制数 12 和 7 转换成二进制数，进行位和位间的逻辑运算。

【参考答案】

程序代码如下。

```
#include <stdio.h>
#include <stdlib.h>

int main()
{
   int bit_test=12;           /* 定义整数变量 (0001100) */
 int bit_test1=7;/* 定义整数变量 (00000111) */
 printf("bit_test= %d bit_test1= %d\n",bit_test,bit_test1);
 printf("-----------------------------------------------\n");
 /* 执行 AND,OR,XOR 位运算 */
 printf("执行 AND 运算的结果:%d\n", bit_test & bit_test1);
    printf("执行 OR  运算的结果:%d\n", bit_test |bit_test1 );
 printf("执行 XOR 运算的结果:%d\n", bit_test ^ bit_test1);

 system("pause");
 return 0;
}
```

程序的运行结果如图 12-1 所示。

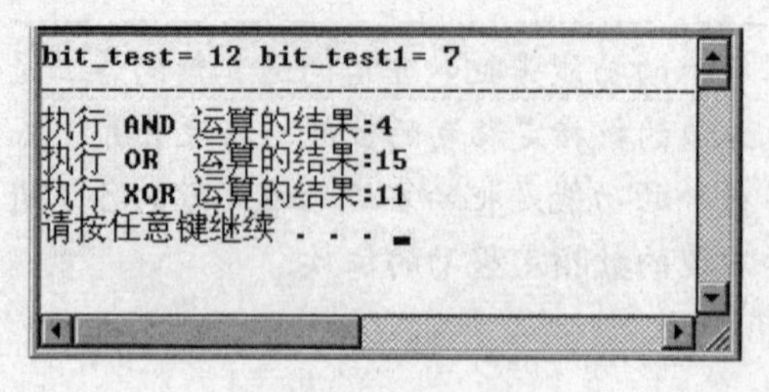

图 12-1 逻辑运算结果

真题 3：取反运算（某知名网络通信公司 2013 年面试真题）

【考频】★★★★★

根据给出的代码选择正确的选项。

```
#include<stdio.h>
main()
{
   unsigned result;                                    //定义无符号变量
   int a;                                                  //定义变量 a
   printf("请输入 a 的值:");                              //输出提示信息
   scanf("%d",&a);                                      //给 a 进行赋值
 printf("a=%d", a);
   result = ~a;                                         //求 a 的取反值
   printf("\n~a=%o\n", result);                         //输出结果
 return 0;
}
```

当 a 的值为 89 时，变量 a 取反的值为____。

A．4294967206　　　　B．ffffffa6

C．37777777646　　　　D．以上选项都是正确的

本题主要考查三方面的内容：一是二进制的转换，二是取反运算的理解和掌握，三是面试人员的细心程度和分析能力。

先将给出的 a 的值转换为二进制数，然后进行取反运算，因为程序给出的输出为“%o”，所以输出的数值为八进制数，其过程如图 12-2 所示。

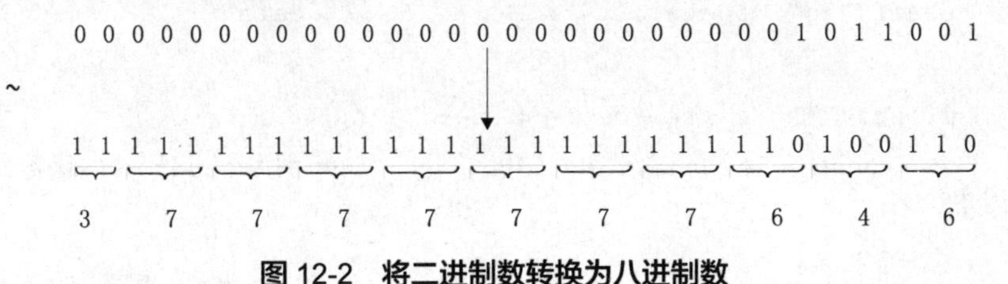

图 12-2　将二进制数转换为八进制数

如果面试人员因此而选择 C，那么很遗憾，这道题还是回答错误。因为本题问的并不是程序输出的 a 取反的值，而是 a 取反的值，也就是说 a 取反的值不仅仅是程序输出的八进制数，还可以是十进制和十六进制的数值，所以选项 A、B、C 的数值都是正确的。

 D

真题4：与操作符（某知名软件公司2013年面试真题）

【考频】★★★★★

计算输入整数的二进制形式含有数字1的个数。

【参考答案】程序实现代码如下。

```
#include <stdio.h>

int count_one(const int data) {   /* 计算data的二进制形式中含有几个1 */
    int tmp = data;
    int count = 0;

    /* 计算data中有几个1 */
    while(tmp != 0){
        tmp = tmp & (tmp - 1);      /* 消去最后一个1 */
        ++count;                          /* 标记执行的次数 */
    }

    return count;                         /* 返回统计个数 */
}

int main(void) {
    int data = 0;

    printf("Please input a number:");   /*提示输入一个数 */
    scanf("%d", &data);              /* 输入data的值 */

    printf("There are %d ones in %d.\n",
        count_one(data), data);          /* 调用count_one函数,得到其
中1的个数 */

    return 0;
}
```

【真题分析】

本例使用位与操作符实现了一个可以得到二进制数中1的个数的函数。本程序的方法比较灵活，例如，这里输入的正数是25，分析如下：

先来观察一下一个数减1后，其值二进制形式的变化。例如，01110000减1后为01101111，如图12-3所示。

0111 0000

–1

0110 1111

图 12-3　01110000 减 1 的结果

可以发现，从原二进制值的最后一个 1 开始，即从第 5 位（从低位向高位数）开始，所有位数都被取反。又例如，将 00110100 减 1 后得到 00110011，原二进制值的最后一个 1（即第 3 位）开始的所有位数都被取反。如果将原二进制值与新值相位与，刚好可以将最后一个 1 开始的所有位都置为 0，即可以消去原值的最后一个 1，如下所示。

```
01110000 & 01101111 -> 01100000
00110100 & 00110011 -> 00110000
```

因此，通过以下代码就可以消除一个其二进制形式中的最后一个 1。

```
tmp = tmp & (tmp - 1);
```

然后，再检查得到的结果：如果等于 0，说明该 tmp 的二进制形式中再也没有 1；如果不为 0，说明 tmp 的二进制形式中还有 1。继续反复执行位与操作，直到 tmp 等于 0。由于执行一次消除最后一个 1，因此，只需要通过计算这段代码被执行的次数，就可以知道 tmp 的二进制形式中含有几个 1。

真题 5：异或运算（某购物网站 2013 年面试真题）

【考频】★★★★

使用异或运算符交换两个变量的值。

本题实际考查对异或运算符的理解和对异或算法的掌握。如果没有要求用异或运算符进行交换，许多面试人员会感觉此题非常容易，马上就写出了代码。例如：

```
#define swap(x, y) int z=x; x=y; y=z;
```

这样的代码虽然实现了交换两个变量值的功能，但是却没有满足使用异或运算符进行交换两个变量值的条件。现在我们可以通过异或运算符来解决这个问题。

使用异或位运算符交换变量的值，其具体运算过程如图 12-4 所示。

```
  0000000000001001 (x)
^
  0000000000000100 (y)
--------------------
^ 0000000000001101 (x)
  0000000000000100 (y)
--------------------
  0000000000001001 (y)
^
  0000000000001101 (x)
--------------------
  0000000000000100 (x)
```

图 12-4　使用异或位运算符交换变量的值

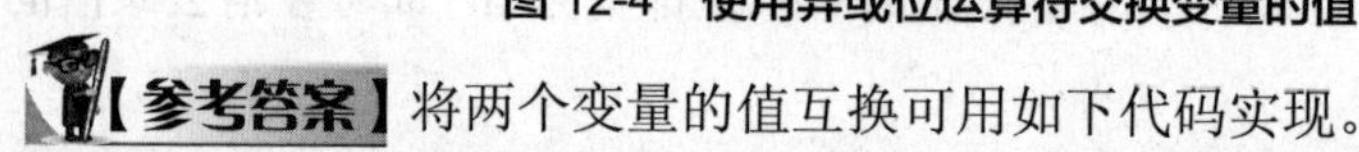

【参考答案】将两个变量的值互换可用如下代码实现。

```
#include<stdio.h>
int main()
{
 int x,y;
 printf("input two datas:\n");   //输出提示信息
 scanf("%d,%d",&x,&y);            //将输入的数值分别存放在 x、y 的地址中
 printf("x=%d,y=%d\n",x,y);
 x=x^y;                           //交换两个变量值的过程
 y=y^x;
 x=x^y;
 printf("x=%d,y=%d\n",x,y);
 return 0;
}
```

12.2 嵌入式编程

现在所说的嵌入式开发，通常都是指有嵌入式操作系统的那种，产品功能复杂了，单片机开发无法实现，需要用到嵌入式操作系统，也能体现出嵌入式操作系统的优势。嵌入式产品在航空、医疗、家电、消费电子、汽车电子、移动等众多领域都可以看到，应用领域极为广泛，所以现在嵌入式开发相当热门，并且具备非常好的发展前景，也是招聘的热门职位。

真题 6：嵌入式操作系统（某知名网络设备公司 2013 年面试真题）

【考频】★★★★★

请列举 3 种嵌入式操作系统。

【真题分析】

这道题十分简单，只要是接触过嵌入式开发的同学，都应该能列举出好几个嵌入式操作系统，其实嵌入式操作系统的种类很多，列举 3 个应该很容易。这道题很简单，其实就是想考查求职者是否了解嵌入式操作系统。

【参考答案】至今应用广泛的嵌入式操作系统有：Linux、μClinux、WinCE、PalmOS、Symbian、eCos、μCOS-II、VxWorks、pSOS、Nucleus、ThreadX 、Rtems 、QNX、INTEGRITY、OSE、C Executive。

真题 7：volatile 关键字（中国台湾某知名硬件公司 2013 年面试真题）

【考频】★★★★★

在嵌入式系统中，volatile 这个关键字的意思是什么？

【真题分析】

这是很重要的一个关键字，在很多面试题中都会出现，请求职者多加重视。C 语言关键字 volatile 表明某个变量的值可能随时被外部改变（如外设端口寄存器值），因此对这些变量的存取不能缓存到寄存器，每次使用时需要重新读取。该关键字在多线程环境下经常使用，因为在编写多线程的程序时，同一个变量可能被多个线程修改，而程序通过该变量同步各个线程。对于 C 编译器来说，它并不知道这个值会被其他线程修改，自然就把它缓存到寄存器里面。

【参考答案】volatile 的本意是指这个值可能会在当前线程外部被改变，此时编译器知道该变量的值会在外部改变，因此每次访问该变量时会重新读取。这个关键字在外设接口编程中经常会使用。

真题 8：static 关键字（美国某知名硬件公司 2013 年面试真题）

【考频】★★★★

关键字 static 的作用是什么？

【真题分析】

这个简单的问题很少有人能回答完整。大多数求职者能正确回答第一部分，一部分能正确回答第二部分，很少的人能懂得第三部分。

【参考答案】在 C 语言中，关键字 static 有三个明显的作用：

① 在函数体，一个被声明为静态的变量在这一函数被调用过程中维持其值不变。

② 在模块内（但在函数体外），一个被声明为静态的变量可以被模块内所有函数访问，但不能被模块外其他函数访问。它是一个本地的全局变量。

③ 在模块内，一个被声明为静态的函数只可被这一模块内的其他函数调用，这个函数被限制在声明它的模块的本地范围内使用。

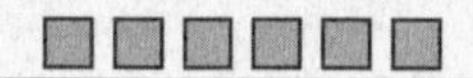

真题9：位操作（国内某知名网络公司2013年面试真题）

【考频】★★★★

嵌入式系统总是要用户对变量或寄存器进行位操作。给定一个整型变量 a，写两段代码，第一个设置a的bit 3，第二个清除 a 的bit 3。在以上两个操作中，要保持其他位不变。

【真题分析】

笔者总结了一下求职者对这个问题的3种基本的反应：

① 不知道如何下手。该求职者从没做过任何嵌入式系统的工作。

② 使用bit fields，bit fields是被扔到C语言死角的东西，它保证代码在不同编译器之间是不可移植的，同时也保证了代码是不可重用的。

③ 使用#defines和bit masks操作。这是一个有极高可移植性的方法，是应该采用的方法，也是面试官最想看到的编程方法。

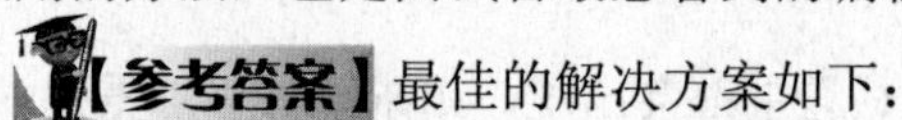

【参考答案】最佳的解决方案如下：

```
#define BIT3 (0x1<<3)
static int a;
void set_bit3(void)
  {
a |= BIT3;
}
void clear_bit3(void)
{
a &= ~BIT3;
}
```

一些人喜欢为设置和清除值定义一个掩码的同时定义一些说明常数，这也是可以接受的。但是，说明常数、|=和&=~操作这三个要点是不能缺少的。

面试官寄语

嵌入式操作系统（Embedded System）是指以应用为中心、以计算机技术为基础，软件硬件可裁剪，适应应用系统对功能、可靠性、成本、体积、功耗严格要求的专用计算机系统。举例来说，大到油田的集散控制系统和工厂流水线，小到家用VCD或手机，甚至组成普通PC终端设备的键盘、鼠标、硬盘、Modem等均是由嵌入式处理器控制的。嵌入式开发的程序员正在呈现持续性爆发式增长，学好嵌入式开发无疑会为求职者带来很大的竞争砝码。

第13章

穿针引线：数据结构与常用算法

赵老师，数据结构与编程算法中有些算法确实很复杂，对于这部分内容，有没有好的规律可循呢？

对于程序员来说，不理解一些算法，就无法完成程序开发。数据结构和算法是计算机程序设计领域的重要理论和技术基础，是计算机学科的核心课程和计算机科学研究的基础方向。数据结构知识不但为数据存储和问题解决提供逻辑结构基础，还可以提供一种抽象现实世界的思维方式，即使非计算机专业的人员学习和了解它也有助于发散思维，激发创意。而算法设计则在提供实际问题解决方案的同时帮助训练人脑的抽象能力和逻辑思维能力，因此学习这方面的知识对我们也大有裨益。

13.1 链表

用数组的形式可以实现对数据的“串接”。即先在内存中开辟一块连续的区域，然后把数据依次存储进去。当访问其中的一个或几个数据时，可以利用这些数据的索引进行操作。这样的数据结构虽然实现简单、操作方便，但也致使程序的可伸缩性大大降低。例如现在需要将一幅数字图像的像素矩阵存入数组，那么在不知道该图像的具体信息之前通常这个数组需要被定义得非常大以便能够容下任意大小的图像数据。然而当图像较小时，显然会造成内存的浪费，并且一旦程序载入一幅足以超出数组容量的大图片时，那么就可能导致程序的崩溃。

为了避免出现上面这种尴尬局面，提高程序的可伸缩性，人们引入了链表这种数据结构。它不但能够存储较大的数据，还能够动态地调整容量。所谓链表，顾名思义，是种把数据像链条一样“串接”起来的数据结构。结构中各个数据就像链条上的环节，通过一定的手段对这些环节进行组织，最后便会形成一条规整的数据链。本节将介绍与链表有关的一些经典面试题型，相信它们会对求职者大有裨益。

真题 1：单向循环链表（某知名搜索公司 2013 年面试真题）

【考频】★★★★

约瑟夫（Flavius Josephu）是公元一世纪一位著名的历史学家。在犹太人反抗罗马人的战争时期，约瑟夫与他的朋友躲到了一个山洞里。这个山洞中除了他们，还有 39 名犹太人，而这些犹太人宁肯自杀也不愿被俘虏。于是那些犹太人决定洞中所有的人（41 个）围成一个圈开始报数，每数到 3 的人自杀，直至所有的人都自杀身亡为止。约瑟夫和他的朋友并不打算遵从这些犹太人的意见，因为他们认为这样做没有意义。于是，约瑟夫利用他的聪明才智快速地计算出他和他朋友应该站的位置，以使最后只剩他们两个。就这样，约瑟夫和他的朋友最终活了下来。所谓约瑟夫问题，可简单地表述如下：

有 15 个人排成一圈，并给他们 1~15 的编号。现在从 1 号开始报数，报数字 4 的人退出队列，余下的人从退出者下一个位置开始继续刚才的报数，直到整个队列中只剩下一个人为止。请问这个人是几号？请利用链表实现约瑟夫问题。

【真题分析】

这个问题乍看起来好像很难。由于每次都有人从队列中退出，所以队列的长度在不断变化，这使得整个报数的过程难以预测。但由问题的表述来看，约瑟夫问题完全可以用单向循环链表来模拟。

【参考答案】具体实现代码如下：

```
#include "CirList.h"
using namespace std;
```

```
void main(){

 CirList<int> jos; //新建单向循环链表，模拟约瑟夫问题

 //向链表中加入 1~15 ，代表编号为 1~15 的人
 for(int i=1;i<16;i++){
     jos.AddTail(i);
 }
 jos.SetBegin();//开始模拟约瑟夫问题

 //记录原始队列的人数，用此人数减 1 即可得到要删去多少人
 //本题中要删去 14 人
 int length = jos.GetCount();
 for(i=1;i<length;i++)
 {
     for(int j=0;j<3;j++)
         jos.GetNext();
     jos.RemoveThis();
 }

 cout<<jos.GetNext()<<endl;
}
```

完成编码后，编译并运行程序，输出结果为 13，即最后 13 号会被留下。

从实现程序来看，这个算法的时间复杂度为：O(mn)(其中 n 为人数，每回报 m 这个数的人退出队列)。这意味着当 m 和 n 都很大时，用此算法计算约瑟夫问题的效率是十分低的。恰当地运用一些数论知识可以有效地提高该问题的求解效率。下面给出另一种求解方案的核心算法。

```
for (i=2; i<=n; i++) s=(s+m)%i;
```

s 为最后留在队列中的人。由于本章讨论的重点是链表问题，所以就不对上述方法做过多的讲述了。有兴趣的读者可以亲自测试一下以上这两种程序在执行效率上的不同。例如，可令 m=123456789，n=987654321。

真题 2：循环链表（某知名网络通信公司 2013 年面试真题）

【考频】★★★★

魔术师利用一副牌中的 13 张黑桃，预先将它们排好后叠放在一起，牌面朝下。对观众说：我不看牌，只数数就可以猜到每张牌是什么，我大声数数，你们听，不信？你们就看。魔术师将最上面的那张牌数为 1，把它翻过来正好是黑桃 A，将黑桃 A 放在桌子上。然后按顺序从上到下数手上的余牌，第二次数 1、2，将第一张牌放在这些牌的下面，将第二张牌翻过来，正好是黑桃 2，也将它放在桌子上，第三次数 1、2、3，将前面两张依次放在这些牌的下面，再翻第三张牌正好是黑桃 3。这样依次进行将 13 张牌全翻出来，准确无误。请问魔术师手中的牌最开始是怎样安排的？

【真题分析】

本题的求解策略比较简单。首先建立长度为13的链表并初始化链表中的每个元素为0，表示链表中什么牌也不存放。接下来根据魔术师发牌的顺序把13张牌存入链表中。例如：第一张牌存入第一个位置，第二张牌存入距第一张牌两个空位的位置。注意，在存牌前只需记录当前链表中空位的个数并根据这个数字存放新牌。若一个位置已经被某张牌占据，则这个位置不可以再存放新牌。

【参考答案】具体实现代码如下：

```
#include "CirList.h"
using namespace std;

int main(){
 CirList<int> poker;
 for(int i=0;i<13;i++){
     poker.AddTail(0);              //创建循环链表，存储 13 张扑克牌
 }

 poker.SetBegin();
 poker.GetNextNode();
 for(i=1;i<14;i++){
     poker.SetData(i);
     for(int j=0;j<=i;j++){
         poker.GetNextNode();    //寻找插牌位置
         if(poker.GetCur()->GetData() != 0){
         j--;                 //若当前位置中已有牌，则顺序查找下一个位置
         }
         if(i==13)
```

```
            break;                  //插牌完毕
        }
    }

    poker.SetBegin();
    poker.GetNextNode();
    for(i=0;i<13;i++){
        cout<<poker.GetCur()->GetData()<<"*";
        poker.GetNextNode();
    }
    cout<<endl;
    return 0;
}
```

真题 3：利用链表实现拉丁方阵（某知名嵌入式公司 2013 年面试真题）

【考频】★★★

拉丁方阵，或称为拉丁方，是一种特殊的 N 阶方阵。如果用从 1 开始的 N 个连续正整数排成 N×N 的方阵，且每一行和每一列都没有重复的数，就称其为一个 N 阶拉丁方阵。因为这样的方阵最早填充的是拉丁字母，因此得名拉丁方阵。例如下面给出的是一个 4 阶拉丁方阵。

1　2　3　4
2　3　4　1
3　4　1　2
4　1　2　3

试用链表实现上述拉丁方阵。

【真题分析】

本题可利用循环链表来求解。首先，初始化链表长度为矩阵阶数并在链表中存放从 1~N 连续的自然数。接下来从链表头遍历链表并输出链表结点中的数字，以便构成第一行；第二行的构成方式与第一行类似，但此时遍历链表时并不从链表的第一个结点开始遍历，而是从链表的第二个结点开始；第三行的构成方式与第二行类似，但此时从链表的第三个结点开始遍历链表。重复利用以上方法最终构成整个拉丁方。

【参考答案】具体实现代码如下：

```
#include "CirList.h"
using namespace std;
```

```
int main(){
 int num;
 cout<<"请输入拉丁方阶数(2<=N<=9):";
 cin>>num;
 CirList<int> latin;
 for(int i=1;i<=num;i++){
     latin.AddTail(i);            //创建循环链表
 }
 latin.SetBegin();
 latin.GetNextNode();
 for(i=0;i<num;i++){
     for(int i=0;i<num;i++){
         cout<<latin.GetCur()->GetData()<<" ";  //输出循环链表中数据
         latin.GetNextNode();                    //取出下一个结点
     }
     cout<<endl;
     latin.GetNextNode();              //顺序移动循环链表中所有数据
 }
 return 0;
}
```

真题 4：双向循环链表（国内某知名软件公司 2013 年面试真题）

【考频】 ★★★★

在选美大奖赛的半决赛现场，有一批选手参加比赛，比赛的规则是最后得分越高，名次越低。当半决赛结束时，要在现场按照选手的出场顺序宣布最后得分和最后名次，获得相同分数的选手具有相同的名次，名次连续编号，不用考虑同名次的选手人数。例如：

选手序号：　　　　1，2，3，4，5，6，7
选手得分：　　　　5，3，4，7，3，5，6
则输出名次为：　　3，1，2，5，1，3，4

请编程帮助大奖赛组委会完成半决赛的排名工作。

【真题分析】

在求解本题之前可先定义选手的结构体用于存放选手的得分。之后，将这些选手的结构体存储在一个链表中。接下来把选手的得分存储在数组中并利用冒泡法对选手排序，规定相同得分的选手排名相同。做完以上工作之后，就可以遍历链表，并输出选手在数组中的排位。

【参考答案】具体实现代码如下：

```
#include "DouList.h"
using namespace std;

struct player{              //保存选手信息的结构体
 int place;             //得分
};

bool contain(DouList<int> a,int target);

int main(){
 int num;
 cout<<"请输入选手的个数:";
 cin>>num;

 DouList<player*> list;       //保存参赛选手的链表
 DouList<int> sort;           //保存得分的链表

 for(int i=0;i<num;i++){
     cout<<"请按顺序分别输入选手得分:"; //输入选手信息
     player* per = new player;
     cin>>per->place;
     if(!contain(sort,per->place))   //输入选手得分，链表中的数据不能重复
         sort.AddTail(per->place);
     list.AddTail(per);                 //将选手加入链表
 }
 sort.SetBegin();
 int* sorted = new int[sort.GetCount()];     //用数组保存得分，以加快排序速度
 for(i=0;i<sort.GetCount();i++){
     sorted[i] = sort.GetNext();
 }

 sort.SetBegin();
 int size = sort.GetCount();
```

```
    for(i=0;i<size;i++){                                    //冒泡法排序
        for(int j=0;j<size-1-i;j++){
            if(sorted[j]>sorted[j+1]){
                int temp = sorted[j];
                sorted[j] = sorted[j+1];
                sorted[j+1] = temp;
            }
        }
    }
    cout<<"选手最终排名为:"<<endl;                            //输出最终排名
    list.SetBegin();
    for(i=0;i<list.GetCount();i++){
        int i= list.GetNext()->place;
        for(int j=0;j<size;j++){
            if(sorted[j] == i){
                cout<<j+1<<" ";
            }
        }
    }
    cout<<endl;
    return 0;
}

bool contain(DouList<int> a,int target){              //判断链表中是否有重
复得分的函数
    a.SetBegin();
    for(int i=0;i<a.GetCount();i++){
        if(a.GetNext() == target)
            return true;
    }
    return false;
}
```

在双向循环链表中，每个结点中都储存了两个链接指针，一个指示该结点的前驱结点，另一个指示该结点的后驱结点。一个双向循环链表有一个表头结点，同样包含两个链接指针，一个指向链表的最后一个结点，一个指向链表最前端的第一个结点。链表的最后一个结点同样包含两个链接指针，一个指向链表的表头结点，另一个指向链表的倒数第二个结点。双向循环链表的结构如图 13-1 所示，双向循环链表正是通过这种双指针形式实现链表的双向循环的。

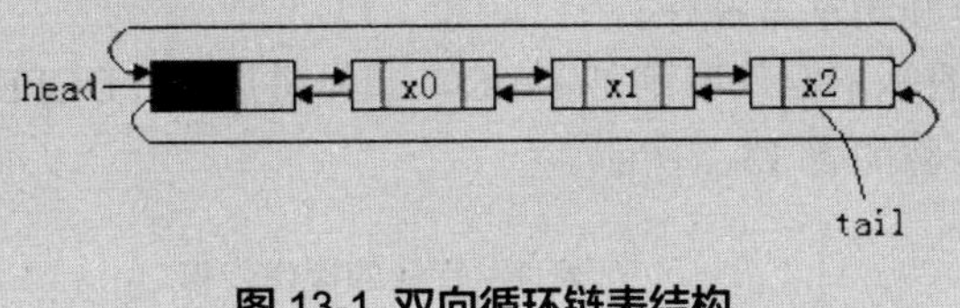

图 13-1 双向循环链表结构

13.2 栈

栈是一种基本的线性数据结构，是一种特殊的线性表。它的特点在于仅仅提供对于最新被加入的数据的访问操作，而对于其他元素的访问则加以限制。在栈中，元素的删除和添加只能在表的一端进行。栈中元素的添加和删除操作遵循后进先出（Last In First Out，LIFO）的原则，即后加入栈的数据总是先被访问，而先加入栈的数据总是后被访问。换句话说，下一个能够从栈中被删除的元素永远只能是最近被添加进来的那个。总是可以向栈中添加更多的元素，但每进行一次添加操作时，最近被添加进来的元素随即就变成了可以被最先删除的元素。

真题 5：栈的基本操作（国内某知名网络通信公司 2013 年面试真题）

【考频】★★★★

对于 n（n≥0）个元素构成的线性序列 L，在______时适合采用链式存储结构。

A. 需要频繁修改 L 中元素的值　　B. 需要频繁地对 L 进行随机查找

C. 需要频繁地对 L 进行删除和插入操作　D. 要求 L 存储密度高

【真题分析】

这道题考查顺序存储结构和链式存储结构特点题。顺序存储结构就是用一组地址连续的存储单元依次存储该线性表中的各个元素。由于表中各个元素具有相同的属性，所以占用的存储空间相同。因此，在内存中可以通过地址计算直接存取线性表中的任一元素。这种结构的特点是逻辑上相邻的元素物理上也相邻。对顺序表插入、删除时，需要通过移动数据元素来实现，这影响了运行效率。

线性序列的链式存储结构，对于插入与删除非常方便，因为当插入或删除一个元素时，不需要移动别的数据而影响效率。

【参考答案】C

真题 6：栈的基本操作（国内某知名购物网站 2013 年面试真题）

【考频】★★★★

设一输入序列为 A，B，C，D，E，F，通过栈操作，要得到顺序为 DCFEBA 和 ECFDBA 的输出序列是否可能，请阐述理由。

【真题分析】

本题考查栈的基本操作。

（1）栈的基本操作原则是 FILO，即先进后出。DCFEBA 的输出序列是可以的，其操作步骤如表 13-1 所示。

表 13-1 栈的操作步骤

栈操作	输入序列	输出序列
Null	ABCDEF	Null
Push(A)	BCDEF	Null
Push(B)	CDEF	Null
Push(C)	DEF	Null
Push(D)	EF	Null
Pop(D)	EF	D
Pop(C)	EF	DC
Push(E)	F	DC
Push(F)	Null	DC
Pop(F)	Null	DCF
Pop(E)	Null	DCFE
Pop(B)	Null	DCFEB
Pop(A)	Null	DCFEBA

（2）ECFDBA 的输出序列是不可能的，因为第一个输出为 E，就意味着在输入 E 之前没有出栈操作，于是此时栈右 top 到 bottom 的组织应该是 DCBA，下面一步要输出 C 是不可能的，因为 C 是不能在 D 前面出栈的。

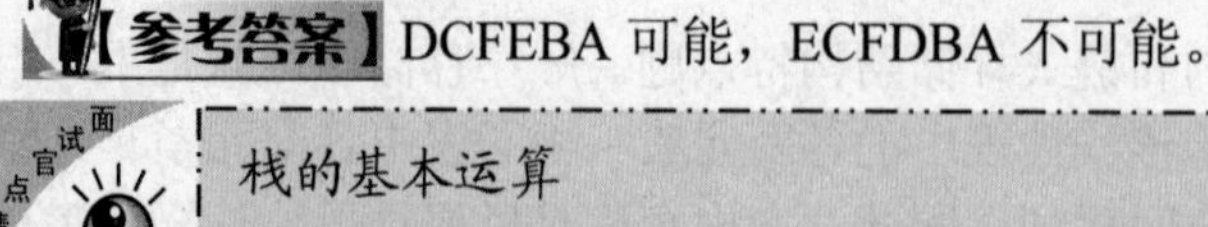

【参考答案】DCFEBA 可能，ECFDBA 不可能。

面试官点睛

栈的基本运算

（1）InitStack（S）

构造一个空栈 S。

（2）StackEmpty（S）

判栈空。若 S 为空栈，则返回 TRUE，否则返回 FALSE。

（3）StackFull（S）

判栈满。若 S 为满栈，则返回 TRUE，否则返回 FALSE。

注意：

该运算只适用于栈的顺序存储结构。

（4）Push（S，x）

进栈。若栈 S 不满，则将元素 x 插入 S 的栈顶。

（5）Pop（S）

退栈。若栈 S 非空，则将 S 的栈顶元素删去，并返回该元素。

（6）StackTop（S）

取栈顶元素。若栈 S 非空，则返回栈顶元素，但不改变栈的状态。

真题 7：栈的基本操作（国内知名搜索公司 2013 年面试真题）

【考频】★★★★

编写算法，利用栈的基本操作将栈 S1 复制到 S2 中。

【真题分析】

本题需要用到一个辅助栈 S3，首先将 S1 中的所有元素出栈并入栈到 S3 中，然后将 S3 中的所有元素出栈并入栈到 S2 中，这时栈 S1 就已经复制到 S2 中了。

【参考答案】具体算法如下。

```
void CopyStack(SeqStack *S1, SeqStack *S2){
SeqStack S3;
StackInit(&S3);
while(!StackEmpty(S1))  Push(S3, Pop(S1));  //将 S1 中的所有元素出栈并入栈到 S3 中
while(!StackEmpty(S3))  Push(S2, Pop(S3));  //将 S3 中的所有元素出栈并入栈到 S2 中
}
```

真题 8：顺序栈（国内某知名网络安全公司 2013 年面试真题）

【考频】★★★★

在初始为空的堆栈中依次插入元素 f，e，d，c，b，a 以后，连续进行了三次删除操作，此时栈顶元素是__________。

A. c　　　B. d　　　C. b　　　D. e

栈操作的过程如图 13-2 所示，最后的栈顶元素是 d。

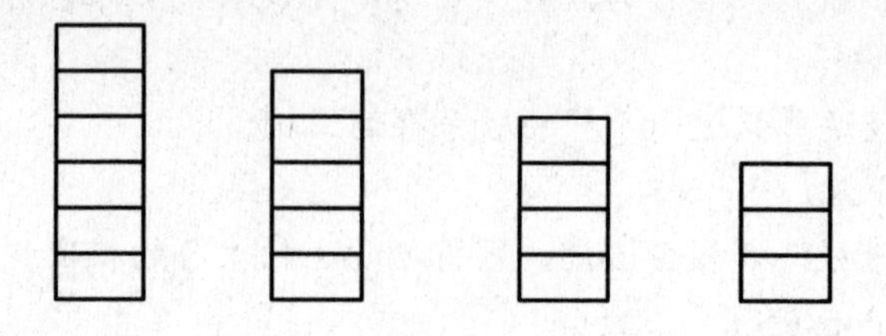

图 13-2　栈操作顺序

B

顺序栈的基本操作

前提条件：

设 S 是 SeqStack 类型的指针变量。若栈底位置在向量的低端，即 S->data[0]是栈底元素。

（1）进栈操作

进栈时，需要将 S->top 加 1

①S->top==StackSize-1 表示栈满

②“上溢”现象——当栈满时，再做进栈运算产生空间溢出的现象。上溢是一种出错状态，应设法避免。

（2）退栈操作

退栈时，需将 S->top 减 1

①S->top<0 表示空栈

②“下溢”现象——当栈空时，做退栈运算产生的溢出现象。下溢是正常现象，常用作程序控制转移的条件。

真题 9：链栈（国内某知名软件公司 2013 年面试真题）

【考频】★★★★

定义链栈数据类型，并编写函数实现链栈入栈操作。

链栈就是用链式结点构造成的栈。考虑到其后进先出的原则，出入栈的操作可以直接在头结点的位置进行。

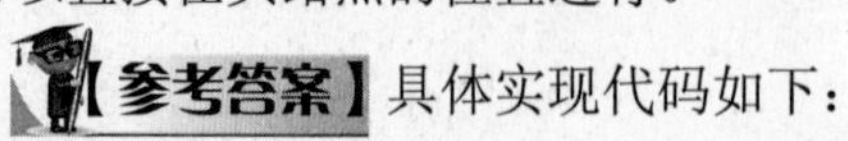

具体实现代码如下：

```
typedef struct stacknode{
 int data;
 struct stacknode *next;
}stacknode,*stack;
void push(int d,stack &head){
 stack n=(stack)malloc(sizeof(stacknode));
 n->data=d;
 n->next=head->next;
 head->next=n;
}
```

链栈是没有附加头结点的运算受限的单链表。栈顶指针就是链表的头指针。

链栈的基本运算

（1） 置栈空

```
Void InitStack(LinkStack *S)
{
        S->top=NULL;
}
```

（2） 判栈空

```
int StackEmpty(LinkStack *S)
{
        return S->top==NULL;
}
```

（3） 进栈

```
void Push(LinkStack *S,DataType x)
{//将元素 x 插入链栈头部
StackNode*p=(StackNode *)malloc(sizeof(StackNode));
        p->data=x;
        p->next=S->top;//将新结点*p 插入链栈头部
        S->top=p;
 }
```

（4） 退栈

```
DataType Pop(LinkStack *S)
{
        DataType x;
        StackNode *p=S->top;//保存栈顶指针
```

```
        if(StackEmpty(S))
             Error("Stack underflow.");  //下溢
        x=p->data;  //保存栈顶结点数据
        S->top=p->next;  //将栈顶结点从链上摘下
        free(p);
        return x;
    }
```

（5）取栈顶元素

```
DataType StackTop(LinkStack *S)
{
    if(StackEmpty(S))
        Error("Stack is empty.")
    return S->top->data;
}
```

注意：链栈中的结点是动态分配的，所以可以不考虑上溢，无须定义 StackFull 运算。

13.3 队列

队列是一种基本的线性数据结构，它的特点是只允许在结构的一端进行元素添加操作，而元素的删除操作只能在结构的另一端进行。通常将进行元素添加操作的一端称作队列的头，而将进行元素删除操作的一端称作队列的尾。队列的这种一端删除、一端添加的机制是通过一种被称为先进先出（First In First Out，FIFO）的原则来实现的。先进先出意味着最先被加入到队列中的数据也将最先从队列中被删除。换句话说，如果想要向队列中添加元素，那么这个操作仅能在队列的尾部进行。如果想要从队列中删除一个元素，那么这个操作仅能在队列的头部进行。

真题 10：队列基本操作（国内某知名软件公司 2013 年面试真题）

输入受限的双端队列是指元素只能从队列的一端输入，但可以从队列的两端输出，如图 13-3 所示。若有 8、1、4、2 依次进入输入受限的双端队列，则得不到输出序列_______。

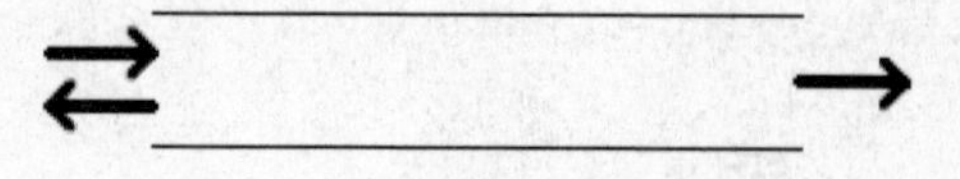

图 13-3 输入受限的双端队列

A. 2、8、1、4　B. 1、4、8、2　C. 4、2、1、8　D. 2、1、4、8

【真题分析】

本题考查队列基本操作。可通过对备选答案逐个进行入队出队操作验证其正确性。

对于输出序列 2、8、1、4，其运算过程为：元素 8、1、4、2 依次进入队列，此时，元素 2 先出队列，元素 8、1、4 再依次出队，可得到输出序列 2、8、1、4，但是在元素 4 和 8 出队列之前，元素 1 不能出队，所以得不到输出序列 2、1、4、8。

对于输出序列 1、4、8、2，其运算过程为：元素 8、1 先进入队列，然后元素 1 出队，元素 4 入队并出队，元素 2 入队并出队，最后元素 1 出队，得到输出序列 1、4、8、2。

对于输出序列 4、2、1、8，其运算过程为：元素 8、1、4 依次进入队列，然后元素 4 出队，元素 2 入队并出队，最后元素1 和 8 依次出队，得到输出序列 4、2、 1、 8。

【参考答案】D

真题 11：栈和队列（国内某网络通信公司 2013 年面试真题）

【考频】★★★★

已知 q 是一个非空顺序队列，s 是一个顺序栈，请设计一个算法，实现将队列中所有元素逆转。

【真题分析】

本题需要利用到栈和队列的运算操作特点，由于栈是“先进后出”型数据结构，所以可以将队列的所有元素全部依次出队并入栈，然后再出栈并入队，则逆转完毕。

【参考答案】具体实现代码如下：

```
typedef int DataType;          //应将顺序栈的 DataType 定义改为整型
void Inverse(SeqQueuq *q, SeqStack *s){
 while(!QueueEmpty(q))  Push(s, DeQueue(q));    //将队列元素全部入栈
 while(!StackEmpty(s))        DeQueue(p, Pop(s));//将元素全部出栈，并入队
```

真题 12：循环队列（国内某计算机硬件公司 2013 年面试真题）

【考频】★★★★★

以下算法使用少一个元素空间的方法来区别循环队列的队空和队满条件，借以描述出队、入队的基本操作。其中有两处错误，请指正。

```
#define QueueSize 300
typedef int DataType;
typedef struct
{
    DataType data[QueueSize];
    int front,rear;
}CirQueue;
Void EnQueue(CirQueue *q,DataType x)
{
     if(q->rear+1%QueueSize==q->front)
     {
         printf("The Queue is overflow!");
         exit(-1);
     }
     q->data[q->rear]=x;
     q->front=q->rear+1%QueueSize;
}
DataType DeQueue(CirQueue *q)
{
    DataType t;
    if(q->front==q->rear)
    {
        printf("The Queue is underflow!");
        exit(-1);
    }
    t=q->data[q->front];
    q->rear=q->front+1%QueueSize;
    return t;
}
```

【真题分析】

程序分别描述了入队和出队的操作。在入队的时候，每个元素是加在q.data[q.rear]中，之后需要将 q.rear 指针向后移动一位，而程序中是以q->front=q->rear+1%QueueSize;来完成这一步的，显然是错的，应该是q->rear=q->rear+1%QueueSize;。同理，在出队的操作中也出现了这样的问题。

【参考答案】 q->rear=q->rear+1%QueueSize; q->front=q->front+1%QueueSize;

真题 13：队列模拟舞伴配对问题（美国某著名软件公司 2013 年面试真题）

【考频】★★★★

假设在周末舞会上，男士们和女士们进入舞厅时，各自排成一队。跳舞开始时，依次从男队和女队的队头上各出一人配成舞伴。若两队初始人数不相同，则较长的那一队中未配对者等待下一轮舞曲。现要求写一算法模拟上述舞伴配对问题。

【真题分析】

舞伴问题是使用队列进行模拟的典型问题。首先建立两个队列 Mdancer 与 Fdancer，分别用来存放男、女舞伴。接下来向队列中输入到达舞会的实际人数：当男舞伴多于女舞伴时，Mdancer 将长于 Fdancer。反之亦然。

当全部舞伴入队完毕时，程序开始输出配对情况。每次按照先来后到的顺序从队列头部分别取出一个男舞伴与一个女舞伴进行配对。若最后两个队列全部为空，则说明没有人剩下，全部舞伴均能配对；若其中一支队列为空而另外一支队列非空，则非空那只队列中的舞伴在这轮舞会中落单。此时程序输出非空队列第一个人的姓名，表示下一个被配对的舞伴将是这个人。

【参考答案】具体实现代码如下：

```
#include "LinkQueue.h"
#include <string>

using namespace std;

struct dancer{
 string name;
 char sex;
};

int main(){
 cout<<"请输入舞者总数:";
 int num;
 cin>>num;
 LinkQueue<dancer> Mdancer;
 LinkQueue<dancer> Fdancer;
 for(int i=0;i<num;i++){
     cout<<"请输入舞者性别(f or m)及姓名:";
     char sex;
```

```
        cin>>sex;
        string name;
        cin>>name;
        dancer newdancer;
        newdancer.name = name;
        newdancer.sex = sex;
        if(sex == 'f')
            Fdancer.EnQueue(newdancer);
        if(sex == 'm')
            Mdancer.EnQueue(newdancer);
    }
    while(!Mdancer.IsEmpty() && !Fdancer.IsEmpty()){

    cout<<Mdancer.DelQueue().name<<"\t<---->\t"<<Fdancer.DelQueue().
name<<endl;
    }
    if(!Mdancer.IsEmpty()){
        cout<<"Mr. "<<Mdancer.GetFront().name<<" is waiting!"<<endl;
    }
    else if(!Fdancer.IsEmpty()){
        cout<<"Ms. "<<Fdancer.GetFront().name<<" is waiting!"<<endl;
    }
    else
        cout<<"OK!"<<endl;
    return 0;
}
```

真题 14：利用队列实现杨辉三角（国内某计算机硬件公司 2013 年面试真题）

【考频】★★★★

计算牛顿二项式系数的一个有效的方法是利用杨辉三角。杨辉三角的构造方式是将三角形每一行两边的元素置为 1，其他元素为这个元素“肩”上两元素之和。该三角曾经在我国宋朝数学家杨辉 1216 年所著的《详解九章算法》中出现过。一个简单的五阶杨辉三角如下所示：

1

1 1

1 2 1

1 3 3 1

1 4 6 4 1

现在请利用队列实现杨辉三角的构造。输入杨辉三角的行号，程序打印相应行的二项式系数。

利用队列实现杨辉三角的思路比较简单。首先，建立一个队列并初始化队列中的元素为 1，这个队列将用来迭代生成任意行的牛顿二项式系数。接着，根据用户输入的行号，程序决定循环次数。在这些循环中，程序根据杨辉三角实际的构造情况模拟构造过程：每次形成一个新的二项式系数序列，并将这一序列保存在一个新的队列中。本次循环结束时，这个新构造的序列将作为下次循环构造另一个二项式序列的参照序列。由于 LinkQueue 类中并没有提供链表类的赋值方式，所以程序中要另外编写代码实现队列的赋值功能。

【参考答案】具体实现代码如下：

```
#include "LinkQueue.h"

using namespace std;

template<class T>
void evaluate(LinkQueue<T>& ori,LinkQueue<T>& target){
 ori.MakeEmpty();
 while(!target.IsEmpty()){
     ori.EnQueue(target.DelQueue());
 }
}

int main(){
 cout<<"请输入杨辉三角阶数 i(i>2):";
 int num;
 cin>>num;
 LinkQueue<int> ori;
 ori.EnQueue(1);
 ori.EnQueue(1);
 LinkQueue<int> next;
 for(int i=0;i<num-2;i++){
     next.EnQueue(1);
     while(!ori.IsEmpty()){
         int i=ori.DelQueue();
         if(!ori.IsEmpty())
```

```
                next.EnQueue(i+ori.GetFront());
            if(ori.IsEmpty())
                next.EnQueue(i);
        }
        evaluate(ori,next);
    }
    cout<<"杨辉三角第"<<num<<"行内容如下:"<<endl;
    while(!ori.IsEmpty()){
        cout<<ori.DelQueue()<<" ";
    }
    cout<<endl;
    return 0;
}
```

13.4 树

在现实世界层次化的数据模型中，数据与数据之间的关系纷繁复杂。其中很多关系无法使用简单的线性结构表示清楚，比如祖先与后代的关系、整体与部分的关系等。于是人们借鉴自然界中树的形象创造了一种强大的非线性结构——树。树是计算机科学中最为广泛使用的数据结构之一，本节介绍与树有关的一些有代表性的面试题。

真题 15：树的遍历（美国某知名硬件公司 2013 年面试真题）

【考频】 ★★★★★

若二叉树的先序遍历序列为 ABDECF，中序遍历序列为 DBEAFC，则其后序遍历序列为_____。

A. DEBAFC　　B. DEFBCA　　C. DEBCFA　　D. DEBFCA

【真题分析】

此题要求根据二叉树的先序遍历和中序遍历求后序遍历。我们可以根据这棵二叉树的先序和中序遍历画出这棵二叉树。

根据先序和中序来构造二叉树的规则是这样的，首先看先序，先序遍历中第一个访问的结点是 A，这说明 A 是二叉树的根结点（因为先序遍历顺序是根，左，右）。然后看中序，中序中 A 前面有结点 DBE，后面有结点 FC。这说明 DBE 是 A 的左子树，FC 是 A 的右子树。再回到先序遍历中看 DBE 的排列顺序（此时可以不看其他的结点），发现在先序中 B 排在最前，所以 B 是 A 左子树的根结点。接下来又回到了中序，中序中 D 在 B 前面，E 在 B 后面，所以 D 是 B 的左子树，E 是 B 的右子树。依此规则可构造二叉树，如图 13-4 所示。然后对这棵二叉树进行后序遍历得到 DEBFCA。

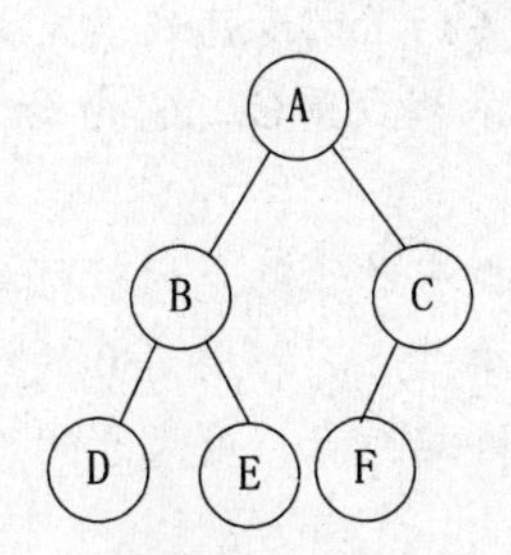

图 13-4　二叉树

【参考答案】D

真题 16：计算树的结点个数（美国某知名硬件公司 2013 年面试真题）

【考频】★★★★★

一棵度为 3 的树中，有 3 度结点 100 个、2 度结点 200 个，则有叶子结点多少个。

【真题分析】

先推导这种题目的一般解法得到的结论，然后再将已知条件代入。

首先统计树中结点的总数 n。设树中度为 0 的结点个数为 n0，度为 1 的结点个数为 n1，度为 2 的结点个数为 n2，度为 3 的结点个数为 n3，则结点总数为 n = n0 + n1 + n2 + n3。又因为树的根结点没有双亲结点，进入它的边数为 0，其他每一个结点都有一个且仅有一个双亲结点，进入它们的边数各为 1，故树中总的边数为：

```
e = n - 1 = n0 + n1 + n2 + n3 - 1          ①
```

又由于每个度为 0 的结点发出 0 条边，每个度为 1 的结点发出 1 条边，每个度为 2 的结点发出 2 条边，每个度为 3 的结点发出 3 条边，因此总的边数又可以表示为：

```
e = n1 + 2*n2 + 3*n3                        ②
```

将①式和②式等同起来，有

```
n0 + n1 + n2 + n3 - 1 = n1 + 2*n2 + 3*n3
```

则有

```
n0 = n2 + 2*n3 + 1
```

由题意可知，n2 = 200，n3 = 100，则 n0 = 401

【参考答案】401

下面给出一些与树有关的常用术语及其定义。

结点：结点是树的基本构成单位，它由数据项及指向其他结点的分支共同组成。

度：树上任一结点所拥有的子结点的数目称为该结点的度，或度数。

叶子结点：也称作终端结点，即度为 0 的结点。

分支结点：也称作非终端结点，度大于 0 的结点，也就是除了叶子结点以外的其他结点。

父结点：如果树中结点 A 是结点 B 的直接前趋，则称 A 是 B 的父结点。

子结点：如果结点 A 是结点 B 的父结点，那么结点 B 就是结点 A 的子结点。也就是说，如果树中结点 B 是结点 A 的直接后继，那么就称 B 是 A 的子结点。

兄弟结点：父结点相同的结点互称为兄弟结点。

子孙结点：树中某一结点的所有子结点，以及这些子结点的子结点都是该结点的子孙结点。从递归的角度上说，一棵树上的任何结点（不包括根结点）都称为根的子孙结点。

祖先结点：若 B 是 A 的子孙结点，那么 A 即为 B 的祖先结点。

结点的层数：从根结点开始计算，根层数为 0，其余结点的层数为其双亲的层数加 1。

真题 17：计算二叉树结点个数（国内某知名网络公司 2013 年面试真题）

【考频】★★★★★

已知二叉树中有 50 个叶子结点，则该二叉树的总结点数至少是__________。

考查二叉树的基本性质。由二叉树的性质容易得到，对于二叉树的 i 层，最多的结点数为 2^i 个。易知对任一非叶子结点，当它的两个后代结点全部充满的时候才能贡献最多的叶子结点。或者换句话说，每 2 个后代结点（叶子结点也是后代结点）的出现，至少需要 1 个父亲结点的贡献。在这种情况下，要使得恒定叶子结点的二叉树结点总是最小，就应该充分利用父亲结点的贡献。从而得到，当二叉树为一满二叉树时，满足题目的要求。此时树的高度为 6，最后一层不满，为 36 个叶子。所以结点总数为 1+2+4+8+16+32+36=99。

99。

二叉树是考查的重点，很多算法都要涉及二叉树，所以求职者一定要掌握好二叉树的性质，二叉树有如下性质：
二叉树第 i 层上的结点数目最多为 2i-1(i≥1);
深度为 k 的二叉树至多有 2k-1 个结点(k≥1);
在任意一棵二叉树中，若终端结点的个数为 n0，度为 2 的结点数为 n2，则 n0=n2+1;
具有 n 个结点的完全二叉树的深度为[lgn]+1

真题 18：判别二叉树的子孙（国内某知名网络公司 2013 年面试真题）

【考频】★★★★

设 n 个结点的二叉树用两个一维数组 L[1…n]和 R[1…n]存储。L[k]和 R[k]分别指示结点 k 的左孩子和右孩子，0 表示空，试写一个算法判别结点 u 是否是结点 v 的子孙。

【真题分析】

用递归来解决这个问题。如果 u 和 v1（v1 是 v 的一个孩子）相等，那么 u 就是 v 的子孙，如果不相等，则遍历 v1 的左子树和右子树，其中有一个相等就可以了；如果 u 和 v 的孩子均不等，则说明 u 不是 v 的子孙。

【参考答案】具体实现代码如下：

```
bool decendent(int u,int v,int *L,int *R){
 if(u==v)
     return true;
 if(v==0)
     return false;
 return  (decendent(u,L[v],L,R) || decendent(u,R[v],L,R));
}
```

真题 19：表达式的二叉树表示（美国某知名网络公司 2013 年面试真题）

【考频】★★★★

图示出表达式(a-b*c)*(d+e/f)的二叉树表示。

【真题分析】

用二叉树表示表达式的定义是：若表达式为数或简单变量，则相应二叉树只有根结点，其数据域存放表达式信息；否则，表达式均可写成<第一操作数>（运算符）<第二操作数>形式，其中“运算符”可用二叉树的根结点表示，“第一操作数”用二叉树的左子树表示，“第二操作数”用二叉树的右子树表示。操作数本身可以是表达式。

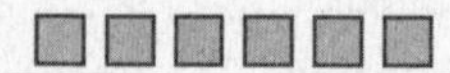

【参考答案】(a-b*c)*(d+e/f)的二叉树表示如图 13-5 所示。

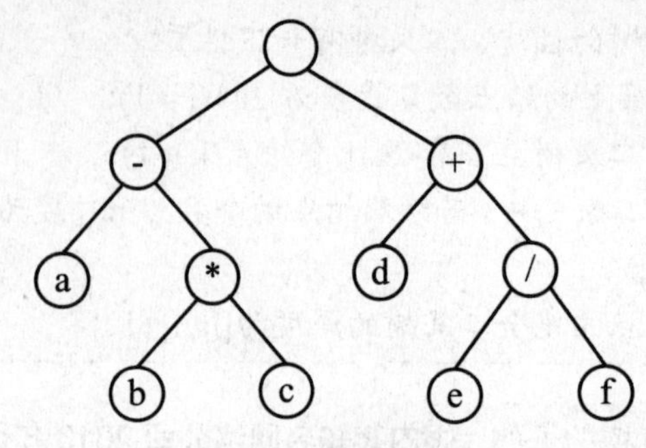

图 13-5 二叉树表示

真题 20：树与二叉树转换（国内某知名软件公司 2013 年面试真题）

【考频】★★★★

请简单描述一般树转换为对应二叉树的算法思想。

树或森林与二叉树之间有一个自然的一一对应关系。任何一个森林或一棵树可唯一地对应到一棵二叉树；反之，任何一棵二叉树也能唯一地对应到一个森林或一棵树。

【参考答案】

树中每个结点最多只有一个最左边的孩子（长子）和一个右邻的兄弟。按照这种关系很自然地就能将树转换成相应的二叉树。

将一般树转化为二叉树的思路，主要根据树的孩子—兄弟存储方式而来，步骤是：

（1）加线：在各兄弟结点之间用虚线相连。可理解为每个结点的兄弟指针指向它的一个兄弟。

（2）抹线：对每个结点仅保留它与其最左一个孩子的连线，抹去该结点与其他孩子之间的连线。可理解为每个结点仅有一个孩子指针，让它指向自己的长子。

（3）旋转：把虚线改为实线从水平方向向下旋转 45 度，成右斜下方向，原树中实线成左斜下方向。这样树的形状就呈现出一棵二叉树。

就经验而言，对于大多数学习数据结构的人在理解了树的概念之后，很容易在头脑中形成森林的概念。数据结构中森林与树的关系与自然界中森林与树的关系是一致的，即森林是由树组成的集合。下面给出森林的准确定义：森林，也称树林，是若干棵互不相交的树组成的集合。一棵树可以看成是一个特殊的森林。

真题 21：二叉链表（国内某知名网络公司 2013 年面试真题）

【考频】★★★★★

已知深度为 n 的二叉树采用顺序存储的结构存放数组 B[1..2n-1]中，请编写一个非递归算法产生该二叉树的二叉链表结构。设二叉链表结点的结构为：指向左右孩子的指针 lchild、rchild 及数值域 data，根结点的指针为 t。

【真题分析】

按照根左右的顺序对顺序存储的二叉树进行遍历，在遍历过程中构造相应的二叉链表结构。但是该题目要求非递归算法，则需要两个栈记录当前遍历值，一个栈 stackN 记录顺序存储结构的当前结点值，一个栈 stackP 记录二叉链表构造的当前结点指针。popN(),notstackemptyN(),pushN()分别对应栈 stackN 出栈，判断栈是否为空，进行入栈操作。popP(),notstackemptyP()、pushP()分别对应栈 stackP 出栈，判断栈是否为空，和入栈操作。算法的构造过程为，首先构造二叉链表的根结点，并将指针入栈 stackP，同时将顺序存储的根结点对应的数值入栈 stackN。当栈不为空的时候，stackN、stackP 分别出栈，根据顺序存储结构特点判断当前出栈结点是否有左右子树，如果有构造其二叉链表的左右子树，然后将右子树指针先入栈 stackP，同时将右子树对应顺序结构存储值入栈 stackN，之后将左子树指针入栈 stackP，同时将左子树对应顺序结点的存储值入栈 stackN。

【参考答案】具体实现代码如下：

```
#define n 10
typedef node{
   struct node *lchild,*rchild;
   int data;
}Tnode;
int B[2*n-1];
void build()
{
    int i=1,j;
    Tnode *newdata,*temp;
    newdata=(Tnode *)malloc(sizeof(Tnode));
    newdata->data=B[1];
    pushN(i);
    pushP(newdata);
    while(stacknotemptyN()&&stacknotemptyP())
    {
        i=popN();
        temp=popP();
```

```
        if(B[2*i+1]!=0)
        {
            newdata=(Tnode *)malloc(sizeof(Tnode));
            newdata->data=B[2*i+1];
            temp->rchild=newdata;
            pushN(2*i+1);
            pushP(newdata);
        }
        if(B[2*i]!=0)
        {
            newdata=(Tnode *)malloc(sizeof(Tnode));
            newdata->data=B[2*i];
            temp->lchild=newdata;
            pushN(2*i);
            pushP(newdata);
        }
    }
}
```

真题 22：霍夫曼树的定义（国内某知名网络公司 2013 年面试真题）

【考频】★★★★

若从二叉树的任一结点出发，到根的路径上所经过的结点序列按其关键字排序，则该二叉树一定是霍夫曼树，这种说法是否正确？

【真题分析】

考查最优二叉树，霍夫曼树的定义和基本性质。在权为 wl，w2，…，wn 的 n 个叶子所构成的所有二叉树中，带权路径长度最小（即代价最小）的二叉树称为最优二叉树或霍夫曼树。叶子上的权值均相同时，完全二叉树一定是最优二叉树，否则完全二叉树不一定是最优二叉树。最优二叉树中，权越大的叶子离根越近。最优二叉树的形态不唯一，WPL 最小。由定义知命题是错误的。

【参考答案】错误。

在数据通信中，用二进制给每个字符进行编码时不得不面对的一个问题是如何使电文总长最短且不产生二义性。霍夫曼树（Huffman Tree）可以用来解决这个问题。霍夫曼树是霍夫曼编码的基础，利用霍夫曼树可以构造霍夫曼编码。根据字符出现频率，利用霍夫曼树可以构造一种不等长的二进制编码，并且构造所得的霍夫曼编码是一种最优前缀编码，它可以使编码后的电文长度最短，且保证任何一个字符的编码都不是同一个字符集中另一个字符的编码的前缀。

霍夫曼首先给出了对于给定的叶子数目及其权值构造最优二叉树的方法，故称其为霍夫曼算法，基本思想是：

（1）根据给定的 n 个权值 wl，w2，…，wn 构成 n 棵二叉树的森林 F={T1，T2，…，Tn}，其中每棵二叉树 Ti 中都只有一个权值为 wi 的根结点，其左右子树均空。

（2）在森林 F 中选出两棵根结点权值最小的树（当这样的树不止两棵时，可以从中任选两棵），将这两棵树合并成一棵新树，为了保证新树仍是二叉树，需要增加一个新结点作为新树的根，并将所选的两棵树的根分别作为新根的左右孩子（谁左谁右无关紧要），将这两个孩子的权值之和作为新树根的权值。

（3）对新的森林 F 重复（2），直到森林 F 中只剩下一棵树为止。这棵树便是霍夫曼树。

注意：

初始森林中的 n 棵二叉树，每棵树有一个孤立的结点，它们既是根，又是叶子。

n 个叶子的霍夫曼树要经过 n-1 次合并，产生 n-1 个新结点。最终求得的霍夫曼树中共有 2n-1 个结点。

霍夫曼树是严格的二叉树，没有度数为 1 的分支结点。

面试官寄语

计算机科学家 Nikiklaus Wirth 曾提出一个著名的公式：数据结构+算法=程序。可见算法的重要性，脱离了算法的数据结构是不足以解决和处理问题的。本章所介绍的内容对于所有程序员来说都很有用。

对于计算机应用及程序设计相关方向的工程技术人员而言，数据结构和算法知识是处理实际问题的必备利器。

对于计算机相关方向的在校学生而言，数据结构和算法知识是深入学习本学科其他知识的必要保障。

对于热衷计算机技术或程序设计的业余爱好者而言，数据结构和算法知识是开拓思维、培养能力的必由之路。

第 14 章 高效快捷：效率问题

赵老师，能编代码的程序员不一定是合格的程序员，编写代码的同时也一定要提高代码的效率问题，好多面试题都会涉及效率问题，您能列举一些关于程序的效率问题吗？

确实是，低效的程序，不仅浪费时间而且还会带来不好的效果，提高程序的执行效率，是每个程序员都要加以重视的问题。提高效率的着眼点应该是减少执行次数、减少占用空间。但是要在满足正确性、可靠性、健壮性、可读性等质量因素的前提下，设法提高程序的效率。

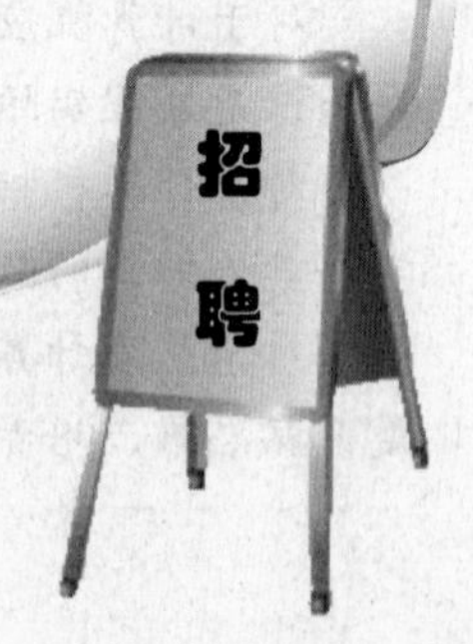

14.1　图

与树不同的是，图不再是体现分层特点的有根结构，它体现的是一种多对多的关系模型。图的结构性质作为图论研究的一个主要内容，具有重要的理论及应用价值，如：大规模集成电路的分析与设计，印刷电路板的设计与布线，传递网络和通信网络稳定性与可靠性研究等，这些问题都可以利用图来解决。

真题 1：图的概念（国内某知名软件公司 2013 年面试真题）

【考频】★★★★

以下关于图的叙述中，正确的是______。

A．图与树的区别在于图的边数大于或等于顶点数

B．假设有图 G=(V, {E})，顶点集 V'⊆V，E'⊆E，则 V'和{E'}构成 G 的子图

C．无向图的连通分量指无向图中的极大连通子图

D．图的遍历就是从图中某一顶点出发访遍图中其余顶点

【真题分析】

图可以有很多点而没有边，因此图的边数不一定要大于或等于顶点数，所以 A 不正确。如果 E'中的某一条边的两个顶点不在 V'中，则不能称 V'与 E'构成图，所以 B 也不正确。C 项中并不要求是极大连通子图。

【参考答案】D

图论研究的图是一种抽象的模型，它是事物及其相互之间联系的图形表示，不是日常的地理位置，本质上就是集合与集合中关系的图形表示。

图（Graph）——图 G 由两个集合 V(G)和 E(G)及它们二者之间的联系组成，记为 G=(V, E)，其中 V 是顶点的非空有限集，E 是边的有限集合，边是顶点的无序对或有序对。元素 V 称为顶点，元素 E 称为边，E 中的每一条边连接 V 中两个不同的顶点。

真题 2：无向图（国内某知名网络通信公司 2013 年面试真题）

【考频】★★★★

一个含有 n 个顶点和 e 条边的简单无向图，在其邻接矩阵存储结构中共有_____个零元素。

A．e　　B．$2e$　　C．n^2-e　　D．n^2-2e

【真题分析】

邻接矩阵反映顶点间邻接关系，设 $G=(V, E)$ 是具有 n（$n\geq1$）个顶点的

图，G 的邻接矩阵 M 是一个 n 行 n 列的矩阵，并有若（i，j）或<i，j>∈E，则 $M[i][j]=1$；否则，$M[i][j]=0$。

由邻接矩阵的定义可知，无向图的邻接矩阵是对称的，即图中的一条边对应邻接矩阵中的两个非零元素。因此，在一个含有 n 个顶点和 e 条边的简单无向图的邻接矩阵中共有 n^2-2e 个零元素。

【参考答案】D

真题 3：关键路径（国内某政府部门信息中心 2013 年面试真题）

【考频】★★★★

在活动图 14-1 中，结点表示项目中各个工作阶段的里程碑，连接各个结点的边表示活动，边上的数字表示活动持续的时间。在下面的活动图中，从 A 到 J 的关键路径是____(1)____，关键路径长度是____(2)____，从 E 开始的活动启动的最早时间是____(3)____。

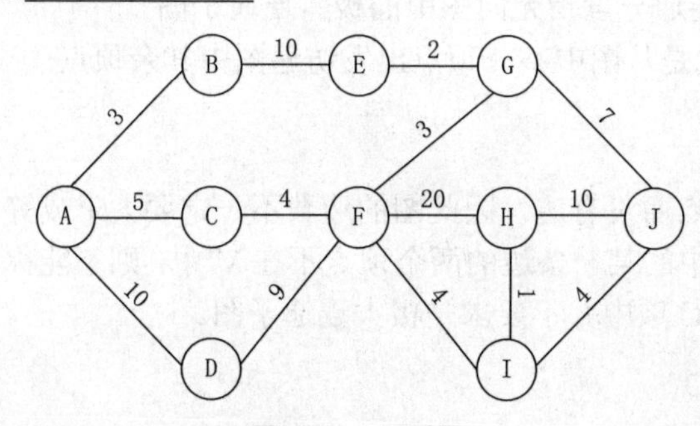

图 14-1　活动图

（1）A．ABEGJ　　B．ADFHJ　　C．ACFGJ　　D．ADFIJ
（2）A．22　　B．49　　C．19　　D．35
（3）A．10　　B．12　　C．13　　D．15

【真题分析】

根据题意可知，这是一个 AOE 网，可能是出题者忘记在边上加上箭头了，但这不影响做题。关键路径就是从源点到汇点权和最大的那条路径，显然 ADFHJ 是关键路径，长为 49。

某活动的最早开始时间是从源点到该活动对应点的最长路径的长度，显然 E 启动的最早时间是 3+10=13。

【参考答案】（1）B　　（2）B　　（3）C

真题 4：拓扑排序（国内某知名硬件公司 2013 年面试真题）

【考频】★★★★

图 14-2 中有向图的所有拓扑序列有________个。

A.4　　B.5　　C.6　　D.7

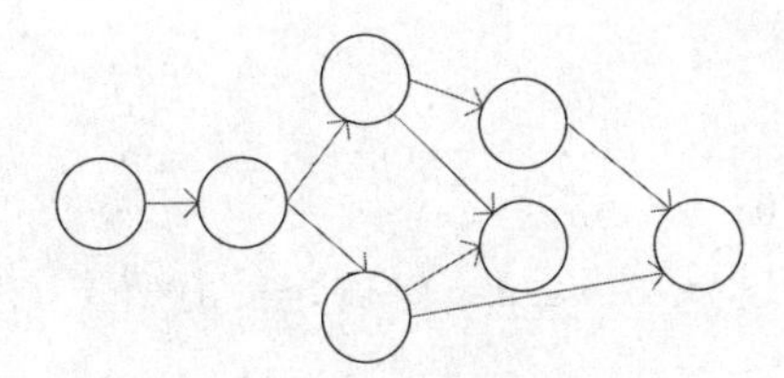

图 14-2　有向图

【真题分析】

首先有向图中有且仅有点 A 的入度为零，输出顶点 A 并删除所有点 1 发出的有向边。剩下的网络中有且仅有点 B 的入度为零，输出顶点 B 并删除所有点 B 发出的有向边。在剩下的由点 C、D、E、F、G 形成的网络中，点 3 和点 D 的入度均为 0，此时，分为两种情况来考虑，即先输出点 C 以及先输出点 D 的情况。当选择先输出点 C 时，剩下的点中点 D 和点 G 的入度又均为 0，于是又可分为先输出 D 以及先输出 G 的情况；当选择先输出点 D 时，剩下的点只有点 C 的入度为 0，输出点 C 后，剩下的 E 和 G 的入度又均为 0，又可分为两种情况。

于是根据上述的分析过程，可以得到如下 5 种不同的拓扑序列：ABCGDEF、ABCDEGF、ABCDGEF、ABDCGEF、ABDCEGF。

【参考答案】B

真题 5：简单路径（美国某知名硬件公司 2013 年面试真题）

【考频】★★★★

已知有向图和图中的两个结点 u 和 v，试编写算法求有向图中从 u 到 v 的所有简单路径。

【真题分析】

考查有向图简单路径概念和求法。由于简单路径上的结点不能重复，所以使用一个标记数组 mark 来标记出现在当前路径上的结点，mark[i]为 0 表示第 i 个结点没有出现在当前路径上，mark[i]为 1 则表示第 i 个结点在当前路径上已经出现了。此外，为了保留简单路径，我们使用了数组 ret 来记录简单路径上的结点。由于要求出所有的简单路径，采用递归的方法。

【参考答案】具体实现代码如下：

```
void func4(int u, int v, int depth, int** G, int[] mark, int[] ret)
{
    if (u == v) {
     printf("%d ", u);
        for (int i = 0; i < depth; i++)
            printf("%d ", ret[i]);
        printf("\n");
```

```
            return;
        }
        for (int i = 0; i < n; i++)
            if (G[u][i] > 0 && mark[i] == 0) {
                mark[i] = 1;
                ret[depth] = i;
                func4(i, v, depth + 1, G, mark, ret);
                mark[i] = 0;
            }
}
```

真题 6：图的广度优先遍历（中国台湾某知名硬件公司 2013 年面试真题）

【考频】★★★★

设计算法求距离顶点 V0 的最短路径长度（以弧长为单位）为 K 的所有顶点，要求尽可能节省时间。

【真题分析】

考查图算法的应用。由于要求距离顶点 V0 的最短路径长度为 K 的所有顶点，所以自然地想到可以用 Dijkstra 算法来求所有顶点到 V0 的最短路径，然后从中选取长度为 K 的顶点。这是一种可行的算法，但是它求解了一些不必要的最短路径。由于要求的只是长度为 K 的最短路径，所以考虑用广度优先搜索的方法从 V0 开始遍历图。

【参考答案】 假设图存放在邻接矩阵 g 当中，顶点数目为 n，程序如下：

```
void shortPath(int v, int k, int n, int ** g)
{
 Queue q;       //队列，有入队 enQueue，出队 deQueue，初始化队列 makeEmpty，
// 判断队列是否为空 isEmpty() 等函数
 int level = 0;   //记录广度优先遍历当前所扩展到的层数
 int* mark;     //记录每个结点到 V0 的最短距离，初始都为-1

 mark = new int[n];            //初始化过程
 for (int i = 0; i < n; i++)
     mark[i] = -1;
 q.makeEmpty();

 q.enQueue(v);  mark[v] = 0;
 while ( !q.isEmpty() )
 {
```

```
        int u = q.deQueue();
        if (mark[u] == level) level ++;
        if (level > k) {          //已经扩展到第k层，结束
            q.enQueue(u);
            break;
        }
        for (int i = 0; i < n; i++)
            if (mark[i] < 0 && g[u][i] > 0) {
                mark[i] = level;
                q.enQueue(i);
            }
    }
    if ( !q.isEmpty() ) {      //如果队列非空，队列里的元素都是符合要求的。
        while ( !q.isEmpty() )
        {
            int u = q.deQueue();
            printf("%d ", u);
        }
    }
    else printf("No vertex\n")
}
```

广度优先遍历也称为广度优先搜索，它是一个从起始点出发按照距离递增、逐层访问的方式来遍历图中各点的算法。广度优先搜索可以用来解决可达性问题。换句话说，执行广度优先搜索算法能够回答诸如从起始点出发能否到达目标点这样的问题。这是一个非常重要的应用，因为图中可能包含那些与其它顶点相隔离的顶点，这时就需要对图的连通性进行判定。

广度优先遍历算法以检测从初始点出发的每条边作为开始。当算法检测这些边的时候，新的顶点就会被发现。这些被发现的顶点将被放进一个队列中。然后按顺序检测每个被发现的顶点来决定是否有新的顶点与这些被发现的顶点相关联。

14.2　排序

排序就是要整理文件中的记录，使之按关键字递增（或递减）次序排列起来。当待排序记录的关键字均不相同时，排序结果是唯一的，否则排序结果不唯一。

在待排序的文件中，若存在多个关键字相同的记录，经过排序后这些具有相同关键字的记录之间的相对次序保持不变，该排序方法是稳定的；若具有相同关键字的记录之间的相对次序发生变化，则称这种排序方法是不稳定的。

要注意的是，排序算法的稳定性是针对所有输入实例而言的，即在所有可能的输入实例中，只要有一个实例使得算法不满足稳定性要求，则该排序算法就是不稳定的。

真题 7：快速排序（美国某知名硬件公司 2013 年面试真题）

【考频】★★★★★

快速排序算法采用的设计方法是_____。

A．动态规划法（Dynamic Programming）　　B．分治法（Divide and Conquer）

C．回溯法（Backtracking）　　D．分支定界法（Branch and Bound）

快速排序的基本思想是在无序集合中任选一个记录作为基准元素，以此元素为基准将当前无序区划分为前后两个较小的子区间，并使前面子区间所有记录的关键字均小于等于基准记录的关键字，后面的子区间所有记录的关键字均大于基准记录的关键字，而基准记录则位于其在最终有序序列的正确位置上，它无须参与后续的排序。然后再递归地对前后两部分子区间实施快速排序。从快速排序的基本思想可知，它采用了分治法。

【参考答案】B

快速排序采用了一种分治的策略，通常称其为分治法。其基本思想是将原问题分解为若干个规模更小但结构与原问题相似的子问题。递归地解决这些子问题，然后将这些子问题的解组合为原问题的解。

快速排序的具体过程如下。

第一步，在待排序的 n 个记录中任取一个记录，以该记录的排序码为准，将所有记录分成两组，第 1 组各记录的排序码都小于等于该排序码，第 2 组各记录的排序码都大于该排序码，并把该记录排在这两组中间。

第二步，采用同样的方法，对左边的组和右边的组进行排序，直到所有记录都排到相应的位置为止。

真题 8：多路归并排序（国内某知名网络搜索公司 2013 年面试真题）

【考频】★★★★

若对 27 个元素只进行三趟多路归并排序，则选取的归并路数为_____。

A. 2　　B. 3　　C. 4　　D. 5

【真题分析】

归并就是将两个或两个以上的有序表组合成一个新的有序表。本题有三趟归并，每次归并 X 个有序表，第一趟 27 个元素归并后，剩余 27/X 个表，归并 2 次后剩余 $27/X^2$ 个表，归并 3 次后剩余 $27/X^3$ 个表。这时候 $27/X^3=1$，求得 X=3。

【参考答案】B

真题 9：稳定排序（国内某知名软件公司 2013 年面试真题）

【考频】★★★★

若排序前后关键字相同的两个元素相对位置不变，则称该排序方法是稳定的。_____排序是稳定的。

A．归并　　B．快速　　C．希尔　　D．堆

【真题分析】

此题考查考生对稳定排序概念的理解。稳定排序算法是指在排序过程中两个排序关键字相同的元素，在排序的过程中位置不发生变化。即对数列 62，42，12，36，4，12，67 进行排序时，第一个 12 在排序完毕后要排在第二个 12 的前面，这就是稳定的排序。有些人可能会发出疑问，既然都是 12，为什么一定要保证它的顺序呢？举一个简单的例子，如果组织一次有奖答题活动，选手在电脑上答完题以后，就直接提交数据，最后按答题得分奖励前 100 名参赛选手，这样会出现一个问题，即如果同时有 10 个人并列第 100 名，而我们只能给一个人发奖，到底给谁发呢？最合理的判断标准是给先提交答案的人发奖，这样稳定排序就可以用上了。

以上的这些排序算法中，只有归并排序是稳定的，其他的都不稳定。

【参考答案】A

真题 10：内部排序（国内某知名网络安全公司 2013 年面试真题）

【考频】★★★★

对于具有 *n* 个元素的一个数据序列，若只需得到其中第 *k* 个元素之前的部分排序，最好采用<u>（1）</u>，使用分治（Divide and Conquer）策略的是<u>（2）</u>算法。

（1）A．希尔排序　　B．直接插入排序　　C．快速排序　　D．堆排序

（2）A．冒泡排序　　B．插入排序　　C．快速排序　　D．堆排序

【真题分析】

此题考的是常见内部排序算法思想。为了应对这样的考题，考生需要掌握各类排序算法思想。了解这些算法思想以后，解题就容易了。现在看题目具体要求，题目中“若只需得到其中第 *k* 个元素之前的部分排序”有歧义。例如，现在待排序列：

15　　8　　9　　2　　23　　69　　5

现要求得到其中第三个元素之前的部分排序。第一种理解：得到“15　8　9”

的排序；第二种理解：得到排序后序列“2 5 8 9 15 23 69”的“2 5 8 9”；得到排序后第三个元素之前的部分排序：即“2 5 8”。但综合题意，第一种理解可以排除，要达到第一种效果，只需将待排序列定为“15 8 9”即可。对于后两种理解，都只有堆最合适，因为希尔排序、直接插入排序和快速排序都不能实现部分排序。若要达到题目要求，只能把所有元素排序完成，再从结果集中把需要的数列截取出来，这样效率远远不及堆排序。所以第（1）空填D。第（2）空可以从快速排序基本思想得到答案，填C。

【参考答案】（1）D （2）C

真题11：希尔排序（美国某知名网络通信公司2013年面试真题）

【考频】★★★★

设有关键字序列（P，J，B，Z，P，A，L，T，Q，D，G，W），要求按照关键字值递增的次序进行排序，若采用初始步长为4的Shell排序法，则一趟扫描的结果为________，若采用以第一个元素为基准的快速排序法，则一趟扫描的结果为________。

【真题分析】

初始步长为4的希尔排序方法把该序列分成组内均相隔4个元素的4组，对于每组进行排序；快速排序是以P为基准的，从两端到中间遍历并交换，使最后P左边的元素均小于P，P右边的元素均大于P。

【参考答案】

P，A，B，T，P，D，G，W，Q，J，L，Z

G，J，B，D，P，A，L，P，Q，T，Z，W

希尔排序又称为缩小增量排序，因D.L.Shell于1959年提出而得名。该算法是先取一个小于数据表中元素个数n的整数gap，并以此作为第一个间隔，将数据表分为gap个子序列，所有距离为gap的对象放在同一个子序列中。也就把数据表中的全部元素分成了gap个组。而所有距离为gap的倍数的记录会被放在同一个组中。分组确定后，就在每一个小组中分别进行直接插入排序。局部排序完成后就缩小间隔gap，并重复上述步骤，直至取到gap = 1时，完成最后一次直接插入排序。来简单地分析一下这个算法为什么会起作用。显然开始时间隔gap较大，因而各组中的数据量相对较小，因而至少在最开始的时候算法是非常快的。随着算法的进行，间隔gap的取值变得越来越小，因此子序列中元素个数也就越来越多，所以排序工作可能会变慢。但是由于前面已经完成了部分排序工作，因而在很大程度上减轻了后期的工作量，致使最终总体的排序速度还是比较快的。这就是“缩小增量排序”方法的设计原理所在。

真题 12：快速排序（国内某知名嵌入式公司 2013 年面试真题）

【考频】★★★★

请运用快速排序思想，设计递归算法实现求 n（n>1）个不同元素集合中第 i 小的元素。

【真题分析】

利用快速排序的方法就是每次选取序列的第一个值 k 作为枢值，然后将序列分成大于它的序列和小于它的序列，根据小于它序列的个数与 i 的关系判断是应该在大于 k 的序列继续递归还是小于它的序列继续递归。

【参考答案】程序算法如下：

```
int Partition(int *A,int low,int high)
{
    int key=A[low];
    while(low<high){
        while(low<high&&A[high]>=key) --high;
            swap(A[low],A[high]);
        while(lw<high&&A[low]<=key) ++low;
            swap(A[low],A[high]);
        A[i]=key;
    return i;
}
int minI(int i,int *A,int m,int n)
{
    int p=Partition(A,m,n);
    if(p==i) return A[p];
    if(p>i) return minI(i,*A,m,p);
    if(p<i) return minI(i-p,*A,p,n);
}
```

数组分区、递归求解是快速排序算法的核心思想。如图 14-3 所示，数组的两个分区具有下面的属性，S1 分区的所有项都小于基准项 p，而 S2 分区的所有项都大于等于 p。这个属性并不表示数组已经完成排序，但说明一个事实，即选定基准元素后，虽然从位置 first 到 middle－1 的元素的相对位置可能会变化，但变化不会超过 middleElement。同样，选择基准元素后，虽然从位置 middle ＋ 1 到 last 的元素的相对位置可能变化，但依然在 middle＋1 到 last 的范围内。由于在最终的有序数组中，基准元素的位置保持不变，因此也可以将它称作基准项。

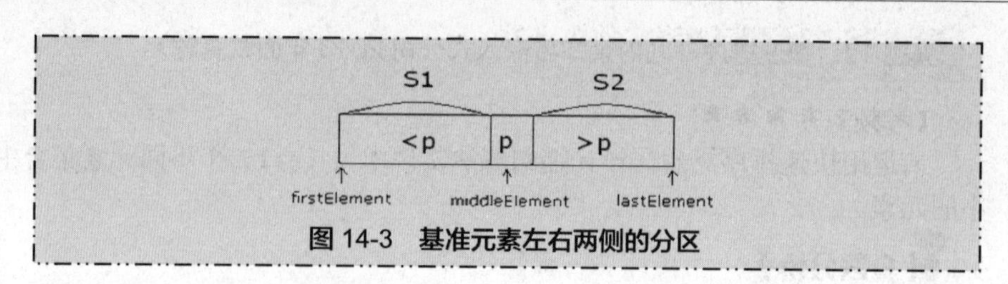

图 14-3　基准元素左右两侧的分区

14.3　查找

查找是指给定一个值 k，在含有 n 个结点的表中找出关键字等于给定值 k 的结点。若找到，则查找成功，返回该结点的信息或该结点在表中的位置；否则查找失败，返回相关的指示信息。若在查找的同时对表做修改操作（如插入和删除），则相应的表称之为动态查找表，否则称之为静态查找表。

真题 13：存储结构（国内某知名软件公司 2013 年面试真题）

【考频】 ★★★★

______的特点是数据结构中元素的存储地址与其关键字之间存在某种映射关系。

A．树形存储结构　　B．链式存储结构

C．索引存储结构　　D．散列存储结构

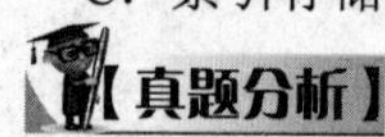

很显然，这是散列存储结构。散列存储结构将结点按其关键字的散列地址存储到散列表中。常用的散列函数有除余法、基数转换法、平方取中法、折叠法、移位法和随机数法等。

D

真题 14：顺序查找（国内某知名搜索公司 2013 年面试真题）

【考频】 ★★★★

设顺序存储的某线性表共有 123 个元素，按分块查找的要求等分为 3 块。若对索引表采用顺序查找方法来确定子块，且在确定的子块中也采用顺序查找方法，则在等概率的情况下，分块查找的平均查找长度为______。

A．21　　B．23

C．41　　D．62

分块查找又称索引顺序查找。它是一种性能介于顺序查找和二分查找之间的查找方法。二分查找表由分块有序的线性表和索引表组成。表 $R[1,\cdots,n]$均分为 b

块，前 $b-1$ 块中结点个数为 $s=[n/b]$，第 b 块的结点数允许小于等于 s；每一块中的关键字不一定有序，但前一块中的最大关键字必须小于后一块中的最小关键字，即表是分块有序的。

抽取各块中的最大关键字及其起始位置构成一个索引表 ID[l,…,b]，即 ID[i]($1 \leqslant i \leqslant b$)中存放第 i 块的最大关键字及该块在表 R 中的起始位置。由于表 R 是分块有序的，所以索引表是一个递增有序表。

分块查找的基本思想是索引表是有序表，可采用二分查找或顺序查找，以确定待查的结点在哪一块。

由于块内无序，只能用顺序查找。分块查找是两次查找过程。整个查找过程的平均查找长度是两次查找的平均查找长度之和。如果以二分查找来确定块，则分块查找成功时的平均查找长度为 $ASL1 = \log_2(b+1)-1+(s+1)/2 \approx \log_2(n/s+1)+s/2$；如果以顺序查找确定块，分块查找成功时的平均查找长度为 $ASL2=(b+1)/2+(s+1)/2=(s^2+2s+n)/(2s)$。

在本题中，$n=123$，$b=3$，$s=41$，因此平均查找长度为(41*41+2*41+123)/(2*41) = 23。

【参考答案】 B

真题 15：哈希函数（国内某知名嵌入式公司 2013 年面试真题）

【考频】 ★★★★

已知一个线性表（16, 25, 35, 43, 51, 62, 87, 93），采用散列函数 H(Key)=Key mod 7 将元素散列到表长为 9 的散列表中。若采用线性探测的开放定址法解决冲突（顺序地探查可用存储单元），则构造的哈希表为＿（1）＿，在该散列表上进行等概率成功查找的平均查找长度为＿（2）＿（为确定记录在查找表中的位置，需和给定关键字值进行比较的次数的期望值称为查找算法在查找成功时的平均查找长度）。

（1）A.

0	1	2	3	4	5	6	7	8
35	43	16	51	25		62	87	93

B.

0	1	2	3	4	5	6	7	8
35	43	16	93	25	51	62	87	

C.

0	1	2	3	4	5	6	7	8
35	43	16	51	25	87	62	93	

D.

0	1	2	3	4	5	6	7	8
35	43	16	51	25	87	62		93

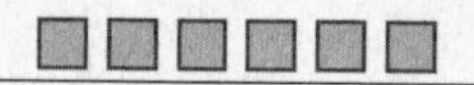

（2）A. (5*1+2+3+6) / 8　　B. (5*1+2+3+6) / 9　　C. (8*1) / 8　　D. (8*1) / 9

【真题分析】

本题考查数据结构的哈希函数，是常考的知识点。

根据设定的哈希函数 H(Key)和所选中的处理冲突的方法，将一组关键字映象到一个有限的、地址连续的地址集（区间）上，并以关键字在地址集中的“象”作为相应记录在表中的存储位置，这种表被称为哈希表，这一映象的过程被称为“散列”。已知散列函数 H(Key)=Key mod 7，且采用线性探测的开放定址法解决冲突。开放定址处理冲突的办法是，设法为发生冲突的关键字找到哈希表中另一个尚未被记录占用的位置。令

H_i=(Hash(key)+d_i) MOD m　i=1，2，…，s(s<=m)

上式的含义是，已知哈希表的表长为 m（即哈希表中可用地址为：0～m-1），若对于某个关键字 key，哈希表中地址为 Hash(key) 的位置已被占用，则为该关键字试探下一个地址 H_1=(Hash(key)+d_1) MOD m，若也已被占用，则试探再下一个地址 H_2=(Hash(key)+d_2) MOD m，…，依次类推，直至找到一个地址 H_3=(Hash(key)+d_3) MOD m 未被占用为止。即 H_i 是为解决冲突生成的一个地址序列，其值取决于设定“增量序列 di”。d_i= 1,2,3,…,m-1，这种处理冲突的方法称为“线性探测再散列”。

例如，当插入关键字 23(Hash(23)=1)时，出现冲突现象，取增量 d_1=1，求得处理冲突后的哈希地址为 2(1+1)；又如，在插入关键字 36(Hash(36)=3)时，因哈希表中地址为 3,4,5 和 6 的位置均已存放记录，因此取增量 d_4=4，即处理冲突后的哈希地址为 7 (3+4)。

本题中，首先表长为 9 的散列表为空，

（1）取第 1 个元素 16，H16=16 mod 7=2；第 2 个单元为空，则将 16 加入到散列表的 2 号单元，如图 14-4 所示。

0	1	2	3	4	5	6	7	8
		16						

图 14-4　第 1 步

（2）取第 2 个元素 25，H25=25 mod 7=4；第 4 个单元为空，则将 25 加入到散列表的 4 号单元，如图 14-5 所示。

0	1	2	3	4	5	6	7	8
		16		25				

图 14-5　第 2 步

（3）取第 3 个元素 35，H35=35 mod 7=0；第 0 个单元为空，则将 35 加入到散列表的 0 号单元，如图 14-6 所示。

0	1	2	3	4	5	6	7	8
35		16		25				

图 14-6　第 3 步

（4）取第 4 个元素 43，H43=43 mod 7=1；第 1 个单元为空，则将 43 加入到散列表的 1 号单元，如图 14-7 所示。

0	1	2	3	4	5	6	7	8
35	43	16		25				

图 14-7　第 4 步

（5）取第 5 个元素 51，H51=51mod 7=2；第 2 个单元不为空，此时要进行第一次线性探测，即：H51=（51+1）mod 7=3；第 3 个单元为空，则将 51 加入到散列表的 3 号单元，如图 14-8 所示。

0	1	2	3	4	5	6	7	8
35	43	16	51	25				

图 14-8　第 5 步

此时可以发现 B 答案不正确。

（6）取第 6 个元素 62，H62=62mod 7=6；第 6 个单元为空，则将 62 加入到散列表的 6 号单元，如图 14-9 所示。

0	1	2	3	4	5	6	7	8
35	43	16	51	25		62		

图 14-9　第 6 步

（7）取第 7 个元素 87，H87=87mod7=3；第 3 个单元不为空，此时要进行第一次线性探测，即：H87=（87+1）mod 7=4；第 4 个单元也不为空，此时要进行第二次线性探测，即：H87=（87+2）mod 7=5；第 5 个单元为空，则将 87 加入到散列表的 5 号单元，如图 14-10 所示。

0	1	2	3	4	5	6	7	8
35	43	16	51	25	87	62		

图 14-10 第 7 步

此时可以发现 A 答案不正确。

（8）取第 8 个元素 93，H93=93mod7=2；第 2 个单元不为空，此时要进行第 1 次线性探测，即：H93=（93+1）mod 7=3；而第 3、4、5、6 个单元也都不为空，直到第 5 次线性探测，即：H93=（93+5）mod 7=7；第 7 个单元为空，则将 93 加入到散列表的 7 号单元，如图 14-11 所示。

0	1	2	3	4	5	6	7	8
35	43	16	51	25	87	62	93	

图 14-11　第 8 步

【参考答案】（1）C　（2）A

真题 16：折半查找（中国台湾某知名硬件公司 2013 年面试真题）

【考频】★★★★

某一维数组中依次存放了数据元素 12，23，30，38，41，52，54，76，85，在用折半（二分）查找方法（向上取整）查找元素 54 时，所经历“比较”运算的数据元素依次为<u>（62）</u>。

A. 41，52，54　　B. 41，76，54

C. 41，76，52，54　　D. 41，30，76，54

【真题分析】

折半查找是将数列按有序化（递增或递减）排列，查找过程中采用跳跃式方式查找，即先以有序数列的中点位置为比较对象，如果要找的元素值小于该中点元素，则将待查序列缩小为左半部分，否则为右半部分。通过一次比较，将查找区间缩小一半。所以在题目所述序列中查找元素 54，首先应与中间元素 41 进行比较，41 与 54 不相等，继续查找。查找区间缩小为：52、54、76、85。在此区间查找时，会遇到一个问题，即中间的数有两个：靠前的“54”和靠后的“76”，那么选择谁呢？其实这两种选法都是可以的，但要注意一个问题，若本次取的靠前数，则以后的选择应与本次保持一致，也为靠前数。所以此时的答案分支有两种：

第一种：取靠前数，这样 54 与 54 比较，相等，完成任务，此时所经历比较运算数据元素有：41，54。

第二种：取靠后数，此时 76 与 54 比较，不相等，所以继续查找。查找区间缩小为：52、54，此时取 54 与 54 比较，相等，完成任务，此时所经历的比较运算数据元素有：41、76、54。

综合以上分析可知试题采用的选取元素方式是“取靠后数”，答案为 B。

【参考答案】B

真题 17：二叉搜索树（国内某知名硬件公司 2013 年面试真题）

【考频】★★★★

在一棵表示有序集 S 的二叉搜索树（binary search tree）中，任意一条从根到叶结点的路径将 S 分为 3 部分：在该路径左边结点中的元素组成的集合 S1；在该路径上的结点中的元素组成的集合 S2；在该路径右边结点中的元素组成的集合 S3。即有 S＝S1∪S2∪S3。若对于任意的 a∈S1，b∈S2，c∈S3，是否总有 a<=b<=c，为什么？

【真题分析】

为了使读者可以深入理解这个问题，先举一个反例说明题中所描述的是不成立的。如题中所说，属于 b 的元素为从根到叶结点的路径，不妨假设该二叉搜索树的搜索过程和折半查找的过程相同（这个算是很平衡的二叉树查找了），如果要找第一个结点，则需要查找 $\log_2 n$ 次，这个时候的 S1 为空，S2 为查找过的 $\log_2 n$ 个元素，当然，剩下的元素就全在 c 中了。但是 c 中的元素不能保证都比中间的元素大，这样就说明题目所述错误。

【参考答案】 按照 S1，S2 和 S3 的划分，分如下 3 种情况来讨论：

① 对于任意的 a∈S1，b∈S2，在 S2 中一定可以找到 a 的最近祖先，记为 pa，a 在 pa 的左子树中，有如下 3 种情况。

- b=pa，那么有 a<=pa<=b。
- pa 在 b 的左子树中，那么有 a<=pa<=b。
- pa 在 b 的右子树中，那么有 a 也在 b 的右子树上，所以此时 a>=b；结论不成立。

② 对于任意的 b∈S2，c∈S3 也有对称的结论。

③ 对于任意的 a∈S1，c∈S3，设 pa 和 pc 分别是 S2 中 a、c 的最近祖先，则 a 在 pa 的左子树中，c 在 pc 的右子树中，有如下两种情况：

- pc 在 pa 的右子树中，那么 a<=pa<=pc<=c，即有 a<=c。
- pa 在 pc 的左子树中，那么 a<=pa<=pc<=c，即有 a<=c。

综上，并不是对于任意的 a∈S1，b∈S2，c∈S3，总有 a<=b<=c。

14.4　效率与复杂度

一个算法执行所耗费的时间，从理论上是不能算出来的，必须上机运行测试才能知道。但我们不可能也没有必要对每个算法都上机测试，只需知道哪个算法花费的时间多，哪个算法花费的时间少就可以了。并且一个算法花费的时间与算法中语句的执行次数成正比例，哪个算法中语句执行次数多，花费时间就多。一个算法中的语句执行次数称为语句频度或时间频度，记为 T(n)。算法的时间复杂度是指执行算法所需要的计算工作量。

与时间复杂度类似，空间复杂度是指算法在计算机内执行时所需存储空间的度量。记作：S(n)=O(f(n))

算法执行期间所需要的存储空间包括 3 个部分：

① 算法程序所占的空间。

② 输入的初始数据所占的存储空间。

③ 算法执行过程中所需要的额外空间。

在许多实际问题中，为了减少算法所占的存储空间，通常采用压缩存储技术。

真题 18：空间复杂度（国内某政府部门信息中心 2013 年面试真题）

【考频】★★★★

在二叉树的顺序存储中，每个结点的存储位置与其父结点、左右子树结点的位置都存在一个简单的映射关系，因此可与三叉链表对应。若某二叉树共有 n 个结点，采用三叉链表存储时，每个结点的数据域需要 d 个字节，每个指针域占用 4 个字节，若采用顺序存储，则最后一个结点下标为 k（起始下标为 1），那么______时采用顺序存储更节省空间。

A. $d < \frac{12n}{k-n}$　　B. $d \text{ ţ } \frac{12n}{k \updownarrow n}$

C. $d < \frac{12n}{k+n}$　　D. $d < \frac{12n}{k+n}$

【真题分析】

题目中提到了使用两种方法来存储二叉树，要知道采用哪种存储结构比较省空间，就要求出两种不同存储方式所消耗的额外空间是多少，用指针存储很显然额外空间消耗来自于存储指针，由于共有 n 个结点，每个结点有 3 个指针，每个指针占 4 个字节，所以存 n 个结点要消耗 4*3*n 个字节的空间。而顺序存储的额外空间消耗来自于空闲空间。下面来看，什么是“空闲”空间。通常情况下顺序存储二叉树如图 14-12 所示。

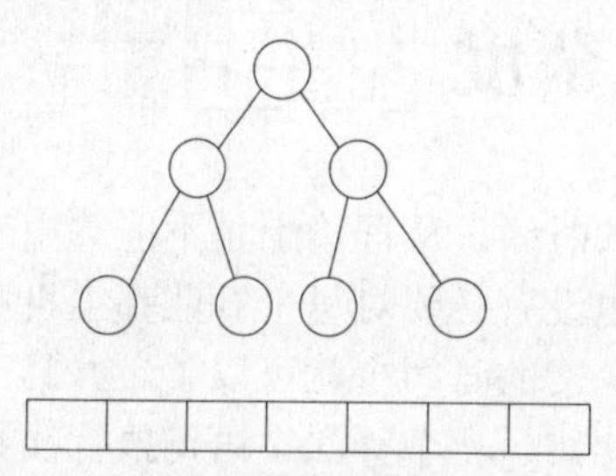

图 14-12　二叉树顺序存储示意图（一）

按层次遍历一棵满树，把这个顺序作为存储顺序。这样，当一棵树不是满树的时候，就产生了空间浪费，如图 14-13 所示。

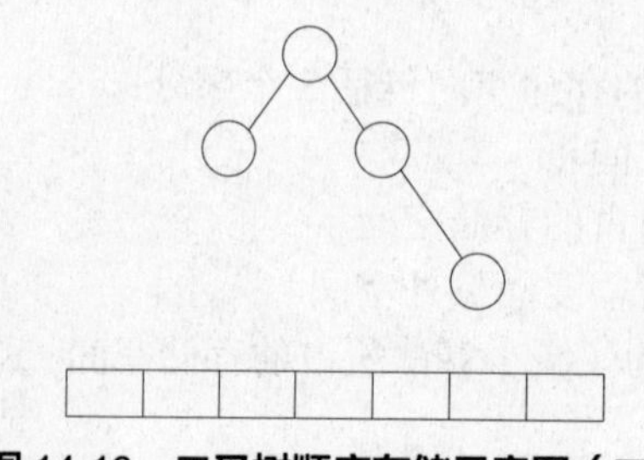

图 14-13　二叉树顺序存储示意图（二）

这种情况下，空间的浪费数量，可以用二叉树所占空间总数减去结点数再乘上每个空间大小来计算，在此题中为(k-n)*d，只有当顺序存储时所消耗的额外空间比链式存储的少时，顺序存储才会更省空间，所以有(k-n)*d<12n，从而

$$d < \frac{12n}{k-n}$$。

【参考答案】A

真题 19：时间复杂度（国内某知名购物网站 2013 年面试真题）

【考频】★★★★

______在其最好情况下的算法时间复杂度为 $O(n)$。

A．插入排序　　B．归并排序　C．快速排序　D．堆排序

【真题分析】

表 14-1 是对常用排序算法的最好时间复杂度、最坏时间复杂度、平均时间复杂度，以及所需辅助空间进行的总结，这些都是需要掌握的，很多面试题都会出现。

表 14-1　排序算法时间复杂度表

排序方法	最好情况	平均时间	最坏情况	辅助空间	稳定性
直接插入排序	$O(n)$	$O(n^2)$	$O(n^2)$	$O(1)$	√
简单选择排序	$O(n^2)$	$O(n^2)$	$O(n^2)$	$O(1)$	√
冒泡排序	$O(n)$	$O(n^2)$	$O(n^2)$	$O(1)$	√
快速排序	$O(n\log_2^n)$	$O(n\log_2^n)$	$O(n^2)$	$O(\log_2^n)$	×
堆排序	$O(n\log_2^n)$	$O(n\log_2^n)$	$O(n\log_2^n)$	$O(1)$	×
归并排序	$O(n\log_2^n)$	$O(n\log_2^n)$	$O(n\log_2^n)$	$O(n)$	√
基数排序	$O(d(n+rd))$	$O(d(n+rd))$	$O(d(n+rd))$	$O(rd)$	√

注：rd 称为基数，基数的选择和关键字的分解因关键字的类型而异。

从表中可以看出，在最好情况下，算法时间复杂度为 $O(n)$的排序算法有直接插入排序法和冒泡排序法。所以答案为 A。

【参考答案】A

真题 20：快速排序时间复杂度（国内某知名网络安全公司 2013 年面试真题）

【考频】★★★★

若总是以待排序列的第一个元素作为基准元素进行快速排序，那么最好情况下的时间复杂度为_____。

A. $O(\log_2 n)$　　　　B. $O(n)$

C. $O(n\log_2 n)$　　　　D. $O(n^2)$

【真题分析】

本题考查数据结构中的快速排序，是面试中常考的知识点。

快速排序基本思路：通过一次分割，将无序序列分成两部分，其中一部分的元素值均不大于后一部分的元素值。然后用同样的方法对每一部分进行分割，一直到每一个子序列的长度小于或等于 1 为止。快速排序的实现基于分治法。

快速排序算法在最坏的情况下运行时间为 $O(n^2)$，但由于平均运行时间为 $O(n\log n)$，并且在内存使用、程序实现复杂性上表现优秀，尤其是对快速排序算法进行随机化的可能，使得快速排序在一般情况下是最实用的排序方法之一。快速排序被认为是当前最优秀的内部排序方法。

若总是以待排序列的第一个元素作为基准元素进行快速排序，情况如下：

待排序序列：23　45　12　28　56　36　83 。以第一个数 23 为基准进行第一次分割，得

第一次结果：[12] 23 [45　28　56　36　83] 。第二次选基准为 12 和 45，进行第二次分割，

第二次结果：12 23 [28　36]　45　[56　83] 。……

选择这种方法，最好的情况就是第一个元素为中间值，那么最好的时间复杂度就为 $O(n\log_2 n)$，所以本题的正确答案为 C。

【参考答案】C

真题 21：时间复杂度（国内某知名网络通信公司 2013 年面试真题）

【考频】★★★★

若仅需知道某数据量很大序列中前 i 个最大或最小者，不要求完全排序，试给出一种较快速的解决方法。

【真题分析】

类似快速排序的思想。每次选取一个数据 j，并将序列调整为（小于 j 的元素，j，大于 j 的元素），根据数量需要考虑可以对大于 j 的元素（或者小于 j 的元素）进行递归调用，直到正好某个元素的左右划分是需要的。这个算法的最坏情况时间复杂度是 $O(n^2)$，最好情况是 $O(n)$，平摊分析下来也是 $O(n)$。

【参考答案】具体算法如下：

```
int a[100000];
void maxi(int *a,int i,int start, int end)
```

```
{
    int j=(start+end)/2,xx,yy,ss=start,ee=end;
    while(ee>ss)
    {
       while(ee>ss&&a[ss]<=a[j]) ss++;
       while(ee>ss&&a[ee]>a[j]) ee--;
       swap(a[ss],a[ee]);
    }
    if(end-ss+1-i==0) return null;
    if(end-ss+1-i>0) maxi(a,i,ss,end);
    else maxi(a,i-(end-ss+1),start,ee);
}
```

真题 22：时间与空间复杂度（国内某知名硬件公司 2013 年面试真题）

已知(a1,a2,⋯,an-1)是堆，编写程序，将(a1,a2,⋯,an)调整为堆，要求时间复杂度为 O(logn)，并写出算法思想。

【真题分析】

假设 a[i]为整型，并且(a1,a2,⋯,an-1)是最小堆。从底部开始调整，从 a[n]开始调整。对于 a[i]来说，它的父结点为 a[i / 2]，如果 a[i / 2] > a[i]的话，那么就应该把它们交换，并且从 i/2 开始继续向上调整。

【参考答案】具体算法如下：

```
void adjust(int *a, int n)
{
 int i = n;
 int tmp = a[n];
 while ( i > 1 ){
     int j = i / 2;
     if (a[j] > a[i])
         a[i] = a[j];
     else break;
     i = j;
 }
 a[i] = tmp;
}
```

时间复杂度为 O(logn)，n 为堆中元素个数；空间复杂度为 O(1)。

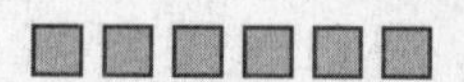

面试官寄语

程序效率，是用执行的步骤数（时间复杂度）、占内存的多少（空间复杂度）来衡量的，完成某项工作，执行的步骤的次数最少、占用内存最小是程序员所追求的。特别是嵌入式系统的开发，内存等资源都是有限的。时间效率和空间效率可能对立，此时应当分析哪个更重要，作出适当的折中。一般来讲，在空间允许的时候，会花费空间换取时间效率的大幅提升；当空间受限，即时间效率和空间对立的时候，根据需要，在两者之间作出适当折中。

第3部分

操作系统、数据库和网络篇

操作系统、数据库和网络方面的知识考核在程序员面试题中也经常出现，尤其是一些网络公司、互联网公司、硬件公司、通信公司的面试，对于这三方面的知识要求很高，而且考题占的比例也不小，如果有意向应聘上述类型的公司，一定要牢固掌握操作系统、数据库和网络方面的知识。

第 15 章 深入腹地：操作系统

赵老师，我面试了几家公司，他们的面试题都涉及操作系统方面的知识，对于这方面的考核有哪些重点知识需要掌握？

操作系统方面的知识对于程序员来说要十分了解，因为操作系统的知识与编写程序息息相关。操作系统是用户和计算机的接口，同时也是计算机硬件和其他软件的接口。操作系统的功能包括管理计算机系统的硬件、软件及数据资源，控制程序运行，改善人机界面，为其他应用软件提供支持等，使计算机系统所有资源最大限度地发挥作用，提供了各种形式的用户界面，使用户有一个好的工作环境，为其他软件的开发提供必要的服务和相应的接口。只有充分掌握了操作系统方面的知识，才能成为一名合格的程序员。

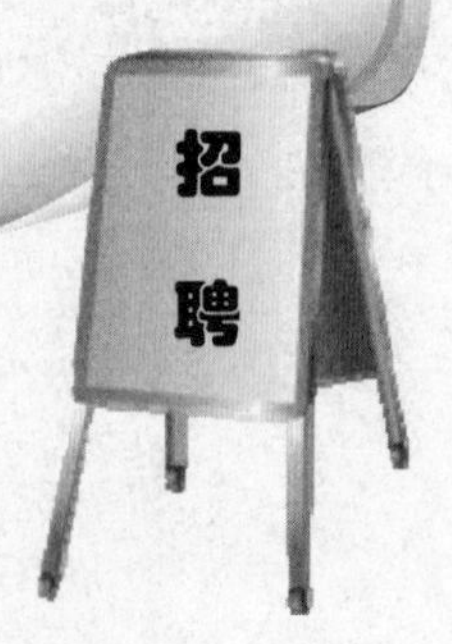

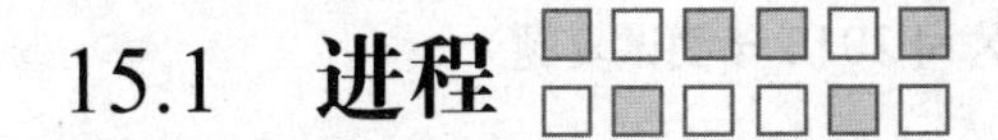

15.1　进程

进程是可以与其他程序并发执行的一道程序，是系统进行资源分配和调度的基本单位。进程是一个程序关于某个数据集的一次运行。也就是说，进程是运行中的程序，是程序的一次运行活动。相对于程序，进程是一个动态的概念，而程序是静态的概念，是指令的集合。因此，进程具有动态性和并发性。

真题 1：进程的定义（某知名搜索公司 2013 年面试真题）

【考频】★★★★★

何为进程？系统为了控制进程的运行，都要保护什么？

【真题分析】

考查进程的定义和进程的 PCB。

【参考答案】进程是可并发执行的程序在一个数据集合上的运行过程，是系统进行资源分配和调度的一个独立单位。

进程由多个程序并发执行，各程序需要轮流使用 CPU。为了控制进程的运行，当某程序不在 CPU 上运行时，必须保留其被中断的程序的现场，包括断点地址、程序状态字、通用寄存器的内容、堆栈内容、程序当前状态、程序的大小、运行时间等信息，以便程序再次获得 CPU 时，能够正确执行。为了保存这些内容，需要建立一个专用数据结构，我们称这个数据结构为进程控制块 PCB（Process Control Block）。

20 世纪 60 年代中期 MULTICS 系统的设计者和以 E.W.Dijkstra 为首的 T.H.E 系统的设计者开始广泛使用“进程（process）”这一新概念来描述系统和用户的程序活动。进程是现代操作系统中的一个最基本也是最重要的概念，掌握这个概念对于理解操作系统实质，分析、设计操作系统都有着非常重要的意义。但是，迄今为止，对这一概念尚无一个非常确切的、令人满意的、统一的定义，不同的人，站在不同的角度，对进程进行了不同的描述，下面列举几个操作系统的权威人士对“进程”所下的定义：

行为的一个规则叫作程序，程序在 CPU 上执行时所发生的活动称为进程（Dijkstra）。

一个进程是一系列逐一执行的操作，而操作的确切含义则有赖于我们以何种详尽程度来描述进程（Brinch.Hansen）。

进程可以与别的程序并发执行（Madniek and Donovan）。

顺序进程（有时称为任务）是一个程序与其数据集一道顺序通过 CPU 的执行所发生的活动（Alan C.Shaw）。

一个进程是由伪 CPU 执行的一个程序（J.H.Saltzer）。

真题 2：进程控制块（国内某知名网络公司 2013 年面试真题）

【考频】★★★★★

操作系统通过______管理计算机系统内的进程。

A. 进程控制块　　B. 程序　　C. FCB　　D. 作业控制块

考查进程控制块的作用。为了便于系统控制和描述进程的基本情况以及进程的活动过程，在操作系统中为进程定义了一个专门的数据结构，称为进程控制块（Process Control Block，PCB）。系统为每一个进程设置一个 PCB，它是进程存在与否的唯一标志。当系统创建一个进程时，系统为其建立一个 PCB；然后利用 PCB 对进程进行控制和管理；当进程被撤销时，系统收回它的 PCB，随之该进程也就消亡了。

【参考答案】A

真题 3：子进程（国内某知名嵌入式公司 2013 年面试真题）

【考频】★★★★★

父进程创建子进程是否等价于主进程调用子程序？为什么？

【真题分析】

一个进程可以使用创建原语创建一个新的进程，前者称为父进程，后者称为子进程，子进程又可以创建新的子进程，从而使整个系统形成一个树型结构的进程家族。

创建一个进程的主要任务是建立 PCB。具体操作过程是：先申请一个空闲 PCB 区域，将有关信息填入 PCB，置该进程为就绪状态，最后把它插入就绪队列中。

【参考答案】父进程创建子进程与主进程调用子程序是完全不同的。前者要创建一个进程控制块，并将有关信息填入 PCB，将该进程标志为就绪状态，最后把它插入就绪队列。

真题 4：进程并发执行（国内某知名移动通信公司 2013 年面试真题）

【考频】★★★★★

下面两个并发执行的进程：

```
#include <sys.h>
int x;
void process_one()
{
 int y, z;
 x=1;
```

```
y=0;
if(x>=1)
    y=y+1;
z=y;
return (z);
}

void process_two()
{
int y, z;
x=0;
y=0;
if(x<=1)
    y=y+2;
z=y;
return (z);
}
```

请问：

（1）它们能正确运行吗？

（2）若能运行则解释之，若不能运行则举例说明并改正之。

【真题分析】

本题考查进程并发执行的特征。该题中，x 是临界资源，process_one 和 process_two 对其进行访问，如果不采用某种措施来保证这两个进程对 x 的互斥访问，访问的结果很有可能是错误的。例如，在 process_one 将 x 置为 1 后，发生进程调度，process_two 又将 x 置为 0，无法保证 x 的值始终是正确的。

【参考答案】

（1）这两个进程不能正常运行。

（2）举例如下：

假设 process_one 首先运行，x 被赋值为 1，在 if 语句执行后，发生进程切换，导致 x 被重新赋值为 0，进而 y=y+2，产生了错误的 y 值。

为了解决这个问题，必须采用某种方法保证对共享变量 x 这种临界资源的互斥访问，典型的方法就是采用 P，V 操作。修改后的程序如下：

```
#include <sys.h>
semaphore mutex=1;
int x;
void process_one()
```

```
{
 int y, z;
P(mutex);
 x=1;
 y=0;
 if(x>=1)
     y=y+1;
 z=y;
 V(mutex);
 return (z);
}

void process_two()
{
 int y, z;
 P(mutex);
 x=0;
 y=0;
 if(x<=1)
     y=y+2;
 z=y;
 V(mutex);
 return (z);
}
```

真题 5：进程调度（中国台湾某知名硬件公司 2012 年面试真题）

【考频】 ★★★★

设某计算机有一块 CPU、一台输入设备、一台打印机。现在有两个进程同时进入就绪状态，且进程 A 先得到 CPU 运行，进程 B 后运行。进程 A 的运行轨迹为：计算 50ms，打印信息 100ms，再计算 50ms，打印信息 100ms，结束。进程 B 的运行轨迹为：计算 50ms，输入数据 80ms，再计算 100ms，结束。试画出它们的时序关系图（可以用 Gantt chart），并说明：

（1）开始运行后，CPU 有无空闲等待？若有，在哪段时间等待？并计算 CPU 的利用率。

（2）进程 A 运行有无等待现象？若有，在什么时候发生等待现象。

（3）进程 B 运行有无等待现象？若有，在什么时候发生等待现象。

【真题分析】

考查进程调度的过程。解决这类题目的关键在于画出进程运行的时序图，然后对其进行分析。要注意其中是否有抢占。CPU 是可以抢占的，但对于独占设备，例如打印机和输入设备，则是不可抢占的。

【参考答案】

进程 A 和 B 运行的时序图如图 15-1 所示。

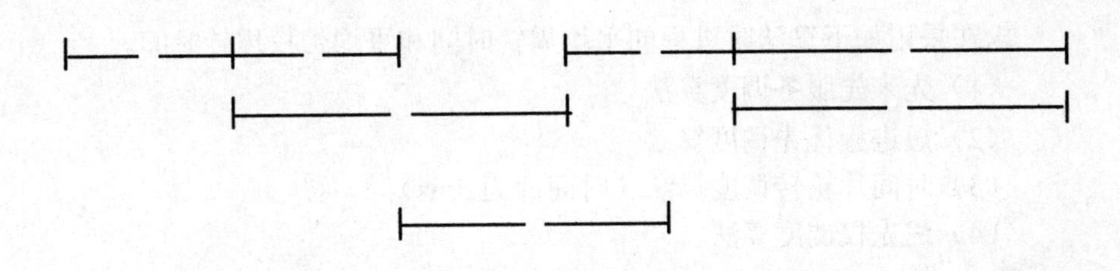

图 15-1 进程 A 和 B 运行的时序图

根据进程运行时序图，可知：

（1）开始运行后，CPU 有空闲，在 100ms 到 150ms 的时段空闲，CPU 利用率为：250/300*100%=83.3%

（2）进程 A 无等待现象。

（3）进程 B 有等待现象。它在 180～200ms 时等待 CPU。

进程调度即处理器调度（又称上下文转换），它由调度原语实现。进程调度的方式有两类：剥夺方式与非剥夺方式。所谓非剥夺方式是指一旦某个作业或进程占有了处理器，别的进程就不能把处理器从这个进程中夺走，直到该进程自己因调用原语操作而进入阻塞状态，或时间片用完而让出处理机。剥夺方式即就绪队列中一旦有进程优先级高于当前执行进程优先级时，便立即发生进程调度，转让处理机。

真题 6：调度算法（国内某知名软件公司 2013 年面试真题）

【考频】★★★★

表 15-1 列出了 5 个进程的执行时间和优先数，规定优先级数越小优先权越大，在某时刻这 5 个进程按照 P0、P1、P2、P3、P4 的顺序同时到达。

表 15-1 进程的执行时间和优先数

进程名	执行时间（ms）	优先数
P0	20	3
P1	15	1
P2	35	4
P3	25	2
P4	40	5

求在采用如下算法时进程的平均周转时间和平均带权周转时间。

（1）先来先服务调度算法

（2）短进程优先调度算法

（3）时间片轮转调度算法（时间片为 5ms）

（4）优先权调度算法

【真题分析】

在先进先出调度算法中，当处理器空闲时只要就绪队列中有进程，则进程调度就要按照预定的算法从就绪队列中选择可运行的进程。先来先服务算法是按照进程进入就绪队列的先后次序来选择可占用处理器运行的进程。所以，题中的 5 个进程将依次占用处理器运行。根据它们所需的处理器时间可计算出它们在就绪队列中的等待时间，按题中假定忽略进行调度所花时间，则第一个进程应立即被选中，它在就绪队列中的等待时间为 0；第二个进程要等第一个进程执行结束后才可占用处理器，因而要在就绪队列中等待 20ms，周转时间为（20+15）ms；于是，进程 P2、P3、P4 的周转时间分别为：（20+15+35）ms、（20+15+35+25）ms、（20+15+35+25+40）ms。带权周转时间=进程周转时间/实际需要执行时间。所以进程 P0、P1、P2、P3、P4 的周转时间分别是：1、35/15、70/35、95/25、135/25。

如果采用短进程优先调度算法，则系统首先选择短作业投入运行。在该题中，首先选择 P1 进程执行。所以，进程 P0、P1、P2、P3、P4 的周转时间为 15ms，（15+20）ms，（15+20+25）ms，（15+20+25+35）ms，（15+20+25+35+40）ms。由此可得带权周转时间为：1、35/20、60/25、95/25、135/25。

如果采用时间片轮转调度算法，则运行结果如图 15-2 所示。

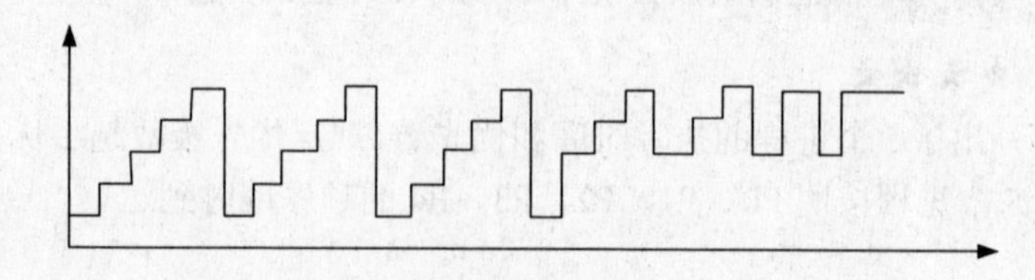

图 15-2 运行结果

可以看到，进程 P0 的周转时间为 80，进程 P1 的周转时间为 55，进程 P2 的周转时间为 125，进程 P3 的周转时间为 105，进程 P4 的周转时间为 135。

如果采用优先级调度算法，必须按优先级由高到低的顺序来选择可运行进程，对有相同优先级的进程再按先后顺序选择。根据题意，P1 的周转时间为 15ms，P3 的周转时间为（15+25）ms，P0 的周转时间为（15+25+20）ms，P2 的周转时间为（15+25+20+35）ms，P4 的周转时间为（15+25+20+35+40）ms。

【参考答案】

（1）先来先服务算法

平均周转时间为：（20+35+70+95+135）/5=71

平均带权周转时间为：（1+35/15+70/35+95/25+135/25）/5=2.906

（2）短进程优先调度算法

平均周转时间为：（15+35+60+95+135）/5=68

带权周转时间为：（1+35/20+60/25+95/25+135/25）=2.87

（3）时间片轮转调度算法

平均周转时间为：（80+55+125+105+135）/5=100

平均带权周转时间为：（80/20+55/15+125/35+105/25+135/40）/5=3.76

（4）优先权调度算法

平均周转时间为：（15+40+60+95+135）/5=69

平均带权周转时间为：（15/15+40/25+60/20+95/35+135/40）/5=2.337

真题 7：进程同步与互斥（国内某知名嵌入式公司 2013 年面试真题）

【考频】★★★★

若有一个仓库，可以存放 $P1$、$P2$ 两种产品，但是每次只能存放一种产品。要求：

①$w=P1$ 的数量 $-$ $P2$ 的数量

② $-i<w<k$（i，k 为正整数）

若用 $P-V$ 操作实现 $P1$ 和 $P2$ 产品的入库过程，至少需要<u>（1）</u>个同步信号量及<u>（2）</u>个互斥信号量，其中，同步信号量的初值分别为<u>（3）</u>，互斥信号量的初值分别为<u>（4）</u>。

（1）A. 0　　B. 1　　C. 2　　D. 3

（2）A. 0　　B. 1　　C. 2　　D. 3

（3）A. 0　　B. i，k，0　　C. i，k　　D. $i-1$，$k-1$

（4）A. 1　　B. 1，1　　C. 1，1，1　　D. i，k

【真题分析】

同步是指进程间共同完成一项任务时直接发生相互作用的关系，即具有伙伴关系的进程在执行时间次序上必须遵循的规律。互斥是指进程因竞争同一资源而相互制约。

同步和互斥可以这样理解，互斥是指在使用临界资源的时候，多个进程不能同时使用临界资源，如果进程 A 在使用，B 需要等待，待 A 用完之后，才能让 B 用。这种信号量的初值一般为 1，表示只有一个资源可用，如果已经有一个进程占用了这个资源，其他进程要使用，则须等待。同步是指进程间共同完成一项任务时直接发生相互作用的关系，即具有伙伴关系的进程在执行时间次序上必须遵循的规律。通俗一点说就是要步伐一致，即保证差距不是很远。例如 A 和 B，两人约定去 C 家里玩，不过 A 开车，B 骑自行车，他们的速度肯定是不一样的，他们同时出发，车 A 开一段距离，就停下来等 B，当 B 快追上 A 时，A 再开始前进，这就是一个同步的过程。

同步和互斥的思想引入到存货取货的进程 A、B 中，A 存货，B 取货。他们在同一个货仓作业，所以不能同时工作。要么 A 存货，要么 B 取货。这样他们之间就要设定一个互斥信号量，信号量初值为 1。假设货仓能存 n 件货物，光控制不让 A、B 同时在货仓工作是不够的，还要进行同步控制，当货仓装了 N 件货物之后，A 就不能再向货仓存货了，而要等到 B 取出一些货，才能再存入货物，这就是同步过程，是 A 在等 B 完成他的工作。

这一题最大的难点，是如何把题目中给出的两个式子，转化成为我们能够用上的条件。

题目中有说明：

（1）w=$P1$ 的数量 − $P2$ 的数量。

（2）$-i<w<k$

这样看条件很抽象，要把它们转化一下就清楚了。

$P1$ 的数量 − $P2$ 的数量 $<k$

$P2$ 的数量 − $P1$ 的数量 $<i$

也就是说：如果先不存 $P2$，则 $P1$ 的数量 $<k$，也就是说最多 $P1$ 可以存 k-1 个，就不能存了，要等到有 $P2$ 产品存入时，才能再次存入 $P1$ 产品；同样，如果先不存 $P1$，则 $P2$ 的数量 $<i$，也就是说最多 $P2$ 可以存 i-1 个，就不能存了，要等到有 $P1$ 产品存入时，才能再次存入 $P2$ 产品。有了这个关系，题目也就得出答案了，需要一个互斥信号量和两个同步信号量，互斥信号量的初值为 1，而同步信号量的初值为：$k-1$，$i-1$。

（1）C　　（2）B　　（3）D　　（4）A

进程互斥定义为，一组并发进程中一个或多个程序段，因共享某一公有资源而导致它们必须以一个不允许交叉执行的单位执行。也就是说，互斥要保证临界资源在某一时刻只被一个进程访问。

进程同步定义为，异步环境下的一组并发进程因直接制约而互相发送消息，进行互相合作、互相等待，使得各进程按一定的速度执行的过程称为进程同步。也就是说，进程之间是异步执行的，同步即是使各进程按一定的制约顺序和速度执行。

真题 8：线程调度（国内某知名移动通信公司 2013 年面试真题）

【考频】★★★★

一个线程是否可被时钟中断抢占？如果是，请说明在什么情况下可被抢占，否则请解释为什么。

【真题分析】

考查线程调度的相关知识。线程既然是进程中的一个执行体，是系统进行调度的独立单位，它就是一个动态的过程，因此，也就有生命周期，即由创建而产生，由调度而执行，由撤销而消亡。在线程的生命周期中，它总是从一种状态变迁到另一种状态。线程调度与进程调度类似，原则上讲，高优先级的线程比低优先级的线程有更多的运行机会，当低优先级的线程在运行时，被唤醒的或结束 I/O 等待的高优先级线程立即抢占 CPU 并开始运行，如果线程具有相同的优先级，则通过轮转来抢占 CPU 资源。在 Windows XP 中，采用的是基于优先级的抢占式多 CPU 调度策略。

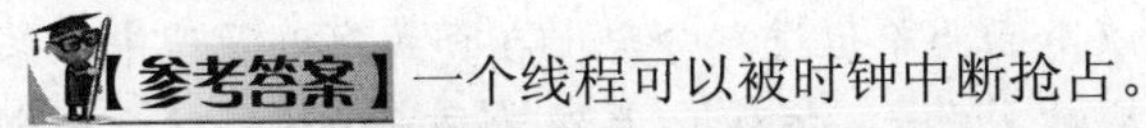

【参考答案】一个线程可以被时钟中断抢占。

真题 9：线程轮转调度（国内某知名网络公司 2012 年面试真题）

【考频】★★★★

假设 A 进程设置 100 个用户线程，调度以进程为单位进行，采用轮转调度算法 A 进程执行了 100 次，则每个用户线程最多执行了多少次（ ）

A. 100　　B. 10000　　C. 1　　D. 没有执行

【真题分析】

考查线程轮转调度的相关知识。在引入了线程的操作系统中，资源分配的单位仍然是进程。所以，在每次进程调度时，进程 A 中的每个线程都只被调用一次。

【参考答案】A

15.2 存储管理

存储管理的主要对象是内存，是除处理器外操作系统管理的最重要的资源，也是面试考核的重点。存储器是计算机系统的组成部分之一，包括超高速缓冲存储器、内存储器和外存储器三种类型。如何对它们实施有效的管理，不仅直接影响到存储器的利用率，而且还对系统性能有重大影响。

在多道程序环境中，存储管理的主要目的有两个：一是提高资源的利用率，尽量满足多个用户对内存的要求；二是能方便用户使用内存，使用户不必考虑作业具体放在内存哪块区域，如何实现正确运行等复杂问题。

真题 10：页式存储（国内某知名软件公司 2013 年面试真题）

【考频】 ★★★★

为满足 2^{64} 地址空间的作业运行，采用页式存储管理，假设页面为 4K，在页表中的每个表目需占 8 个字节，若满足系统的页式管理运行，则至少应采用多少级页表？

【真题分析】

考查页式存储管理系统中的多级页表。由题意，2^{64} 地址空间，页面为 4K，即 2^{12} 字节，页表项 8 字节，所以一个页面可以存放 2^{9} 个表项。由于最高层页表占 1 页，也就是说其页表项个数最多为 2^{9} 个。每一项对应 1 页，每页又可以存放 2^{9} 个表项，依次类推，采用的分页层数最多为（64/9）上取整=8。

【参考答案】 8

分页的基本思想是把程序的逻辑空间和内存的物理空间按照同样的大小划分成若干页面，以页面为单位进行分配。在页式存储管理中，系统中虚地址是一个有序对（页号，位移）。系统为每一个进程建立一个页表，其内容包括进程的逻辑页号与物理页号的对应关系、状态等。

真题 11：分区分配算法（国内某知名网络搜索公司 2013 年面试真题）

【考频】 ★★★★★

假设某计算机系统的内存大小为 256KB，在某一时刻内存的使用情况如图 15-3（a）所示。此时，若进程顺序请求 20KB、10KB 和 5KB 的存储空间，系统采用______算法为进程依次分配出的内存情况如图 15-3（b）所示。

起始地址	0KB	20KB	50KB	90KB	100KB	105KB	135KB	160KB	175KB	195KB	220KB
状态	已用	未用	已用	已用	未用	已用	未用	已用	未用	未用	已用
容量	20KB	30KB	40KB	10KB	5KB	30KB	25KB	15KB	20KB	25KB	36KB

（a）

起始地址	0KB	20KB	40KB	50KB	90KB	100KB	105KB	135KB	145KB	160KB	175KB	195KB	200KB	220KB
状态	已用	已用	未用	已用	已用	未用	已用	已用	未用	已用	未用	已用	未用	已用
容量	20KB	20KB	10KB	40KB	10KB	5KB	30KB	10KB	15KB	15KB	20KB	5KB	20KB	36KB

（b）

图 15-3　内存分配情况

A. 最佳适应　　B. 最差适应　　C. 首次适应　　D. 循环首次适应

【真题分析】

实存的可变式动态分区分配在作业执行前并不建立分区，而是在处理作业过程中按需要建分区。有以下几种分配算法。

（1）首次适应法：把内存中的可用分区单独组成可用分区表或可用分区自由链，按起始地址递增的次序排列。每次按递增次序向后找。一旦找到大于或等于所要求内存长度的分区，则结束探索，从找到的分区中找出所要求内存长度分配给用户，并把剩余的部分进行合并。

（2）循环适应法：首次适应法经常利用的是低地址空间，后面经常可能是较大的空白区，为使内存所有线性地址空间尽可能轮流使用到，每重新分配一次时，都在当前之后寻找。

（3）最佳适应法：从全部空闲区中找出能满足作业要求的且最小的空闲分区，这种方法能使碎片尽量小。为适应此算法，空闲分区表（空闲区链）中的空闲分区要按从小到大的顺序进行排序，自表头开始查找到第一个满足要求的自由分区分配。该算法保留大的空闲区，但会造成许多小的空闲区。

（4）最差适应法：分配时把一个作业程序放入主存中最不适合它的空白区，即最大的空白区（空闲区）内。

根据本题给出的两个表格，显然是最差适应法。

【参考答案】B

真题 12：快表（国内某知名网络搜索公司 2013 年面试真题）

【考频】★★★★

在页式系统中，其页表存放在内存中。

（1）如果对内存的一次存取需要 100μs，试问实现一次页面访问至少需要的存取时间是多少？

（2）如果系统有快表，快表的命中率为 80%，当页表项在快表中时，其查询快表的时间可以忽略不计，试问此时的存取时间是多少？

（3）采用快表后的存取时间比没有采用快表的存取时间下降了百分之几？

【真题分析】

考查在有无快表情况下查找时间。

在无快表情况下，需要两次访问内存才能得到页面。

在有快表的情况下，当某一用户程序需要存取数据时，根据该数据所在页号在快表中找出对应的物理块号，然后拼接页内地址，以形成物理地址；如果在快表中没有相应的页号，则地址映射仍然通过内存中的页表进行，得到物理块号后须将该物理块号填到快表的空闲单元中，若无空闲单元，则根据淘汰算法淘汰一行后填入。实际上查找快表和查找内存页表是并行进行的，一旦发现快表中有与所查页号一致的页号就停止查找内存页表。由于页表存储在主存中，所以当要按照给定的逻辑地址进行读/写时，需要两次访问内存，一次是根据页号访问页表，读出页表相应栏中的块号以便形成物理地址；

一是根据物理地址进行读/写操作。这样比通常执行指令的速度慢一倍。为了

提高存取速度，在地址变换机构中增设了一个具有并行查询能力的特殊高速缓冲存储器，称为“联想存储器”或“快表”。

【参考答案】

（1）实现一次页面访问至少需要的存取时间是 200μs。

（2）如果快表的命中率为此时的存取时间，计算如下：80%*（0+100）+（1－80%）*（100+100）=120μs。

（3）采用快表后的存取时间比没有采用快表的存取时间下降了：

（200－120）/200=40%

真题 13：磁盘（国内某知名嵌入式公司 2012 年面试真题）

【考频】★★★★

数据存储在磁盘上的排列方式会影响 I/O 服务的总时间。假设每磁道划分成 10 个物理块，每块存放 1 个逻辑记录。逻辑记录 R1，R2，…，R10 存放在同一个磁道上，记录的安排顺序如表 15-2 所示。

表 15-2　记录的安排顺序

物理块	1	2	3	4	5	6	7	8	9	10
逻辑记录	R1	R2	R3	R4	R5	R6	R7	R8	R9	R10

假定磁盘的旋转速度为 20ms/周，磁头当前处在 R1 的开始处。若系统顺序处理这些记录，使用单缓冲区，每个记录处理时间为 4ms，则处理这 10 个记录的最长时间为（1）；若对信息存储进行优化分布后，处理 10 个记录的最少时间为（2）。

（1）A.180ms　　B.200ms　　C.204ms　　D.220ms

（2）A.40ms　　B.60ms　　C.100ms　　D.160ms

【真题分析】

首先从磁盘的转速 20ms/周，可以知道，读取一条记录需要 2ms。值得注意的一点是，处理一条记录的前提，是将其读出来。所以处理第一条记录时，要先将其读取出来，再进行处理，所以处理 R1 所需时间为 2ms+4ms。当 R1 处理完时，磁头已经转到了 R4 的位置，此时要将其调整到 R2 的位置，需要经过 R5、R6、R7、R8、R9、R10、R1，这样要耗 16ms 的时间，再加上读取 R2 需要 2ms 以及处理数据的 4ms，R2 的总处理时间应为 22ms。所以 2+4+(16+2+4)*9=204ms。而优化后的排列顺序应为 R1、R8、R5、R2、R9、R6、R3、R10、R7、R4，这样的排列顺序刚好是处理完 R1，磁头就到了 R2 的位置，直接读取 R2，处理 R2，处理完 R2，磁头又到了 R3 的位置，依此类推，每条记录的读取及处理时间为 2ms+4ms=6ms，所以总时间为：(2+4)*10=60ms。

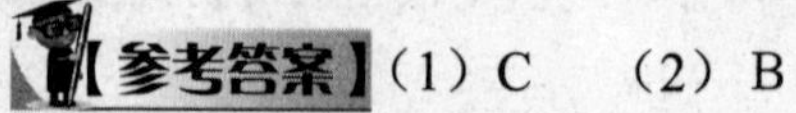

【参考答案】（1）C　（2）B

真题 14：位示图（国内某知名网络通信公司 2013 年面试真题）

【考频】★★★★

某文件管理系统在磁盘上建立了位示图（bitmap），记录磁盘的使用情况。若系统中字长为 32 位，磁盘上的物理块依次编号为：0、1、2、…，那么 8192 号物理块的使用情况在位示图中的第______个字中描述。

A. 256　　B. 257　　C. 512　　D. 1024

位示图是利用二进制的一位来表示文件存储空间中的一个物理块的使用情况，当其值为“0”时，表示对应物理块为空闲；为“1”时表示已分配。

例如，若文件存储空间共有 32 个物理块，则可用一个 4×8 二维数组描述，如图 15-4 所示。

	0	1	2	3	4	5	6	7
0	0	1	0	1	1	0	1	1
1	1	1	0	1	0	1	0	1
2	1	0	0	0	0	0	0	0
3	0	0	1	1	0	0	1	1

图 15-4　位示图

数组元素 b_{ij} 所代表的块号为 $x=m\times i+j$。

其中，m 为矩阵的列数，n 为矩阵的行数，$0\leqslant i<n$，$0\leqslant j<m$。

回到题目当中，系统中字长为 32 位，磁盘上的物理块依次编号为：0、1、2、…，则可以采用一个 m 行 32 列的二维数组来描述。所以：8192÷32=256，但问题是问在位示图的第多少个字中描述，要把 0 号物理块算上，所以是第 257 个字中描述。

【参考答案】B

真题 15：虚拟存储（国内某知名网络硬件公司 2013 年面试真题）

【考频】★★★★

某虚拟存储系统采用最近最少使用（LRU）页面淘汰算法。假定系统为每个作业分配 3 个页面的主存空间，其中一个页面用来存放程序。现有某作业的部分语句如下：

```
Var A: Array[1..128,1..128] OF integer;
  i,j: integer;
      FOR i:=1 to 128 DO
            FOR j:=1 to 128 DO
            A[i,j]:=0;
```

设每个页面可存放 128 个整数变量，变量 i、j 放在程序页中，矩阵 A 按行序存放。初始时，程序及变量 i、j 已在内存，其余两页为空。在上述程序片段执行过程中，共产生__(1)__次缺页中断。最后留在内存中的是矩阵 A 的最后__(2)__。

（1）A. 64　　B. 128　　C. 256　　D. 512

（2）A. 2 行　　B. 2 列　　C. 1 行　　D. 1 列

【真题分析】

本题的出题方式比较新颖，让人觉得这个题很难。但实际上非常容易，比一般的页面淘汰算法题还要简单。只要理解最近最少使用页面淘汰算法，就能轻松解题。题目中提到系统为每个作业分配了 3 个页面的主存空间，其中 1 个页面用来存放程序，这样剩余的两个页面可用于存放数组数据，由于 1 个页面存储 128 个整数，所以正好可存矩阵 A 的一行数据。这样进入内存的数据序列为：第 1 行数据、第 2 行数据、第 3 行数据……。当进入第 3 行数据时，内存的 3 个页面已满（3 个页面的内容分别为：程序页，第 1 行数据页，第 2 行数据页），需要进行页面淘汰，淘汰算法是 LRU，所以要把最久未使用过的页面淘汰掉。程序页时时都在被调用，显然不符合最久未使用这一原则，不能淘汰，第 1 行数据相对于第 2 行数据而言是最久未使用过的，所以淘汰第 1 行数据。当第 4 行数据进入时，淘汰第 2 行数据，依次类推，内存中最后剩下了矩阵 A 的最后 2 行数据。而每次调入一行数据，产生一次缺页中断，共有 128 页，故有 128 次缺页中断。

（1）B　　（2）A

虚拟存储器特点如下。

（1）虚拟扩充：不是物理上，而是逻辑上扩充了内存容量。

（2）虚存容量不是无限的，极端情况受内存和外存可利用的总容量限制；虚存容量还受计算机总线地址结构限制。

（3）部分装入，多次对换：每个作业不是全部一次性地装入内存，而是只装入一部分；所需的全部程序和数据要分成多次调入内存。

（4）速度和容量的“时空”矛盾；虚存量的“扩大”是以牺牲 CPU 工作时间以及内外存交换时间为代价的。

（5）离散分配：不必占用连续的内存空间，而是“见缝插针”。

15.3　设备管理

在计算机系统中，除了处理器和内存之外，其他的大部分硬件设备称为外部设备，包括输入/输出设备、辅存设备及终端设备等。为了完成上述主要任务，设备管理程序一般要提供下述功能。

（1）提供和进程管理系统的接口。当进程要求设备资源时，该接口将进程要求转达给设备管理程序。

（2）进行设备分配。按照设备类型和相应的分配算法把设备和其他有关的硬件分配给请求该设备的进程，并把未分配到所请求设备或其他有关硬件的进程放入等待队列。

（3）实现设备和设备、设备和 CPU 等之间的并行操作。

（4）进行缓冲区管理。主要减少外部设备和内存与 CPU 之间的数据速度不匹配的问题，系统中一般设有缓冲区（器）来暂放数据。设备管理程序负责进行缓冲区分配、释放及有关的管理工作。

真题 16：虚拟设备（国内某知名金融公司 2013 年面试真题）

【考频】★★★★

在操作系统中，虚拟设备通常采用____技术，采用____设备来提供虚拟设备。

A. Spooling，利用磁带

B. Spooling，利用磁盘

C. 脱机批处理技术，利用磁盘

D. 通道技术，利用磁带

【真题分析】

Spooling 是 Simultaneous Peripheral Operation On-Line（即外部设备联机并行操作）的缩写，它是关于慢速字符设备如何与计算机主机交换信息的一种技术，通常称为“假脱机技术”。实际上是一种外围设备同时联机操作技术，又称为排队转储技术。

它在输入和输出之间增加了“输入井”和“输出井”的排队转储环节。Spooling 系统主要包括以下三部分。

（1）输入井和输出井：这是在磁盘上开辟出来的两个存储区域。输入井模拟脱机输入时的磁盘，用于收容 I/O 设备输入的数据。输出井模拟脱机输入时的磁盘，用于收容用户程序的输出数据。

（2）输入缓冲区和输出缓冲区：这是在内存中开辟的两个缓冲区。输入缓冲区用于暂存有输入设备送来的数据，以后在传送到输出井。输出缓冲区用于暂存从输出井送来的数据，以后再传送到输出设备。

（3）输入进程和输出进程：输入进程模拟脱机输入时的外围控制机，将用户要求的数据由输入设备送到输入缓冲区，再送到输入井。当 CPU 需要输入设备时，直接从输入井读入内存。输出进程模拟脱机输出时的外围控制机，把用户要求输入的数据，先从内存送到输出井，待输出设备空闲时，再将输出井中的数据，经过输出缓冲区送到输出设备上。

从以上的分析可以看出，Spooling 技术是利用磁盘提供虚拟设备的。

B

真题 17：缓冲技术（美国某知名嵌入式公司 2013 年面试真题）

【考频】★★★★

采用____________可以缓和 CPU 和外部设备速度不一致的矛盾。

【真题分析】

考查缓冲技术的功能，即缓和 CPU 和外部设备之间的矛盾。例如一般程序都是时而计算时而进行 I/O 的，当正在计算时，没有数据输出，打印机空闲；当计算结束时产生大量的输出结果，而打印机却因为速度慢，根本来不及在极短的时间内处理这些数据而使得 CPU 停下来等待。由此可见，系统中各个部件的并行程度仍不能得到充分发挥。引入缓冲可以进一步改善 CPU 和 I/O 设备之间速度不匹配的情况。在上述例子中如果设置了缓冲区，则程序输出的数据先送到缓冲区，然后由打印机慢慢输出。于是，CPU 不必等待，而可以继续执行程序，使 CPU 和打印机得以并行工作。事实上凡是数据输入速率和输出速率不相同的地方都可以设置缓冲区，以改善速度不匹配的情况。

【参考答案】缓冲技术

真题 18：设备驱动程序（国内某知名软件公司 2012 年面试真题）

【考频】★★★★

设备驱动程序是直接与__（1）__打交道的软件模块。一般而言，设备驱动程序的任务是接受来自与设备__（2）__。

（1）A. 硬件　　B. 办公软件　　C. 编译程序　　D. 连接程序

（2）A. 有关的上层软件的抽象请求，进行与设备相关的处理

B. 无关的上层软件的抽象请求，进行与设备相关的处理

C. 有关的上层软件的抽象请求，进行与设备无关的处理

D. 无关的上层软件的抽象请求，进行与设备无关的处理

【真题分析】

设备驱动程序是一种可以使计算机和设备通信的特殊程序，可以说相当于硬件的接口，操作系统只能通过这个接口控制硬件设备的工作，假如某设备的驱动程序未能正确安装，便不能正常工作。正因为这个原因，驱动程序在系统中所占的地位十分重要，一般当操作系统安装完毕后，首要的便是安装硬件设备的驱动程序。

第（2）问是考查驱动程序的任务：首先其作用是将硬件本身的功能告诉操作系统，接下来的主要功能就是完成硬件设备电子信号与操作系统及软件的高级编程语言之间的互相翻译。当操作系统需要使用某个硬件时，比如：让声卡播放音乐，它会先发送相应指令到声卡驱动程序，声卡驱动程序接收到后，马上将其翻译成声卡才能听懂的电子信号命令，从而让声卡播放音乐。要求播放音乐的上层

软件→操作系统→驱动程序→硬件，所以相对于驱动程序来说，上层软件与它是无关的，因为它们之间有操作系统。

【参考答案】A　　B

设备驱动程序的功能如下：
接收由 I/0 进程发来的命令和参数，并将命令中的抽象要求转换为具体要求，例如，将磁盘块号转换为磁盘的盘面、磁道号及扇区号。
检查用户 I/0 请求的合法性，了解 I/0 设备的状态，传递有关参数，设置设备的工作方式。
发出 I/0 命令，如果设备空闲，立即启动 I/0 设备去完成指定的 I/0 操作；如果设备处于忙碌状态，将请求者的请求块挂在设备队列上等待。
及时响应由控制器或通道发来的中断请求，并根据其中断类型调用相应的中断处理程序进行处理。
对于设置有通道的计算机系统，驱动程序还应能够根据用户的 I/0 请求，自动地构成通道程序。

真题 19：设备管理与进程管理（国内某知名网络通信公司 2013 年面试真题）

【考频】★★★★

一台 PC 计算机系统启动时，首先执行的是<u>（1）</u>，然后加载<u>（2）</u>。在设备管理中，虚拟设备的引入和实现是为了充分利用设备，提高系统效率，采用<u>（3）</u>来模拟低速设备（输入机或打印机）的工作。

已知 A、B 的值及表达式 A2/(5A+B)的求值过程，且 A、B 已赋值，该公式求值过程可用前驱图<u>（4）</u>来表示，若用 P－V 操作控制求值过程，需要<u>（5）</u>的信号量。

（1）A. 主引导记录　　B. 分区引导记录
C. BIOS 引导程序　　D. 引导扇区

（2）A. 主引导记录和引导驱动器的分区表，并执行主引导记录
B. 分区引导记录、配置系统，并执行分区引导记录
C. 操作系统
D. 相关支撑软件

（3）A. Spooling 技术，利用磁带设备
B. Spooling 技术，利用磁盘设备
C. 脱机批处理系统
D. 移臂调度和旋转调度技术，利用磁盘设备

（4）

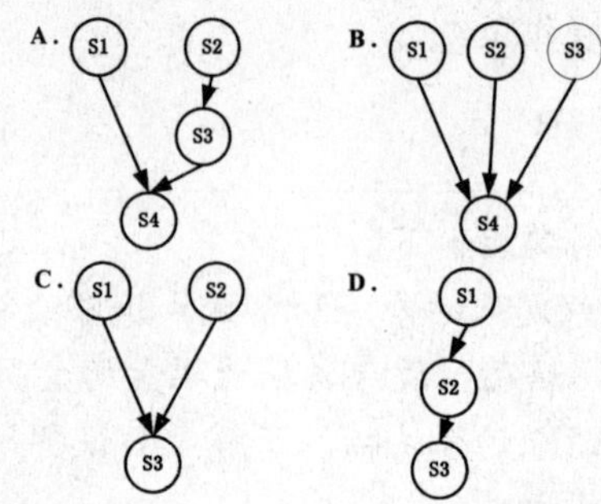

（5）A. 3 个且初值等于 1　　B. 2 个且初值等于 0
C. 2 个且初值等于 1　　D. 3 个且初值等于 0

本试题考查的是操作系统设备管理、进程管理中使用 P－V 操作描述前趋关系的知识。

（1）操作系统装入过程

每当开机时自动执行 BIOS 引导程序，它主要执行如下任务。

① 标识和配置所有的即插即用设备：如果系统有即插即用设备，系统将搜索和测试所有安装的即插即用设备，并为它们分配 DMA 通道、IRQ 及需要的其他设备。

② 完成加电自检：加电自检主要检测和测试内存、端口、键盘、视频适配器、磁盘驱动器等基本设备。有一些新版本的系统还支持 CD-ROM 驱动器。

③ 对引导驱动器可引导分区定位：在 CMOS 中，用户可以设置系统中的引导顺序，以便对引导驱动器的可引导分区重新定位。大多数系统的引导顺序是软驱，然后是硬驱，其次是 CD-ROM 驱动器。

④ 加载主引导记录及引导驱动器的分区表，执行主引导记录 MBR。主引导记录在硬盘上找到可引导分区后，将其分区引导记录装入内存，并将控制权交给分区引导记录。由分区引导记录定位根目录，然后装入操作系统。

通过以上分析，（1）的正确答案是 C，（2）的正确答案是 A。

（2）Spooling 系统

脱机的输入、输出技术是为了缓和 CPU 高速性与 I/O 设备的低速间的矛盾而引入的，采用 Spooling 技术，利用磁盘设备来模拟低速设备（输入机或打印机）的工作。故（3）答案是 B。

（3）处理机管理

前驱图是一个有向无循环图，图中的每一个结点都可以表示一条语句、一个程序段或一个进程，结点的有向边表示两个结点间存在的偏序或前驱关系“→”。

其中→=｛（Pi,Pj）|Pi 必须在 Pj 开始执行之前完成｝，如果（Pi,Pj）∈→，可以记为 Pi→Pj，表示直接前驱关系，而 Pi→Pj→…→Pk 表示间接前驱关系。

若干进程合作完成一个任务，这些合作进程的操作存在一定的先后次序。例如，进程 P1～P4 的执行存在如图 15-5（a）所示的先后次序，可画出如图 15-5（b）

所示的进程间制约关系，其中边上的字母代表信号量，边的起始端进程在执行结束前要对该信号量实施 V 操作，而边的结束端进程在执行前要对该信号量实施 P 操作，这样就确保了合作进程按约定的先后次序执行。

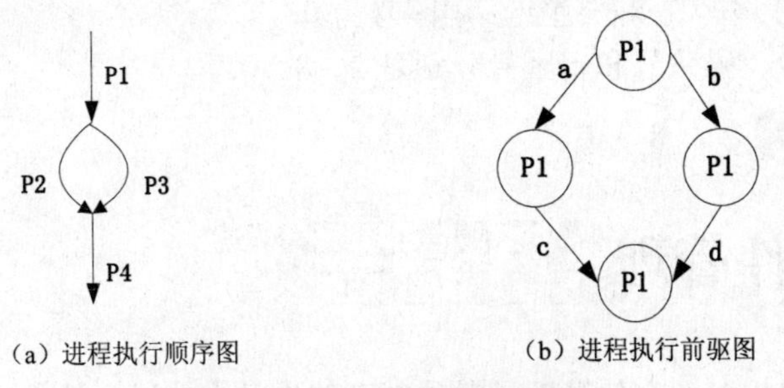

（a）进程执行顺序图　　（b）进程执行前驱图

图 15-5　进程间的制约关系

因此，对于求值公式 $A^2/(5A+B)$，且 A、B 已赋值，该公式求值过程可用如图 15-6 所示的前驱图表示。

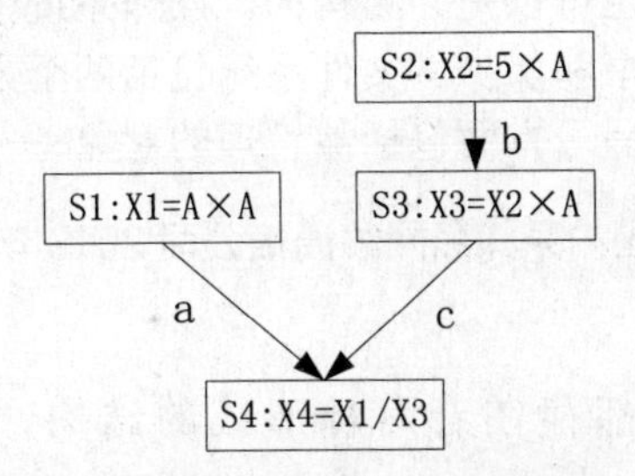

图 15-6　求值公式 $A^2/(5A+B)$的前驱图

从图 15-6 中可以看出，采用 P－V 操作实现前驱图所表示的进程同步问题，共需要三个信号量（图中的 a、b、c），且信号量的初值都为 0。故（4）和（5）的正确答案是 A 和 D。

【参考答案】（1）C　　（2）A　　（3）B　　（4）A　　（5）D

真题 20：磁盘管理（美国某知名硬件公司 2013 年面试真题）

【考频】★★★★

有一磁盘组共有 16 个盘面，每个盘面上有 30 000 个磁道（即有 30 000 个柱面），每个磁道有 250 个扇区。假定分配以扇区为单位（即每个扇区为一个盘块），盘面号（磁头号）、磁道号、扇区号和盘块号都从“0”开始编号，则盘块号 10 000 对应的柱面号、磁头号和扇区号分别为____________、____________和____________。

【真题分析】

磁盘编址方法是柱面从外向内从 0 开始依次编号，假定有 200 个柱面，则编号为 0～199；磁道按柱面编号，若是 20 个盘面，则 0 号柱面上磁道从上向下依次编号为 0～19，接着 1 号柱面上磁道继续编号为 20～39，依次类推；盘块号则根据磁道号统一编址，假定每个磁道上有 17 个扇区，则 0 号柱面 0 号磁道 0 号扇区的盘块号为 0，0 号柱面 1 号磁道 0 号扇区的盘块号为 17，依次类推。

一个柱面上的扇区数目=盘面数×扇区数，本题中，一个柱面上的扇区数目为 16×250=4 000，所以，应该在 2 号柱面上。在 2 号柱面上，0 磁道开始的是 8 000 扇区，第 10 000 扇区在 8 磁道上，扇区号为 0。

故，柱面号、磁头号和扇区号分别是 2、8、0。

【参考答案】2　8　0

15.4 文件管理

与存储管理相对，文件管理是对外部存储设备上的以文件方式存放的信息的管理，核心内容是文件的结构和访问方式、存储空间管理及目录结构等知识点。文件是信息的一种组织形式，是存储在辅助存储器上的具有标识名的一组信息集合。它可以是有结构的，也可以是无结构的。操作系统中由文件系统来管理文件的存储、检索、更新、共享和保护。文件系统包括两个方面，一方面包括负责管理文件的一组系统软件，另一方面包括被管理的对象——文件。

真题 21：文件结构（国内某知名网络通信公司 2013 年面试真题）

【考频】★★★★

对任何一个文件，都存在着两种形式的结构，即＿＿＿＿＿＿结构和＿＿＿＿＿＿结构。

【真题分析】

考查文件的两种结构。文件组织结构分为文件的逻辑结构和物理结构。前者是从用户的观点出发，所看到的是独立于文件物理特性的文件组织形式，是用户可以直接处理的数据及其结构。而后者则是文件在外存上具体的存储结构。

【参考答案】逻辑　物理

真题 22：文件存取（国内某知名嵌入式公司 2012 年面试真题）

【考频】★★★★

采用直接存取法来读写磁盘上的物理记录时，效率最高的是＿＿＿＿。

A.连续结构的文件　　B.索引结构的文件

C.链接结构文件　　D.其他结构的文件

【真题分析】

考查文件存储方式和文件物理结构的关系。在直接存取方法下，连续文件，只要知道文件在存储设备上的起始地址（首块号）和文件长度（总块数），就能很快地进行存取。

【参考答案】A

真题 23：文件目录（国内某知名金融公司 2013 年面试真题）

【考频】★★★★

若文件系统允许不同用户的文件可以具有相同的文件名，则操作系统应采用____来实现。

A. 索引表　B. 索引文件　C. 指针　D. 多级目录

【真题分析】

文件目录是用来检索文件的。它是文件系统实现按名存取的重要手段。文件目录由若干目录项组成，每个目录项记录一个文件的有关信息。文件目录项一般包括如下内容：

① 有关文件存取控制的信息。例如：用户名、文件名、文件类型、文件属性等。

② 有关文件结构的信息。例如：文件的逻辑结构、物理结构、记录个数、文件在存储介质上的位置等。

③ 有关文件管理的信息。例如：文件的建立日期、文件被修改的日期，文件保留期限、记账信息等。

有了文件目录后，当用户要求使用某个文件时，文件系统可按文件名找到指定文件的目录项。根据该目录项中给出的有关信息可找到该文件，并进行核对使用权限等工作。

在同级目录结构下，不允许有相同的文件名；但相同的文件名可以存在不同级的文件目录当中。

【参考答案】D

文件控制块的集合称为文件目录，文件目录也被组织成文件，常称为目录文件。

文件管理的一个重要方面是对文件目录进行组织和管理。文件系统一般采用一级目录结构、二级目录结构和多级目录结构。UNIX、Windows 系统都是采用多级（树型）目录结构。

面试官寄语

操作系统是配置在计算机上的第一层软件，是一个系统软件，是对硬件系统功能的第一次扩充，是一些程序模块的集合，在计算机中占据了特殊的地位。它的主要任务是管理计算机中的硬件和软件资源，合理地组织计算机工作流程，提供一个简单而方便、功能强大的用户接口，更好地为用户服务。作为嵌入式程序开发人员，一定要对操作系统的原来有深入的了解。

第 16 章 核心中枢：数据库与 SQL 语言

赵老师，数据库方面的知识也和程序开发关系密切，没有数据库好多程序都是空架子，这也是面试中重点考核的内容吧？

你说得很对，数据库是程序后台运行必备的载体，所有的信息都存在数据库中。数据库管理的工作机理是把用户对数据的操作转化为对系统存储文件的操作，有效地实现数据库三级之间的转化。数据库管理系统的主要职能有：数据库的定义和建立、数据库的操作、数据库的控制、数据库的维护、故障恢复和数据通信，这些也是面试中数据库方面的考查重点。

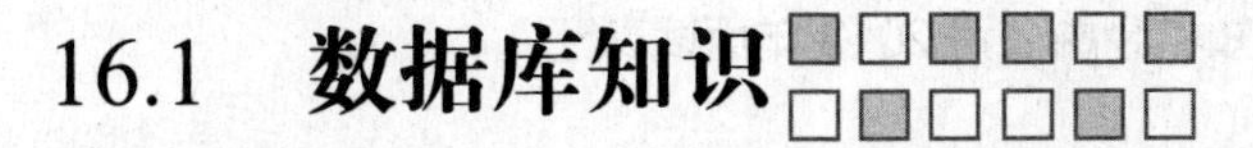

16.1　数据库知识

数据库系统（DBS）是实现有组织地、动态地存储大量关联数据，方便多用户访问的计算机软件、硬件和数据资源组成的系统。一个典型的数据库系统包括数据库、硬件、软件（应用程序）和数据库管理员（DBA）4 个部分。根据计算机的系统结构，DBS 可分成集中式、客户/服务器式、并行式和分布式 4 种。

真题 1：E-R 模型（国内某知名搜索公司 2013 年面试真题）

【考频】 ★★★★★

在数据库逻辑结构的设计中，将 E-R 模型转换为关系模型应遵循相关原则。对于 3 个不同实体集和它们之间的多对多联系 $m:n:p$，最少可转换为______个关系模式。

A．2　　　B．3　　　C．4　　　D．5

【真题分析】

将 E-R 模型转换为关系模型的规则如下。

- 一个实体型转换为一个关系模式，实体的属性就是关系的属性，实体的码就是关系的码。
- 一个 1∶1 联系可以转换为一个独立的关系模式，也可以与任意一端对应的关系模式合并。如果转换为一个独立的模式，则与该联系相连的各实体的码，以及联系本身的属性均转换为关系的属性，每个实体的码均是该关系的候选键。
- 一个 1∶n 联系可以转换为一个独立的关系模式，也可以与任意 n 端对应的关系模式合并。如果转换为一个独立的模式，则与该联系相连的各实体的码，以及联系本身的属性均转换为关系的属性，而关系的码为 n 端实体的码。如果与 n 端实体对应的关系模式合并，则需要在该关系模式的属性中加入 1 端关系模式的码和联系本身的属性。
- 一个 $m:n$ 联系转换为一个独立的关系模式，与该联系相连的各实体的码，以及联系本身的属性均转换为关系的属性，而关系的码为各实体码的组合。
- 3 个以上实体间的一个多元联系可以转换为一个独立的关系模式，与该联系相连的各实体的码，以及联系本身的属性均转换为关系的属性，而关系的码为各实体码的组合。

【参考答案】 C

真题 2：数据分片（国内某知名金融公司 2013 年面试真题）

【考频】★★★★

在分布式数据库的垂直分片中，为保证全局数据的可重构和最小冗余，分片满足的必要条件是________。

A．要有两个分片具有相同关系模式以进行并操作

B．任意两个分片不能有相同的属性名

C．各分片必须包含原关系的码

D．对于任一分片，总存在另一个分片能够和它进行无损连接

【真题分析】

数据分片的方式有多种，水平分片和垂直分片是两种基本的分片方式，导出分片和混合分片是比较复杂的分片方式。

◆ 水平分片是指按一定的条件将关系按行（水平方向）分为若干个相交的子集，每个子集为关系的一个片段。

◆ 垂直分片是指将关系按列（垂直方向）分为若干个子集。因此为保证全局数据的可重构和最小冗余，分片满足的必要条件是对于任一分片，总存在另一个分片能够和它进行无损连接。

◆ 导出分片是指导出水平分片，即水平分片的条件不是本身属性的条件而是其他关系的属性的条件。

◆ 混合分片是指按上述 3 种分片方式得到的片段，继续按另一种方式分片。

【参考答案】D

真题 3：数据库系统原理（国内某知名门户网站 2012 年面试真题）

【考频】★★★★

数据模型的 3 要素包括________。

A．外模式、概念模式、内模式　　B．网络模型、层次模型、关系模型

C．实体、联系、属性　　D．数据结构、数据操纵、完整性约束

【真题分析】

此题考查的是数据库系统原理的基础知识。

外模式、模式、内模式是数据库系统的 3 级模式。

网络模型、层次模型、关系模型是常用的几种基本数据模型。

实体是指客观存在并可相互区别的事物，联系是指组成实体的各属性之间的联系，属性是指实体所具有的某一特性，它们是概念模型中涉及的几个基本概念。

数据模型是数据库系统的核心和基础，它是严格定义的一组概念的集合。这些概念精确地描述了系统的特性、动态特性和完整性约束条件。因此数据模型是由数据结构、数据操纵和完整性约束 3 个要素组成的。

D

真题 4：视图（国内某知名软件公司 2013 年面试真题）

【考频】★★★★★

通过重建视图能够实现________。

A．数据的逻辑独立性　　B．数据的物理独立性

C．程序的逻辑独立性　　D．程序的物理独立性

【真题分析】

在数据库系统的 3 级模式中，视图对应着外模式。外模式是数据库用户能够看见和使用的局部数据的逻辑结构和特征的描述，对视图的重建则相当于修改外模式，故通过重建视图能够实现数据的逻辑独立性。

【参考答案】 A

真题 5：关系数据库（国内某知名购物网站 2013 年面试真题）

【考频】★★★★★

关系数据库是________的集合，其结构是由关系模式定义的。

A. 元组　　B. 列　　C. 字段　　D. 表

【真题分析】

本题考查的是关系数据库系统中的基本概念。关系模型是目前最常用的数据模型之一。关系数据库系统采用关系模型作为数据的组织方式，在关系模型中用表格结构表达实体集，以及实体集之间的关系，其最大特色是描述的一致性。可见，关系数据库是表的集合，其结构是由关系模式定义的。

【参考答案】 D

在关系模型中，实体及实体间的联系都是用关系来表示的。在一个给定的现实世界领域中，相应于所有实体及实体之间的联系的关系集合构成一个关系数据库。

关系数据库也有型和值之分。关系数据库的型也称为关系数据库模式，是对关系数据库的描述，是关系模式的集合。关系数据库的值也称为关系数据库，是关系的集合。关系数据库模式与关系数据库通常统称为关系数据库。

真题 6：关系模式（国内某知名软件公司 2013 年面试真题）

【考频】★★★★★

若有关系模式 $R(A，B，C)$和 $S(C，D，E)$，则有如下的关系代数表达式：

$E_1 = \pi_{A,D}(\sigma_{B<'2013' \wedge R.C=S.C \wedge E='80'}(R \times S))$

$E_2 = \pi_{A,D}(\sigma_{R.C=S.C}(\sigma_{B<'2003'}(R) \times \sigma_{E='80'}(S)))$

$E_3 = \pi_{A,D}(\sigma_{B<'2013'}(R) \infty \sigma_{E='80'}(S))$

$E_4 = \pi_{A,D}(\sigma_{B<'2013' \wedge E='80'}(R \infty S))$

正确的结论是（1），表达式（2）的查询效率最高。

（1）A. $E_1 \equiv E_2 \equiv E_3 \equiv E_4$　　B. $E_3 \equiv E_4$ 但 $E_1 \neq E_2$

　　C. $E_1 \equiv E_2$ 但 $E_3 \neq E_4$　　D. $E_3 \neq E_4$ 但 $E_2 \equiv E_4$

（2）A. E_1　　B. E_3　　C. E_2　　D. E_4

【真题分析】

在给定的 4 个选项中，其含义都是求 *B*<“2013”，且 *E*=“80”的 *AD* 列。所以结果都是一样的。

对几个查询来说，要判断哪个查询的效率最高，在得到同样结果的情况下，所用时间最少。本题要寻找所用步骤最少的操作方法。

E_1 vs E_2：它们的操作方式相似，但在 E_2 中，由于 *R* 和 *S* 模式先做了选择，所以 $R \times S$ 得到更少的结果，由此 E_2 效率高于 E_1。

E_3 vs E_4：它们的操作方式相似，但在 *E*3 中，由于 *R* 和 *S* 模式先做了选择，所以 *R* 和 *S* 的连接得到更少的结果，由此 *E*3 效率高于 *E*4。

E_3 vs E_2：它们操作相似，顺序相似。但不同的是 *R*×S 和 *R* 自然连接 *S*。由于根据定义知道自然连接要取消重复列，在该题中 *R* 自然连接 *S* 后就要取消一个 *C* 列，所以 *R* 自然连接的效率比 E_2 高。因此，E_3 的查询效率最高。

【参考答案】（1）A　　（2）B

真题 7：关系运算（国内某网络安全公司 2012 年面试真题）

【考频】★★★★★

下列公式一定成立的是______。

A. $\pi_{A_1,A_2}(\sigma_F(E)) \equiv \sigma_F(\pi_{A_1,A_2}(E))$

B. $\sigma_F(E_1 \times E_2) \equiv \sigma_F(E_1) \times \sigma_F(E_2)$

C. $\sigma_F(E_1 - E_2) \equiv \sigma_F(E_1) - \sigma_F(E_2)$

D. $\pi_{A_1,A_2,B_1,B_2}(E \bowtie E) \equiv \pi_{A_1,A_2}(E) \bowtie \pi_{B_1,B_2}(E)$

【真题分析】

此题涉及集合运算和关系运算。先来看看 *A* 选项，这个项告诉我们选择和投影在数据操作中的先后顺序是会影响结果的，因为在等式右边的表达式先做投影，如果在 *F* 条件中含有 *A*1、*A*2 之外的字段，那么就没有起到条件限制的作用。所以 A 中的式子不一定成立。

在选项 B 中，因没有指定条件运算 *F* 所涉及的属性，其结果也不一定正确。假设 *E*1 和 *E*2 都只有 2 个属性，则有 4 个属性，如果 *F* 为“2<3”，则不能反映在右边的式子中。

在选项 C 中，先分别对两个关系进行选择运算，选出满足条件的元组，然后求差。和先求差，然后在差中求选择运算，其结果是一致的。

在选项 D 中，因为是自然连接，在右边的式子中，先求投影，肯定把公共属性去掉了，连接不成立。所以，D 也不成立。

【参考答案】C

关系数据库还有一些专门的运算，主要有投影、选择、连接、除法和外连接。它们是关系代数最基本的操作，也是一个完备的操作集。在关系代数中，由 5 种基本代数操作经过有限次复合的式子称为关系代数运算表达式。表达式的运算结果仍是一个关系，可以用关系代数表达式表示各种数据查询和更新处理操作。

真题 8：关系运算（国内某知名门户网站 2013 年面试真题）

【考频】★★★★★★

关系 R、S 如表 16-1 所示，$R \div (\pi A1, A2(\sigma_{1<3}(S)))$ 的结果为（1），左外连接、右外连接和完全外连接的元组个数分别为（2）。

（1）A. {d}　　B. {c，d}
　　C. {c，d，8}　　D. {(a,b)，(b，a)，(c，d)，(d，f)}

（2）A. 2，2，4　　B. 2，2，6
　　C. 4，4，6　　D. 4，4，4

表 16-1　关系 R 和 S

R 关系			S 关系		
A1	A2	A3	A1	A2	A3
a	b	c	a	z	a
b	a	d	b	a	h
c	d	d	c	d	d
d	f	g	d	s	c

【真题分析】

首先看除法运算的定义。设两个关系 R 和 S 的元数分别为 r 和 s（设 r>s>0），那么 R÷S 是一个（r－s）元的元组的集合。R÷S 是满足下列条件的最大关系：其中每个元组 t 与 S 中每个元组 u 组成新元组<t，u>必在关系 R 中。其具体计算公式如下：

$$R \div S = \pi_{1,2,\ldots,r-s}(R) - \pi_{1,2,\ldots,r-s}((\pi_{1,2,\ldots,r-s}(R) \times S) - R)$$

在本题中 $\pi_{A1,A2}(\sigma_{1<3}(S))$ 的结果如表 16-2 所示。

表 16-2　新的关系 S

$A1$	$A2$
b	a
c	d

因此，把 R 和新的 S 结果代入上述公式，可得 $R \div S=\{d\}$。

两个关系 R 和 S 进行自然连接时，选择两个关系 R 和 S 公共属性上相等的元组，去掉重复的属性列构成新关系。这样，关系 R 中的某些元组有可能在关系 S 中不存在公共属性值上相等的元组，造成关系 R 中这些元组的值在运算时舍弃了；同样关系 S 中的某些元组也可能舍弃。为此，扩充了关系运算左外连接、右外连接和完全外连接。

- ◆左外连接：R 和 S 进行自然连接时，只把 R 中舍弃的元组放到新关系中。
- ◆右外连接：R 和 S 进行自然连接时，只把 S 中舍弃的元组放到新关系中。
- ◆完全外连接：R 和 S 进行自然连接时，把 R 和 S 中舍弃的元组都放到新关系中。

根据以上定义，本题中 R 与 S 的左外连接、右外连接和完全外连接的结果分别如表 16-3 到表 16-5 所示。

表 16-3　R 与 S 的左外连接

$A1$	$A2$	$A3$	$A4$
a	b	c	null
b	a	d	h
c	d	d	d
d	f	g	null

表 16-4　R 与 S 的右外连接

$A1$	$A2$	$A3$	$A4$
a	z	null	a
b	a	d	h
c	d	d	d
d	s	null	c

表 16-5　R 与 S 的完全外连接

$A1$	$A2$	$A3$	$A4$
a	b	c	null
b	a	d	h
c	d	d	d

续　表

A1	A2	A3	A4
d	f	g	null
a	z	null	a
d	s	null	c

【参考答案】（1）A　　（2）C

真题 9：数据不一致（国内某知名网络通信公司 2013 年面试真题）

【考频】★★★★

火车售票点 T1、T2 分别售出了两张 2013 年 10 月 20 日到北京的硬卧票，但数据库里的剩余票数却只减了两张，造成数据的不一致，原因是______。

A. 系统信息显示出错　　B. 丢失了某售票点修改

C. 售票点重复读数据　　D. 售票点读了“脏”数据

【真题分析】

本例题造成数据不一致的原因是：若火车售票点 T1 读取某一数据更新后还未存盘，火车售票点 T2 接着也读取该数据，也就是说火车售票点 T1 修改的数据丢失了。并发操作造成数据不一致性的主要原因是破坏事务的隔离性，为了避免不一致性的发生，必须用正确的方式调度并发操作，使一个事务的执行不受其他事务的干扰，这就是并发控制。在本题中可以通过加排他锁来实现，也就是说只有在火车售票点 T1 读取某一数据更新并存盘后，火车售票点 T2 才能读取该数据。

【参考答案】B

真题 10：数据库转储（国内某知名软件公司 2013 年面试真题）

【考频】★★★★

在有事务运行时转储全部数据库的方式是__1__。

A. 静态增量转储　B. 静态海量转储　C. 动态增量转储　D. 动态海量转储

【真题分析】

数据库的转储可分为海量转储和增量转储两种方式，而每一种方式又可以在两种状态下进行，所以共分 4 类：动态海量转储、动态增量转储、静态海量转储和静态增量转储。

- 动态海量转储：数据库运行时转储全部数据库。
- 动态增量转储：数据库运行时转储上一次转储后更新过的数据。
- 静态海量转储：数据库停止运行（此时不运行事务）时转储全部数据库。
- 静态增量转储：数据库停止运行（此时不运行事务）时转储上一次转储后更新过的数据。

由此可见本题应选 D。

【参考答案】D

真题 11：无损连接（国内某知名网络公司 2013 年面试真题）

【考频】★★★★

设关系模式 R 为 R（H，I，J，K，L），R 上的一个函数依赖集为 $F=\{H\to J, J\to K, I\to J, JL\to H\}$，分解________是无损连接的。

A．$p=\{HK, HI, IJ, JKL, HL\}$　　B．$p=\{HIL, IKL, IJL\}$

C．$p=\{HJ, IK, HL\}$　　D．$p=\{HI, JK, HL\}$

【真题分析】

关系模式 R（H，I，J，K，L）上的一个函数依赖集为 $F=\{H\to J, J\to K, I\to J, JL\to H\}$，$p$ 中的子模式是否是无损连接呢？我们先学习无损连接分解的判别方法。

设关系模式 $R=A1\cdots An$，R 上成立的 FD 集 F，R 的一个分解 $p=\{R1, \cdots, Rk\}$。无损连接分解的判断方法如下。

（1）构造一张 k 行 n 列的表格，每列对应一个属性 $Aj(1\leqslant j\leqslant n)$，每行对应一个模式 $Ri(1\leqslant i\leqslant k)$。如果 Aj 在 Ri 中，那么在表格的第 i 行第 j 列处填上符号 aj，否则填上符号 bij。

（2）把表格看成模式 R 的一个关系，反复检查 F 中每个 FD 在表格中是否成立，若不成立，则修改表格中的元素。修改方法如下：对于 F 中一个 FD $X\text{->}Y$，如果表格中有两行在 X 分量上相等，在 Y 分量上不相等，那么把这两行在 Y 分量上改成相等。如果 Y 的分量中有一个是 aj，那么另一个也改成 aj；如果没有 aj，那么用其中的一个 bij 替换另一个（尽量把下标 ij 改成较小的数），一直替换到表格不能修改为止。

（3）若修改的最后一张表格中有一行全是 a，即 $a1,a2,\cdots,an$，那么 p 相对于 F 是无损连接分解，否则是损失连接分解。

根据上述判断方法，列出选项 B 的初始表，如表 16-6 所示。

表 16-6　选项 B 的初始表

	H	I	J	K	L
HIL	a1	a2	b13	b14	a5
IKL	b21	a2	b23	a4	a5
IJL	b31	a2	a3	b34	a5

若对函数依赖集中的 $H\to J$、$J\to K$ 进行处理，由于属性列 H 和属性列 J 上无相同的元素，所以无法修改。但对于 $I\to J$ 在属性列 I 上对应的 1、2、3 行上全为 $a2$ 元素，所以，将属性列 J 的第一行 $b13$ 和第二行 $b23$ 改为 $a3$。修改后如表 16-7 所示。

表 16-7　选项 B 的中间表

	H	I	J	K	L
HIL	a1	a2	a3	b14	a5
IKL	b21	a2	a3	a4	a5
IJL	b31	a2	a3	b34	a5

对于函数依赖集中的 $JL \to H$ 在属性列 J 和 L 上对应的 1、2、3 行上为 $a3$，$a5$ 元素，所以，将属性列 H 的第二行 $b21$ 和第三行 $b31$ 改为 $a1$。修改后如表 16-8 所示。

表 16-8　选项 B 的结果表

	H	I	J	K	L
HIL	a1	a2	a3	b14	a5
IKL	a1	a2	a3	a4	a5
IJL	a1	a2	a3	b34	a5

从表 16-8 可以看出，第二行为 $a1$、$a2$、$a3$、$a4$、$a5$，所以 p 是无损的。

B

如果某关系模式存在存储异常问题，则可通过分解该关系模式来解决问题。把一个关系模式分解成几个子关系模式，需要考虑的是该分解是否保持函数依赖，是否是无损连接。

无损连接分解的形式定义如下：设 R 是一个关系模式，F 是 R 上的一个函数依赖（FD）集。R 分解成数据库模式 $\delta=\{R1,\ldots,Rk\}$。如果对 R 中每一个满足 F 的关系 r 都有下式成立：

$$r = \pi_{R1}(r) \rhd\lhd \pi_{R2}(r) \rhd\lhd \cdots \rhd\lhd \pi_{Rk}(r)$$

那么称分解 δ 相对于 F 是“无损连接分解”，否则称为“损失连接分解”。下面是一个很有用的无损连接分解判定定理。

设 $\rho=\{R1, R2\}$ 是 R 的一个分解，F 是 R 上的 FD 集，那么分解 ρ 相对于 F 是无损分解的充分必要条件是$(R1 \cap R2) \to (R1-R2)$或$(R1 \cap R2) \to (R2-R1)$。

设数据库模式 $\delta=\{R1,\ldots,Rk\}$是关系模式 R 的一个分解，F 是 R 上的 FD 集，δ 中每个模式 Ri 上的 FD 集是 Fi。如果$\{F1,F2,\ldots,Fk\}$与 F 是等价的（即相互逻辑蕴涵），那么称分解 δ 保持 FD。如果分解不能保持 FD，那么 δ 的实例上的值就可能有违反 FD 的现象。

真题 12：函数依赖（国内某知名购物网站 2012 年面试真题）

【考频】★★★★★

关系模式 R 属性集为{A，B，C}，函数依赖集 F={AB→C，AC→B，B→C}，则 R 属于________。

（1）A．1NF　　B．2NF　　C．3NF　　D．BCNF

此题考查了函数依赖的相关知识。

对于给定的关系 R(U，F)，U=（A1，A2，…，An），F 是 R 的函数依赖集，可将其属性分为 4 类：

① L 类：只出现在 F 的函数依赖左部的属性。

② R 类：只出现在 F 的函数依赖右部的属性。

③ LR 类：在 F 的函数依赖左右两边都未出现的属性。

④ NLR 类：在 F 的函数依赖左右两边都出现的属性。

判断方法如下：

① 若 X（X∈U）是 L 类属性，则 X 必为 R 的任一候选码的成员，若 $X_F^+=$ U，则 X 必为 R 的唯一候选码。

② 若 X（X∈U）是 R 类属性，则 X 不在 R 的任一候选码当中。

③ 若 X（X∈U）是 NLR 类属性，则 X 必为 R 的任一候选码的成员。

④ 若 X（X∈U）是 L 类和 NLR 类属性组成的属性集，且 $X_F^+=$U，则 X 必为 R 的唯一候选码。

利用上面的判断方法可知关系 R 的候选码为 AB 和 AC，根据关系模式范式的定义可确定关系 R 为 3NF。

【参考答案】C

真题 13：关系模式（国内某知名软件公司 2013 年面试真题）

【考频】★★★★★

假设职工 EMP（职工号、姓名、性别、进单位时间、电话），职务 JOB（职务、月薪）和部门 DEPT（部门号、部门名称、部门电话、负责人）实体集，若一个职务可以由多个职工担任，但一个职工只能担任一个职务，并属于一个部门，部门负责人是一个职工。图 16-1 中 EMP 和 JOB 之间为＿（1）＿联系；假设一对多联系不转换为一个独立的关系模式，那么生成的关系模式 EMP 中应加入＿（2）＿关系模式的主键，则关系模式 EMP 的外键为＿（3）＿。

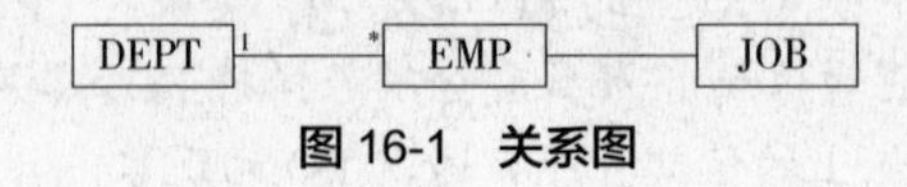

图 16-1　关系图

（1）A. 1　1　　B. *　1　　C. 1　*　　D. *　*

（2）A. DEPT　　B. EMP　　C. JOB　　D. DEPT、JOB

（3）A.部门号和职工号　　　　　　　　B. 部门号和职务
　　C.职务和负责人　　　　　　　　　D. 部门号和负责人

【真题分析】

试题已经告诉我们，“一个职务可以由多个职工担任，但一个职工只能担任一个职务”，所以，职工和职务之间的关系是多对一的关系。这个关系与部门和职工之间的关系是一样的，参照试题所给出的图示方法，第（1）空的正确答案应该是 B。

一个实体型转换为一个关系模式，实体的属性就是关系的属性。实体的码就是关系的码。一个联系转化为一个关系模式，与该联系相连的各实体的码以及联系的属性转化为关系的属性，该关系的码则有 3 种情况：

◆若联系为 1∶1，则每个实体的码均是该关系的候选码。

◆若联系为 1∶n，则关系的码为 n 端实体的码，关系的外码是 1 端的码。

◆若联系为 m∶n，则关系的码为诸实体码的组合，外码是各个实体的码。

在题目中指明了“一对多联系不转换为一个独立的关系模式”，那么对于生成的关系模式 EMP 中应加入 DEPT、JOB 的主键。则关系模式 EMP 的外键为 DEPT 的主码和 JOB 的主码。所以第（2）空的正确答案是 D，第（3）空的正确答案是 B。

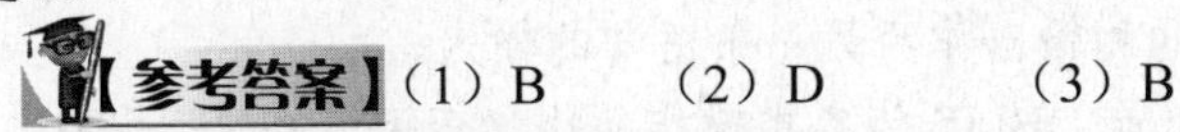

【参考答案】（1）B　　（2）D　　（3）B

真题 14：数据挖掘（美国某知名软件公司 2013 年面试真题）

【考频】★★★★★

数据挖掘的目的在于＿＿＿＿＿＿。

A. 从已知的大量数据中统计出详细的数据

B. 从已知的大量数据中发现潜在的规则

C. 对大量数据进行归类整理

D. 对大量数据进行汇总统计

【真题分析】

数据挖掘又称知识，从广义来说，就是从巨大的数据库中提炼出我们感兴趣的东西，或者提炼出我们不易观察或断定的关系，最后给出一个有用的并可以解释的结论；简单地说就是在数据中发现模式、知识或数据间的关系。

【参考答案】B

数据挖掘的特点有三个方面。第一，数据挖掘的数据量是巨大的。因此，如何高效率地存取数据，如何根据一定应用领域找出数据关系即提高算法的效率，以及是使用全部数据还是部分数据，都成为数据挖掘过程中必须考虑的问题；第二，数据挖掘面临的数据常常是为其他目的而收集的数据，这就为数据挖掘带来了一定的困难，即一些很重要的数据可能被疏漏或丢失。因此未知性和不完全性始终贯穿数据挖掘的全过程。第三，数据挖掘常常要求算法主动地提示一些数据的内在关系。新颖性是衡量一个数据挖掘算法好坏的重要标准。

16.2 SQL 语言

SQL 是用于对存放在数据库中的数据进行组织、管理和检索的工具，是关系数据库的高级语言。SQL 语句的特征如下。

- 简单易用的语言：词法简单，接近英语。
- 非过程化的语言：用户只需提出需求，如何支撑和实现由 DMS 解决。
- 处理集合的语言：SQL 语句以接受集合作为输入，返回集合作为输出，而且允许一条 SQL 语句的输出作为另一条语句的输入。
- 统一的语言：SQL 将以前 DBMS 为各类操作（比如查询、修改、删除、插入等）提供单独语言的特点统统整合在一起形成了支持全部任务的统一的 SQL 语言。
- 通用的语言：主要的关系数据库都支持 SQL 语言，用户可以进行 SQL 语言方面的移植。由于 SQL 语言既可以单独使用，又可以在多数的编程语言中嵌入或通过接口 API 的形式操作，具有很好的开放性和语言之间的渗透性，因而比较通用。

真题 15：sp_addtype（中国台湾某软件公司 2013 年面试真题）

【考频】★★★★★

在数据表 Library 中创建一个用户定义的数据类型 Email，其基于的系统数据类型是变长为 30 的字符，不允许为空，请写出 SQL 语法。

【真题分析】

本题考查 sp_addtype 的用法，其存储过程的语法如下。

sp_addtype{type},[,system_data_type][,'null_type']

其中，type 是用户自定义的数据类型的名称。system_data_type 是系统提供的数据类型。null_type 表示该数据类型是如何处理空值的，必须用单引号引起来，例如'NULL'、'NOT NULL'。

【参考答案】参考代码如下。

```
USE Library
GO
sp_addtype Email,'varchar(30)','NOT NULL'
GO
```

真题 16：AND 运算符（美国某知名硬件公司 2012 年面试真题）

【考频】★★★★★

在销售信息表（t_sale）中查询供应商（S_SUPPLIER）是“HS 公司”、运输费用（S_TRANS）小于 10 并且销售货物名称（S_TITLE）包含“HP”字符的销售货物信息。请写出相应的 SQL 语句。

【真题分析】

此题可以通过 AND 运算符来完成，在一个 WHERE 子句中，可以同时使用多个 AND 运算符连接多个查询条件。此时，必须满足所有的查询条件记录，才能够查询出所需的数据信息。

【参考答案】参考代码如下。

```
select * from t_sale
where s_supplier='HS 公司'
and s_trans <=10
and s_title like '%HP%'
```

AND 运算符也可以连接两个以上的查询条件。如 condition1 AND condition2 AND condition3，此时需要同时满足 3 个查询条件。

真题 17：IN 语句（国内某知名软件公司 2013 年面试真题）

【考频】★★★★

使用 SQL 语句实现查询图书信息表（T_BOOKINFO）中的图书编号（B_ID）、图书名称（B_NAME）、出版社名称（B_PUBLISH）、出版日期（B_DATE）、作者（B_AUTHOR）和图书价格（B_VALUE）字段，并且作者是“张三”或者是“李四”的图书信息。

【真题分析】

在 SQL 查询中，如果只需满足多个条件中的一个条件，可以使用 IN 运算符。

【参考答案】参考代码如下。

```
SELECT B_ID,B_NAME,B_PUBLISH,B_DATE,B_AUTHOR,B_VALUE
```

```
FROM T_BOOKINFO
WHERE B_AUTHOR IN('张三','李四')
```

IN 运算符的语法格式如下。

```
SELECT column
FROM table_name
WHERE column IN(vaule_list)
```

上述语句中，vaule_list 表示与查询相匹配的字符值。

真题 18：ADD 语句（国内某知名网络公司 2013 年面试真题）

【考频】★★★★

向员工信息表（t_employ）中添加职务（E_Duty）列，并且采用 NOT NULL 约束。

【真题分析】

数据表创建完成以后，可能还需要向其中增加新的字段信息。假设有一个员工信息数据表（t_employ），在实际应用中还需要向数据表中添加员工的职务信息，如果重新创建 t_employ 表，不仅会浪费开发时间，而且如果数据表中有大量数据信息的话，还会使得原来数据表中的数据信息丢失。为了避免这种情况的发生，可以采用 SQL 提供的 ADD 关键字向表中添加新列的方法修改数据表的结构。

【参考答案】参考代码如下。

```
ALTER TABLE t_employ
ADD E_Duty CHAR(10) NOT NULL
```

真题 19：创建视图（国内某知名金融公司 2013 年面试真题）

【考频】★★★★

创建一个视图 view_empInfo，使得在该视图中显示员工信息表（t_employ）中的员工姓名（e_name）、工号（e_nums）和部门（e_depart）信息，以及显示员工工资表（t_salary）中对应员工每个月的工资信息，数据表中的其他信息不显示。

【真题分析】

视图是从一个或多个表或者视图中导出的表，其结构和数据是建立在对表的查询基础上的。与真实的表一样，视图也包括多个被定义的数据列和多个数据行，但从本质上讲，这些数据列和数据行来自其所引用的表。视图的创建主要由 CREATE VIEW 关键字来实现。在 SQL 中，创建视图的语法结构如下。

```
CREATE VIEW view_name[(column1,column2,…)]
AS
```

```
(SELECT_statement
[WITH[CASCADED|LOCAL]CHECK OPTION])
```

上述语句中的几个重要参数说明如下。

- ◆ view_name：要创建的视图名称。
- ◆ [(column1,column2,...)]：可选项，默认时为子查询结果中的字段名。
- ◆ CHECK OPTION：保证只有视图可读的数据才可以由视图插入、更新或删除。这一子句只能用于对基表进行更新的视图。
- ◆ CASCADED：此选项对当前视图和所有视图执行选项检查，适用于嵌套的视图。
- ◆ LOCAL：此选项只对当前视图执行选项检查，适用于嵌套的视图。

参考代码如下。

```
CREATE VIEW view_empInfo
AS
SELECT a.e_name, a.e_nums,a.e_depart,b.s_yf,b.s_jje
FROM t_employ a,t_salary b
where a.e_nums=b.s_gh
```

在 SQL Server 数据库中，可以创建的视图包括标准视图、索引视图和分区视图。

标准视图组合了一个或多个表中的数据，主要用于加强数据和简化操作。加强数据是指用户能够着重于他们所感兴趣的特定数据和所负责的特定任务，不必要的数据或敏感数据可以不出现在视图中。而简化操作是指可以将常用连接、UNION 查询和 SELECT 查询定义为视图，以使用户不必在每次对该数据执行附加操作时指定所有条件和条件限定。

索引视图是被具体化了的视图，即它已经过计算并存储。可以为视图创建索引，即对视图创建一个唯一的聚集索引。索引视图可以显著提高某些类型查询的性能，尤其适用于聚合许多行的查询，但不太适用于经常更新的基本数据集。

分区视图在一台或多台服务器间水平连接一组成员表中的分区数据。这样，数据看上去如同来自一个表，连接同一个 SQL Server 实例中成员表的视图是一个本地分区视图。

真题 20：添加主键约束（国内某知名购物网站 2012 年面试真题）

【考频】★★★★

假设在数据库中已经存在酒店管理系统中的客房信息表（ROOMINFO），表结构如表 16-9 所示。

表 16-9　客房信息表（ROOMINFO）

编号	列名	数据类型	中文释义
1	ROOMID	INTEGER	房间编号
2	ROOMTYPEID	INTEGER	房间类型编号
3	ROOMPRICE	NUMERIC(7,2)	房间价格
4	ROOMSTATE	VARCHAR(2)	房间状态
5	REMARK	VARCHAR(200)	备注

给客房信息表（ROOMINFO）中的 ROOMID 列添加主键约束。

【真题分析】

主键约束不仅可以在创建表的同时创建，也可以在修改数据表时添加。设置成主键约束的列中不允许有空值。

【参考答案】参考代码如下。

```
ALTER TABLE ROOMINFO
ADD CONSTRAINT PK_ROOMINFO PRIAMRY KEY(ROOMID)
```

在为设计好的表中添加主键约束时，要确保添加主键约束的列是非空的，否则就会出现如图 16-2 所示的错误消息。

```
消息 8111，级别 16，状态 1，第 1 行
无法在表 'ROOMINFO' 中可为 Null 的列上定义 PRIMARY KEY 约束。
消息 1750，级别 16，状态 0，第 1 行
无法创建约束。请参阅前面的错误消息。
```

图 16-2　错误消息

真题 21：查询语句（国内某知名网络安全公司 2013 年面试真题）

【考频】★★★★

查询员工信息表（T_EMPLOYEEINFO）中姓名为“Mark”的员工信息。

【真题分析】

WHERE 子句获取 FROM 子句返回的结果集，并应用 WHERE 子句中定义的搜索条件对结果集进行筛选，符合搜索条件的数据作为查询结果的一部分返回，不符合搜索条件的从结果中删除。

【参考答案】参考代码如下。

```
SELECT *
FROM T_ EMPLOYEEINFO
WHERE NAME=' Mark'
```

WHERE 子句的语法结构如下。

```
SELECT column
FROM table_name
WHERE column condition value
```

该语句中 column 表示列名称，table_name 表示数据表名称，condition 表示查询条件，value 表示查询的值。

面试官寄语

数据库是一个单位或一个应用领域的通用数据处理系统，它存储的是属于企业和事业部门、团体和个人的有关数据的集合。数据库中的数据是从全局观点出发建立的，按一定的数据模型进行组织、描述和存储。其结构基于数据间的自然联系，从而可提供一切必要的存取路径，且数据不再针对某一应用，而是面向全组织，具有整体的结构化特征。

第 17 章 无所不能：计算机网络

赵老师，计算机网络知识的考核越来越多地出现在面试题中了，看来我们真得加以重视了。

从古代的驿站、八百里快马，到近代的电报、电话，人类对于通信的追求从未间断过，信息的处理与通信技术的革新一直伴随社会的发展，网络通信的发展更是快得惊人。

现在企业招聘对于网络方面的知识要求很高，对于这方面的知识也很受重视。现在是网络的社会，很多程序的运行需要网络来支撑，尤其是网络程序员更离不开网络方面的知识。很好地掌握网络方面的知识，可以增加求职者在面试中的竞争力。

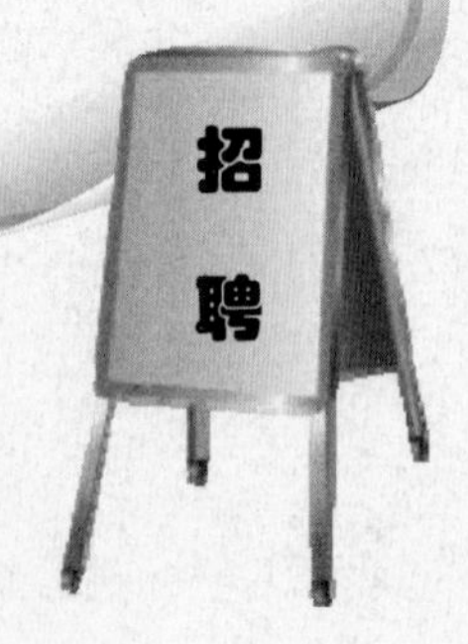

17.1　网络体系结构

网络体系结构是程序员面试的热门考点，其中尤为重要的是与 IP 子网计算相关的问题，因此大家在学习过程中要对各种子网划分计算的题型进行重点复习。

真题 1：网络层的服务访问点（国内某知名网络通信公司 2013 年面试真题）

【考频】★★★★★

在 OSI 参考模型中，上层协议实体与下层协议实体之间的逻辑接口叫作服务访问点（SAP）。在 Internet 中，网络层的服务访问点是______。

A．MAC 地址　　B．LLC 地址　　C．IP 地址　　D．端口号

【真题分析】

MAC 地址是物理地址、硬件地址和网卡地址。LLC 地址是逻辑链路层的 SAP。注意局域网中的寻址要分两步走，第一步是用 MAC 地址找到网络中的某一个站，第二步是用 LLC 地址信息找到该站中的某个 SAP。端口号是传输层上的 SAP 即 TSAP，网络层的服务访问点就是网络地址，在 Internet 中就是 IP 地址。所以选项 A、B、D 错误，选项 C 是正确的，即网络层的服务访问点是 IP 地址。

【参考答案】C

两个相邻层间的信息交换，实际上是由两层间的实体通过服务访问点相互作用的。这里，N 实体是 N 层中一个活动的元素，可以是软实体（如一个进程），也可以是硬实体（如智能输入输出芯片）。接口以一个或多个服务访问点 SAP（Service Access Point）的形式存在，并通过访问服务点来实现其功能。SAP 位于 N 层和 N+1 层的逻辑交界面上，是 N 层实体向 N+1 层实体提供服务的地方，或者说是 N+1 层实体请求 N 层服务的地方。每个 SAP 有一个唯一的标识标明它的地址，如在物理层的 SAP 地址可以是异步通信口的地址。

真题 2：逻辑链路控制（国内某知名硬件公司 2013 年面试真题）

【考频】★★★★★

IEEE 802 局域网中的地址分为两级，其中逻辑链路控制地址是_____。

A．应用层地址　　B．上层协议实体的地址

C．主机的地址　　D．网卡的地址

【真题分析】

在 ISO 的 OSI 参考模型中，数据链路层的功能相对简单，它只负责将数据从一个结点可靠地传输到相邻结点。但在局域网中，多个结点共享传输介质，必须有某种机制来决定下一个时刻哪个设备占用传输介质传送数据。因此，局域网的数据链路层要有介质访问控制的功能。为此，一般又将数据链路层划分成两个子层：逻辑链路控制 LLC（Logic Line Control）子层、介质访问控制 MAC（Media Access Control）子层。其中，LLC 子层负责向其上层提供服务；MAC 子层的主要功能包括数据帧的封装/卸装、帧的寻址和识别、帧的接收与发送、链路的管理、帧的差错控制等。MAC 子层的存在屏蔽了不同物理链路种类的差异性。服务访问点（SAP）是一个层次系统的上下层之间进行通信的接口，逻辑链路控制子层的 SAP 是 LLC 地址，作为上层实体（网络层）可以访问逻辑链路控制子层服务的地方。

【参考答案】B

真题 3：ICMP 协议（国内某知名嵌入式公司 2012 年面试真题）

【考频】★★★★

下面关于 ICMP 协议的描述中，正确的是________。

A．ICMP 协议根据 MAC 地址查找对应的 IP 地址

B．ICMP 协议把公网的 IP 地址转换为私网的 IP 地址

C．ICMP 协议根据网络通信的情况把控制报文传送给发送方主机

D．ICMP 协议集中管理网络中的 IP 地址分配

【真题分析】

ICMP 是“Internet Control Message Protocol”（Internet 控制消息协议）的缩写。它是 TCP/IP 协议簇的一个子协议，用于在 IP 主机、路由器之间传递控制消息。控制消息是指网络通不通、主机是否可达、路由是否可用等网络本身的消息。这些控制消息虽然并不传输用户数据，但是对于用户数据的传递起着重要的作用。我们在网络中经常使用的 ping 和 tracert 命令是基于 ICMP 协议的。

A 选项：只有 ARP 能实现根据 MAC 地址查找对应的 IP 地址。

B 选项：把公网的 IP 地址转换为私网的 IP 地址的是 NAT。

D 选项：集中管理网络中 IP 地址分配的是 DHCP 协议。

【参考答案】C

真题 4：TCP 协议（国内某知名搜索公司 2013 年面试真题）

【考频】★★★★★

在 TCP 协议中，采用________来区分不同的应用进程。

A．端口号　　B．IP 地址　　C．协议类型　　D．MAC 地址

一台拥有 IP 地址的主机可以提供许多服务，如 Web 服务、FTP 服务、SMTP 服务等，这些服务完全可以通过 1 个 IP 地址来实现。那么，主机是怎样区分不同的网络服务呢？显然不能只靠 IP 地址，因为 IP 地址与网络服务的关系是一对多的关系。实际上是通过"IP 地址+端口号"来区分不同的服务的。需要注意的是，端口并不是一一对应的。比如你的电脑作为客户机访问一台 WWW 服务器时，WWW 服务器使用"80"端口与你的电脑通信，但你的电脑则可能使用"3457"这样的端口。

【参考答案】A

从用户角度看，TCP 可以提供面向连接的、可靠的（没有数据重复或丢失）、全双工的数据流传输服务。它允许两个应用程序建立一个连接，然后发送数据并终止连接。每一 TCP 连接可靠地建立，优雅地关闭，保证数据在连接关闭之前被可靠地投递到目的地。

具体地说，TCP 提供的服务有如下几个特征。

- 面向连接（Connection Orientation）：TCP 提供的是面向连接的服务。在发送正式的数据之前，应用程序首先需要建立一个到目的主机的连接。这个连接有两个端点，分别位于源主机和目的主机之上。一旦连接建立完毕，应用程序就可以在该连接上发送和接收数据。
- 完全可靠性（Complete Reliability）：TCP 确保通过一个连接发送的数据正确地到达目的地，不会发生数据的丢失或乱序。
- 全双工通信（Full Duplex Communication）：一个 TCP 连接允许数据在任何一个方向上流动，并允许任何一方的应用程序在任意时刻发送数据。
- 流接口（Stream Interface）：TCP 提供了一个流接口，应用程序利用它可以发送连续的数据流。也就是说，TCP 连接提供了一个管道，只能保证数据从一端正确地流到另一端，但不提供结构化的数据表示法（例如，TCP 不区分传送的是整数、实数还是记录或表格）。
- 连接的可靠建立与关闭（Reliable Connection Startup & Graceful Connection Shutdown）：在建立连接的过程中，TCP 保证新的连接不与其他的连接或过时的连接混淆；在连接关闭时，TCP 确保关闭之前传递的所有数据都可靠地到达目的地。

真题 5：ARP 协议（美国某知名硬件公司 2013 年面试真题）

【考频】★★★★

ARP 协议的作用是由 IP 地址求 MAC 地址，ARP 请求是广播发送，ARP 响应是______发送。

A．单播　　B．组播　　C．广播　　D．点播

本题考查的是 ARP 请求包与响应包发送方式及单播、组播、广播相关概念。在局域网中每台主机都会在自己的 ARP 缓冲区中建立一个 ARP 列表，以表示 IP 地址和 MAC 地址的对应关系。当源主机需要将一个数据包发送到目的主机时，会首先检查自己 ARP 列表中是否存在该 IP 地址对应的 MAC 地址，如果有，就直接将数据包发送到这个 MAC 地址；如果没有，就向本地网段发起一个 ARP 请求的广播包（广播），查询此目的主机对应的 MAC 地址。此 ARP 请求数据包里包括源主机的 IP 地址、硬件地址，以及目的主机的 IP 地址。网络中所有的主机收到这个 ARP 请求后，会检查数据包中的目的 IP 是否和自己的 IP 地址一致。如果不相同就忽略此数据包；如果相同，该主机首先将发送端的 MAC 地址和 IP 地址添加到自己的 ARP 列表中，如果 ARP 表中已经存在该 IP 的信息，则将其覆盖，然后给源主机发送一个 ARP 响应数据包（单播），告诉对方自己是它需要查找的 MAC 地址；源主机收到这个 ARP 响应数据包后，将得到的目的主机的 IP 地址和 MAC 地址添加到自己的 ARP 列表中，并利用此信息开始数据的传输。如果源主机一直没有收到 ARP 响应数据包，表示 ARP 查询失败。

 A

真题 6：地址聚合（国内某知名软件公司 2013 年面试真题）

【考频】★★★★

设有下面 4 条路由：172.18.129.0/24、172.18.130.0/24、172.18.132.0/24 和 172.18.133.0/24，如果进行路由会聚，能覆盖这 4 条路由的地址是________。

A．172.18.128.0/21　　B．172.18.128.0/22

C．172.18.130.0/22　　D．172.18.132.0/23

这是一种与子网划分计算相反的计算题型——地址聚合。虽然地址聚合的目的是要将多个地址合并到一起，但是基本的计算方法和子网划分是类似的。一定要弄清楚主机位和子网位的相互关系。在本题中，要先计算出能聚合的最小地址范围。由题意可以得知这 4 个地址都是属于 172.18.129～172.18.133，跨度为 5，所以至少应该包含 8 个地址段，也就是需要借用 3 位作为子网位，所以掩码是 24-3=21。

 A

真题 7：网络的拓扑结构（国内某知名搜索公司 2012 年面试真题）

【考频】★★★★★

某网络的拓扑结构如图 17-1 所示，网络 A 中 A2 主机的 IP 地址可以为＿（1）＿；如果网络 B 中有 1 000 台主机，那么需要为网络 B 分配＿（2）＿个 C 类网络地址，其中 B1 主机的 IP 地址可以为＿（3）＿，网络 B 的子网掩码应为＿（4）＿。

（1）A.192.60.80.0　　B.192.60.80.2
　　C. 192.60.80.3　　D. 192.60.80.4
（2）A. 1　　B. 2
　　C. 3　　D. 4
（3）A. 192.60.16.1　　B. 192.60.16.2
　　C. 192.60.16.5　　D. 192.60.16.255
（4）A. 255.255.255.0　　B. 255.255.254.0
　　C. 255.255.253.0　　D. 255.255.252.0

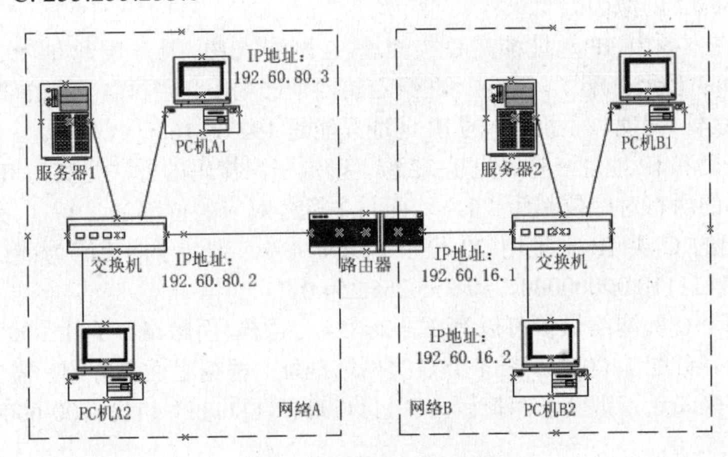

图 17-1　网络的拓扑结构

【真题分析】

IP 地址是一个 4 字节（共 32 位）的数字，被分为 4 段，每段 8 位，段与段之间用圆点分隔。为了便于表达和识别，IP 地址是以十进制形式表示的（例如 212.152.200.12），每段所能表示的十进制数最大不超过 255。IP 地址由两部分组成，即网络号（Network ID）和主机号（Host ID）。网络号标识的是 Internet 上的一个子网，而主机号标识的是子网中的某台主机。

IP 地址根据网络号和主机号的数量分为 A、B、C 三类。

（1）A 类 IP 地址：最前面一位为“0”，然后用 7 位标识网络号，24 位标识主机号。即 A 类地址的第一段取值是 1～126。A 类地址通常为大型网络而提供，全世界总共只有 126 个可能的 A 类网络，每个 A 类网络最多可以连接 224－2 台主机。

（2）B 类 IP 地址：最前面两位是“10”，然后用 14 位来标识网络号，16 位标识主机号。因此，B 类地址的第一段取值是 128～191，第一段和第二段合在一起表示网络号。B 类地址适用于中等规模的网络，全世界大约有 16 000 个 B 类网络，每个 B 类网络最多可以连接 216－2 台主机。

（3）C 类 IP 地址：最前面三位是“110”，然后用 21 位标识网络号，8 位标识主机号。因此，C 类地址的第一段取值是 192～223，第一段和第二段合在一起表示网络号。最后一段标识网络上的主机号。C 类地址适用于校园网等小型网络，每个 C 类网络最多可以有 28－2 台主机。

有几个特殊的情况。主机号全为“1”的网间网地址用于广播，叫作广播地址。当 32 位地址全为“1”时，该地址用于本网广播，称为有限广播。网络号全为“0”，后面的主机号表示本网地址。主机号全为“0”，此时的网络号就是本网的地址。保留的地址有网络号全为“1”和 32 位全为“0”。

由以上规定可以看出，网络号全为“1”或全为“0”，主机号全为“1”或全为“0”，都是不能随意分配的，这就是前面的 A、B、C 类网络属性表中网络数及主机数要减 2 的原因。

显然，在本题中，IP 地址都是 C 类地址。在网络 A 中，因为 IP 地址 192.60.80.2 和 192.60.80.3 已经分配了，所以，在给定的四个选项中，主机 A2 的 IP 地址只能是 192.60.80.4。同理，主机 B1 的 IP 地址只能是 192.60.16.5。

子网掩码和 IP 地址一样，也是 32 位，确定子网掩码的方法是其与 IP 地址中标识网络号的所有对应位都为“1”，而与主机号对应的位都是“0”。例如，分为 2 个子网的 C 类 IP 地址用 20 位来标识网络号，则其子网掩码为：11111111 11111111 11111110 00000000，即 255.255.254.0。

因为每个 C 类网络最多可以有 $2^8-2=254$ 台主机，而网络 B 有 1 000 台主机，所以需要为其分配 1 000/254≈4 个 C 类网络地址。根据上面的介绍，需要借用 2 个网络号位来表示，则其子网掩码为：11111111 11111111 11111100 00000000，即 255.255.252.0。

（1）D （2）D （3）C （4）D

真题 8：DNS 服务器（国内某知名硬件公司 2013 年面试真题）

【考频】★★★★★

在进行域名解析过程中，由________获取的解析结果耗时最短。

A．主域名服务器　　B．辅域名服务器

C．缓存域名服务器　　D．转发域名服务器

【真题分析】

本题考查 DNS 服务器的解析机制。

通常由主域名服务器、辅域名服务器、缓存域名服务器、转发域名服务器进行域名解析。主域名服务器负责维护这个区域的所有域名信息，需要从域管理员

构造的本地磁盘文件中加载域信息进行解析。辅助域名服务器作为主域名服务器的备份服务器提供域名解析服务。

辅助服务器从主域名服务器获得授权，有一个所有域信息的完整复制，解析时需要访问本地存储文件。缓存域名服务器可运行域名服务器软件但是没有域名数据库，它从某个远程服务器取得每次域名服务器查询的回答，一旦取得一个答案，就将它放在高速缓存中，以后查询相同的信息时就用它给予回答。转发域名服务器负责所有非本地域名的本地查询，转发域名服务器接到查询请求时，在其缓存中查找，如找不到就把请求依次转发到指定的域名服务器，直到查询到结果为止，否则返回无法映射的结果。

从上述服务器的查询机制中可以看出，缓存域名服务器通过高速缓存的存取进行域名解析，因此获取的解析结果耗时最短。

C

17.2　网络互联技术

网络的互联是指将两个以上的计算机网络，通过一定的方法，用一种或多种通信处理设备相互连接起来，以构成更大的网络系统以实现互相通信且共享软件。网络连接设备、网络互连协议、交换技术等内容是面试出题的重点。

真题 9：网络设备选型（国内某知名网络公司 2013 年面试真题）

【考频】 ★★★★★

____是错误的网络设备选型原则。

A．选择网络设备，应尽可能地选择同一厂家的产品

B．为了保证网络性能，尽可能地选择性能高的产品

C．核心设备的选取要考虑系统日后的扩展性

D．网络设备选择要充分考虑其可靠性

【真题分析】

设备选型关键有以下几点。

◆ 满足需求：满足需求不是指简单地满足用户现有的需求，而应该综合考虑用户在将来的一段比较长的时间内的扩展性。

◆ 实用性：当然，设备选型并不一定要刻意选择太超前、性能高的产品。选择设备时一定要经济实用。设备选型必须在最大程度上保护用户的投资。

◆ 兼容性：网络设备不同于其他设备，不同厂家的产品，可能软/硬件会互不兼容，因此要尽可能选择同一厂家所生产的网络产品。

◆ 可靠性：网络可靠性主要是指当设备或网络出现故障时，网络提供服务的不间断性的能力，它涉及网络冗余与负载均衡相关技术。

【参考答案】B

真题 10：VLAN（中国台湾某知名硬件公司 2012 年面试真题）

【考频】★★★★

下面设备中，________可以转发不同 VLAN 之间的通信。

A．二层交换机　　B．三层交换机

C．网络集线器　　D．生成树网桥

【真题分析】

VLAN 之间的通信必须通过路由器来实现。但是传统路由器也难以胜任 VLAN之间的通信任务，因为相对于局域网的网络流量来说，传统的普通路由器的路由能力太弱。如果采用传统的路由器，虽然可以隔离广播，但是性能又得不到保障。

而三层交换机的性能非常高，既有三层路由的功能，又具有二层交换的网络速度。二层交换基于 MAC 寻址，三层交换则是转发基于第三层地址的业务流；除了必要的路由决定过程外，大部分数据转发过程由二层交换处理，提高了数据包转发的效率。三层交换机通过使用硬件交换机构实现了 IP 的路由功能，其优化的路由软件使得路由过程效率提高，解决了传统路由器软件路由的速度问题。因此可以说，三层交换机具有“路由器的功能、交换机的性能”。

【参考答案】B

真题 11：松散源路由（国内某知名移动通信公司 2013 年面试真题）

【考频】★★★★

在互联网中可以采用不同的路由选择算法，所谓松散源路由是指 IP 分组_____。

A．必须经过源站指定的路由器

B．只能经过源站指定的路由器

C．必须经过目标站指定的路由器

D．只能经过目标站指定的路由器

【真题分析】

严格源路由选项规定 IP 数据报要经过路径上的每一个路由器，相邻路由器之间不得有中间路由器，并且所经过路由器的顺序不可更改。而松散源路由选项只是给出 IP 数据报必须经过源站指定的路由器，并不给出一条完备的路径，无直接连接的路由器之间的路由尚需 IP 软件的寻址功能补充。

【参考答案】A

真题 12：ICMP 报文（国内某知名移动开发公司 2013 年面试真题）

【考频】★★★★

为了确定一个网络是否可以连通，主机应该发送 ICMP_______报文。

A．回声请求　　　　B．路由重定向

C．时间戳请求　　　D．地址掩码请求

【真题分析】

回应请求/应答 ICMP 报文用于测试目的主机或路由器的可达性。请求者（某主机）向特定目的 IP 地址发送一个包含任选数据区的回应请求，要求具有目的 IP 地址的主机或路由器响应。当目的主机或路由器收到该请求后，发回相应的回应应答，其中包含请求报文中任选数据的副本。

由于请求/应答 ICMP 报文均以 IP 数据报形式在互联网中传输，因此如果请求者成功收到一个应答（应答报文中的数据副本与请求报文中的任选数据完全一致），则可以说明：

- ◆目的主机（或路由器）可以到达。
- ◆源主机与目的主机（或路由器）的 ICMP 软件和 IP 软件工作正常。
- ◆回应请求与应答 ICMP 报文经过的中间路由器的路由选择功能正常。

【参考答案】A

真题 13：网络连接（国内某知名网络公司 2012 年面试真题）

【考频】★★★★★

图 17-2 表示客户机/服务器通过网络访问远端服务器的一种实现方式，请指出在服务器端的设备 1 是__（1）__，设备 2 是__（2）__。使用电话线路连接远程网络的一种链路层协议是__（3）__。

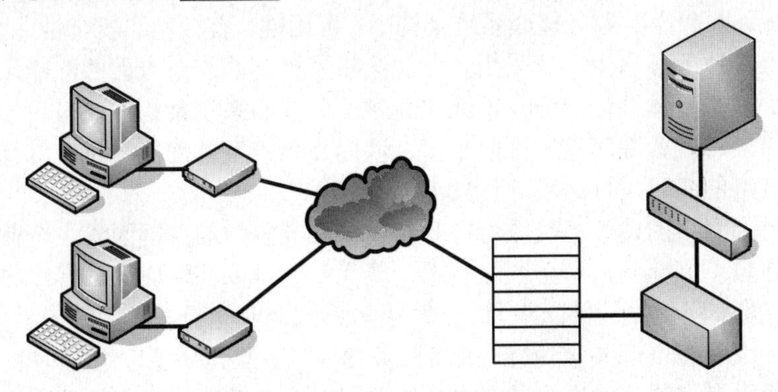

图 17-2　例题图

（1）A. 默认网关　　B. 主交换机　　C. MODEM 池　　D. 集线器

（2）A. Web 服务器　B. FTP 服务器　C. E-mail 服务器　D. RAS 服务器

（3）A. TCP　B. PPP　C. UDP　D. ARP

【真题分析】

从图 17-2 可以看出设备 1 是负责处理客户机通过 PSTN 电话网络发出的通信连接，因此它是一个拨入服务器，而能够承担这个任务的就是 MODEM 池（也就是由多个 MODEM 组成的一个集合，可以并发接受多个 PSTN 远程连接）。

设备 2 则是一个 RAS（远程访问）服务器。它为用户提供了一种通过 MODEM 访问远程网络的功能，当用户通过远程访问服务连接到远程网络之后，电话线就变得透明了，用户可以访问远程网络中的任何资源，就像亲临其境一样。RAS 调制解调器就承担着与网卡类似的功能。

使用电话线路连接远程网络时，其使用的是 PPP（点对点通信协议）数据链路层协议。其实从链路层协议来看，TCP、UDP、ARP 都应该可以很简单排除。

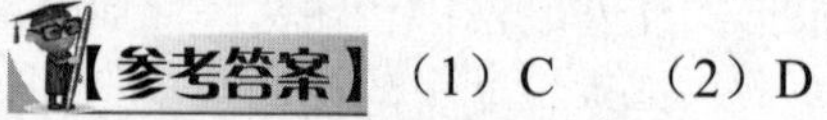
【参考答案】（1）C　（2）D　（3）B

真题 14：网络设计原则（国内某知名金融公司 2013 年面试真题）

【考频】★★★★

在进行金融业务系统的网络设计时，应该优先考虑（1）原则。在进行企业网络的需求分析时，应该首先进行（2）。

（1）A. 先进性　B.开放性　C. 经济性　D. 高可用性

（2）A. 企业应用分析　B. 网络流量分析

C. 外部通信环境调研　D. 数据流向图分析

【真题分析】

可用性、有效性和安全性是金融业务核心系统架构中被着重关注的三方面。数据量大、数据类型多样、业务需求多样、业务需求变化快和子系统繁多是金融业务的特点，因此金融业务核心系统架构中，可用性、有效性和安全性尤为重要。在复杂的金融业务环境中，只采用片面的策略来提高系统单方面的性能，会导致系统性能失衡，整体性能降低。因此在金融业务核心系统架构中要采用一定的策略保持可用性、有效性和安全性的平衡，以提升系统整体性能。而在进行网络设计时，其网络的高可用性是设计优先考虑的。

企业内部网络的建设已经成为提升企业核心竞争力的关键因素。企业网已经越来越多地被人们提到，利用网络技术，现代企业可以在供应商、客户、合作伙伴、员工之间实现优化的信息沟通。这直接关系到企业能否获得关键的竞争优势。企业网络要求具有资源共享功能、通信服务功能、多媒体功能、远程 VPN 拨入访问功能。所以在进行企业网络的需求分析时，对企业的需求、应用范围、基于的技术等，要从企业应用来进行分析。

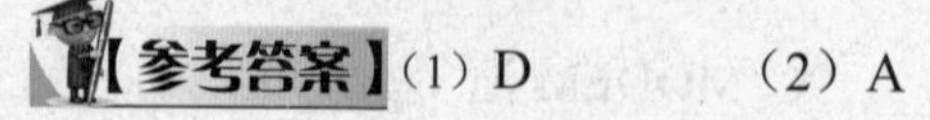
【参考答案】（1）D　（2）A

17.3　网络安全

计算机网络给人们带来便利性的同时，也带来了无限的安全隐患。所以发现和预防网络攻击，修补网络缺陷，是任何一个网络管理员应该掌握的技能。新的大纲要求网络工程师熟悉系统安全和数据安全的基础知识，掌握网络安全的基本技术和主要的安全协议与安全系统。从近些年的一些大的 IT 企业面试题来看，保密性与完整性、非法入侵与病毒的防护、安全与加密等方面的知识是考核重点。

真题 15：Windows 用户组（国内某知名软件公司 2013 年面试真题）

Windows 系统中内置了一些用户组，其中对计算机拥有不受限制的完全访问权的用户组是___(1)___；权限最低的用户组是___(2)___。

（1）A．Administrators　　B．Power Users
　　C．Users　　D．Guests

（2）A．Administrators　　B．Power Users
　　C．Users　　D．Guests

在 Windows 系统中，存在以下六类用户组：

（1）Users，即普通用户组。这个组的用户无法进行有意或无意的改动。Users 组是最安全的组，因为分配给该组的默认权限不允许成员修改操作系统的设置或用户资料，Users 可以创建本地组，但只能修改自己创建的本地组。Users 可以关闭工作站，但不能关闭服务器。

（2）Power Users，即高级用户组。Power Users 可以执行除了为 Administrators 组保留的任务外的其他任何操作系统任务。分配给 Power Users 组的默认权限允许 Power Users 组的成员修改整个计算机的设置。但 Power Users 不具有将自己添加到 Administrators 组的权限。在权限设置中，这个组的权限仅次于 Administrators 组。

（3）Administrators，即管理员组。默认情况下，Administrators 中的用户对计算机/域有不受限制的完全访问权，分配给该组的默认权限允许对整个系统进行完全控制。

（4）Guests，即来宾组。来宾组跟普通组 Users 的成员有同等访问权，但来宾账户的限制更多。

（5）Everyone，即所有的用户。这个计算机上的所有用户都属于这个组。

（6）SYSTEM 拥有和 Administrators 一样甚至更高的权限，在查看用户组的时候它不会被显示出来，也不允许任何用户加入。这个组主要是保证了系统服务的正常运行，赋予系统及系统服务的权限。

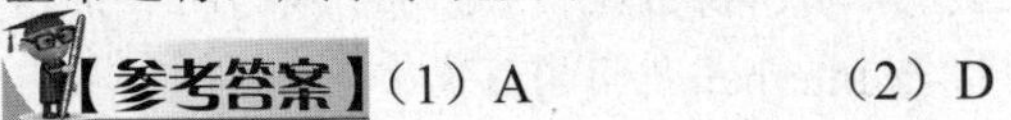

真题 16：网络窃取和攻击（国内某知名移动通信公司 2013 年面试真题）

【考频】★★★★

窃取是对___（1）___的攻击，DDoS 攻击破坏了___（2）___。

（1）A．可用性　　B．保密性　　C．完整性　　D．真实性

（2）A．可用性　　B．保密性　　C．完整性　　D．真实性

【真题分析】

顾名思义，窃取是窃取者绕过系统的保密措施得到真实的、完整的、可用的信息。

DoS（Denial Of Service，拒绝服务式攻击）：就好像中国系统分析员顾问团大楼装满了肯德基的薯条，而中国系统分析员顾问团的顾问就无法正常工作一样。DDos 就是用分布式的方法，用多台机器进行拒绝服务攻击，从而使服务器变得不可用。

【参考答案】（1）B　　（2）A

真题 17：网络攻击防范（国内某知名购物网站 2013 年面试真题）

【考频】★★★★

公司面临的网络攻击来自多方面，一般通过安装防火墙来防范___（1）___，安装用户认证系统来防范___（2）___。

（1）A．外部攻击　　B．内部攻击　　C．网络监听　　D．病毒入侵

（2）A．外部攻击　　B．内部攻击　　C．网络监听　　D．病毒入侵

【真题分析】

防火墙是指建立在内外网络边界上的过滤封锁机制。防火墙的一个特点是：内部网络被认为是安全和可信赖的，而外部网络（通常是 Internet）被认为是不安全和不可信赖的。

防火墙能防范外部攻击，但不能防范内部攻击，如果要对内部攻击进行有效防范，应该采用用户认证的方式进行。另外，防火墙对网络监听与病毒入侵也无能为力。

（1）A　　（2）B

防火墙的作用是：防止不希望的、未经授权的通信进出被保护的内部网络，通过边界强化内部网络的安全政策。防火墙系统可以是硬件，也可以是软件，也可能是硬件和软件的结合。它处于被保护网络和其他网络的边界，接收进出于被保护网络的数据流，并根据所配置的访问控制策略进行过滤或其他操作。防火墙系统不仅能够保护网络资源不受外部的侵入，而且还能够拦截从被保护网络向外传送的有价值的信息。它一般用于内部网络与 Internet 之间的隔离。

真题 18：网络加密（国内某知名移动开发公司 2013 年面试真题）

【考频】★★★★

两个公司希望通过 Internet 进行安全通信，保证从信息源到目的地之间的数据传输以密文形式出现，而且公司不希望由于在中间结点使用特殊的安全单元增加开支，最合适的加密方式是__(1)__，使用的会话密钥算法应该是__(2)__。

（1）A．链路加密　B．结点加密　C．端—端加密　D．混合加密

（2）A．RSA　B．RC-5　C．MD5　D．ECC

【真题分析】

本题考查加密方式的选择。

数据传输加密技术的目的是对传输中的数据流加密，以防止通信线路上的窃听、泄露、篡改和破坏。如果以加密实现的通信层次来区分，加密可以在通信的 3 个不同层次来实现，即链路加密（位于 OSI 网络层以下的加密）、结点加密和端到端加密（传输前对文件加密，位于 OSI 网络层以上的加密）。

一般常用的是链路加密和端到端加密两种方式。链路加密侧重点在通信链路上而不考虑信源和信宿，是对保密信息通过各链路采用不同的加密密钥提供安全保护。链路加密是面向结点的，对于网络高层主体是透明的，它对高层的协议信息（地址、检错、帧头和帧尾）都加密，因此数据在传输中是密文的，但在中央结点必须解密得到路由信息。端到端加密则指信息由发送端自动加密，并进入 TCP/IP 数据包回封，然后作为不可阅读和不可识别的数据穿过因特网，这些信息一旦到达目的地，将自动重组、解密，成为可读数据。端到端加密是面向网络高层主体的，它不对下层协议进行信息加密，协议信息以明文形式传输，用户数据在中央结点不需解密。

RSA 适用于数字签名和密钥交换。RSA 加密算法是目前应用最广泛的公钥加密算法，特别适用于通过 Internet 传送的数据。RSA 算法的安全性基于分解大数字时的困难（就计算机处理能力和处理时间而言）。在常用的公钥算法中，RSA 与众不同，它能够进行数字签名和密钥交换运算。

MD5 是由 Ron Rivest 设计的可产生一个 128 位的散列值的散列算法。MD5 设计经过优化可以用于 Intel 处理器。这种算法的基本原理已经泄露。

RC-2、RC-4 和 RC-5 密码算法提供了可变长的密钥加密方法，由 RSA 数据安全公司授权使用。目前网景公司的 Navigator 浏览器及其他很多 Internet 客户端和服务器端产品使用了这些密码。

【参考答案】（1）C　（2）A

真题 19：网络安全设计原则（国内某知名网络公司 2013 年面试真题）

【考频】★★★★

以下关于网络安全设计原则的说法，错误的是__(39)__。

A．充分、全面、完整地对系统的安全漏洞和安全威胁进行分析、评估和检

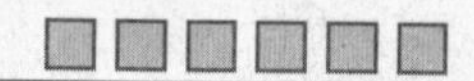

测，是设计网络安全系统的必要前提条件

B．强调安全防护、监测和应急恢复。要求在网络发生被攻击的情况下，必须尽可能快地恢复网络信息中心的服务，减少损失

C．考虑安全问题解决方案时无须考虑性能价格的平衡，强调安全与保密系统的设计应与网络设计相结合

D．网络安全应以不影响系统的正常运行和合法用户的操作活动为前提

【真题分析】

网络安全设计是保证网络安全运行的基础，基本的设计原则包括强调对信息均衡、全面地进行保护的木桶原则，良好的信息安全系统必备的等级划分制度和网络信息安全的整体性原则、安全性评价与平衡原则等。在进行网络安全系统设计时应充分考虑现有网络结构及性能价格的平衡，安全与保密系统的设计应与网络设计相结合。

【参考答案】C

真题 20：网络隔离技术（国内某知名门户网站 2013 年面试真题）

【考频】★★★★

网络隔离技术的目标是确保把有害的攻击隔离，在保证可信网络内部信息不外泄的前提下，完成网络间数据的安全交换。下列隔离技术中，安全性最好的是________。

A．多重安全网关　　B．防火墙

C．VLAN 隔离　　D．物理隔离

【真题分析】

网络隔离（Network Isolation）技术的目标是确保把有害的攻击隔离在可信网络之外和保证可信网络内部信息不外泄的前提下，完成网间数据的安全交换。有多种形式的网络隔离，如物理隔离、协议隔离和 VPN 隔离等。无论采用什么形式的网络隔离，其实质都是数据或信息的隔离。网络隔离的重点是物理隔离。物理隔离的一个特征就是内网与外网永不连接，内网和外网在同一时间最多只有一个同隔离设备建立非 TCP/IP 协议的数据连接。

【参考答案】D

面试官寄语

对于计算机网络，从不同的角度看，有着不同的定义。从物理结构看，计算机网络可被定义为“在网络协议控制下，由多台计算机、终端、数据传输设备及计算机与计算机间、终端与计算机间进行通信的设备所组成的计算机复合系统”。从应用目的看，计算机网络可被定义为“以相互共享（硬件、软件和数据）资源方式而连接起来，且各自具有独立功能的计算机系统之集合”。现在的程序开发很多都与网络有关，对于程序员来说掌握网络知识是重要的环节，如果不具备这方面知识，可能无法胜任公司的工作，很多公司也把网络知识作为程序员选拔的一个重要范畴。

第 4 部分

综合能力测试篇

这部分内容主要包括英语面试、电话面试和IQ 测试。如果想进入外企工作，英语面试是必不可少的，所以打算进入外企，英语要学得很好。有些公司为了提高工作效率，会通过电话面试来进行初步筛选，掌握一些电话面试技巧也是很有必要的。IQ 测试的主要目的是看求职者的反应能力以及逻辑思维能力，作为程序开发者这两个能力必不可少。

第18章 探路外企：英语面试秘籍

赵老师，有些公司对于英语的要求很高，而且还要进行英语方面的面试，这是令很多程序员头疼的问题，有什么好的办法应对这方面的面试吗？

中国的经济环境越来越好，吸引越来越多的外企进驻中国，外企良好的工作环境和较高的福利待遇吸引着大批的求职者。然而，成为一名外企员工，肯定要经历英语面试。程序代码也是和英文有很大关系的，作为一名优秀的程序员，要掌握好英语这门语言。对于这方面的面试而言，没有什么捷径可走，只有平时的学习积累才是最好的基石。在此我们列举一些比较有代表性的英语面试题型供广大求职者参考，也能够为求职者提供一些方向性的帮助。

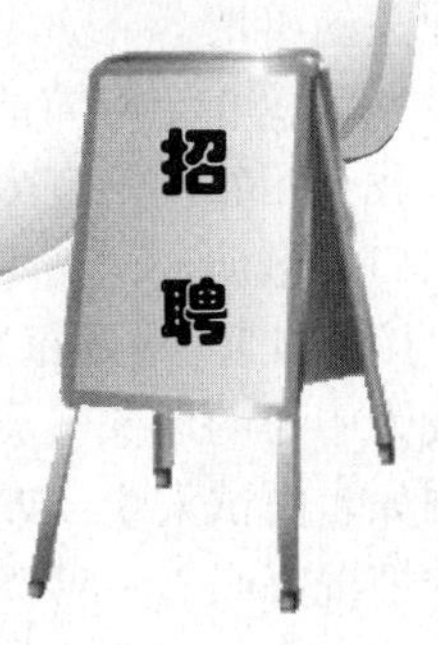

18.1　面试前的准备工作

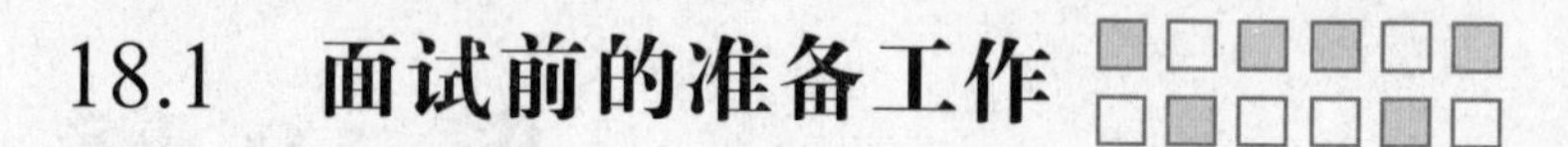

这里的英语面试不同于普通的英语面试。就一个程序员而言，最好能够做到用英文流利地介绍自己的求职经历，这是进外企非常重要的一步。有些问题即便是中文你都很难回答，更何况是用英文回答。但是求职过程本身就是一个准备的过程，机会总是垂青于那些精心准备的人，下面我们就聊聊如何准备一场英文面试吧。

18.1.1　面试准备

面试在求职过程中，可以说是压力最大的一个环节。面对外国老板连珠炮似的提问，如果能回答得从容不迫、简明扼要、恰当中肯，而且合乎老板的口味，那么肯定会大大增加录取机会。

1. 事先3项准备

- 对目标公司所在地、规模、在全球的活动概况等要事先有所了解，包括总公司在国内设立分公司的时间、业绩表现、经营规模，以及今后打算开展的业务等，若能得到业界的评价更好。
- 面试时自我介绍应强调应征的动机以及想应征的岗位，因此收集好相关岗位的情报，自我介绍时才能胸有成竹，切合主题。
- 准备好所有证书材料，譬如与专业能力相关的资格证书，或参加培训的资料，最好和应征职务有直接关联，不但可证明自己在这一方面所做的努力，也表示具有这个潜能。

2. 谈吐3P原则

自我介绍时应该记住“3P”原则：Positive（自信），Personal（个性），Pertinent（中肯）。谈吐自信，就是要积极地进行自我肯定，让面试人充分了解你的优点与潜能。突出个性，就是要把自己与众不同的特点发挥出来，强调自己的专业与能力。语气中肯，就是要实事求是，不要言过其实，夸夸其谈，也不要涉及和自己无关的事情。

自我介绍应简洁明了，给面试人留下思路清晰、反应快捷、逻辑性强的印象。自我介绍时间不宜太长，话不宜太多，最好控制在五分钟之内。不要一谈起自己就口若悬河，滔滔不绝，以免言多语失。另外，在自我介绍时应避免过多地使用“I”（我），不要每个句子一开头就冒出一个“I”字，给人留下自我标榜、以自我为中心的印象。灵活的应聘者往往会把“我”开头的话，变成“你”字打头。例如，面试人说：Would you please say something about yourself?（请你谈谈自己的情况好吗？）应聘者则说：Do you want me to talk about my personal life or to say something about the job?（你想让我谈谈我个人的生活呢，还是与这份工作有关的问题？）这样，你的谈话就把面试人摆了进去。这种谈话的方式所产生的效果是不言而喻的。面试毕竟是面试人与应聘者互相沟通的一个过程，应聘者时常把面试人摆进自己的谈话当中，自然而然就起到了互相沟通的作用。

3. 围绕 3 方面表现

回答问题时口齿要清晰、语调适中。内容要有条理、避免重复。介绍工作经历采用倒序的方式，从最近一份工作谈起，着重强调有利于新工作的职务经历。最好能说明曾担任何种职务、实际成绩、业绩等，以及自己的工作对原来公司的影响。凡和此次应征不相关的内容，尽量避免提及。话题紧扣以下 3 方面来展现自己的优势。

- 能力。当你知道招聘单位目前急于用人时，首先把自己的专长讲足说够，然后顺理成章地得出结论：I think your unit needs a man like me.（我想，贵单位需要像我这样的人才。）用这样的句式，让面试人认为你是站在他们的立场上说话，在替他们的发展考虑问题，于是更容易接受你。陈述自己的任职资格时，可以这么开头：I'm qualified for the job because...（我能胜任这项工作，是因为……），接着陈述理由。当面试人在审视你究竟能不能胜任此职时，参照的标准已不再是他心目中的标准，而是你列举的理由。
- 业绩。外国公司面试喜欢用事实说话，为了证明你的能力，你可以把过去的经历联系起来，说明你曾经为以前的公司解决过跟现在雇主所面临的类似问题。
- 诚意。某个问题发表完见解之后，可以附带加上一句：I'd like to hear your opinion.（我很想听听您的意见。）这句话表明了你对面试人的尊敬，很容易使面试官产生亲切感。当面试人在试探你的应聘诚意时，应该及时表态：So far as that is concerned，you must have understood my determination.（谈到这里，您一定已经明白我的决心。）最后，可以问一些与工作内容相关的问题，能表现你对这份工作的兴趣。

18.1.2 面试要点

笔者在当面试官的过程中，总结了 5 点比较有用的面试要点，大家面试之前能有针对性地补充一下这些方面的知识，对于求职也许会有一些帮助。

1. Writing a personal mission statement

它的意思是“叙述个人的工作任务说明”。这一点对于应聘者来说非常重要，能够时常保持对自己岗位和责任的书面陈述是一个有计划、有组织的人的重要体现。所以，在面试时别忘了对面试官提及这一点。

2. Updating skills through training so that you remain active and marketable

这句话的意思是“时常通过职场培训来获取技能，这样就更容易提高工作效率”。也就是说在面试时别忘了提到自己希望能够定期参加培训。这样不仅能够让面试官知道自己很上进，同时也能够真正地获取增长技能的机会。

3. Keeping a work diary

这一点的意思是“坚持写工作日志”。在对面试官提及自己的强项时，别忘说自己有一个很好的习惯——就是事无巨细地全部记录下来，时时监测自己的工作进度和工作效率，这是一个很好的工作习惯，面试官会对你青睐有佳的。

4. Developing self-awareness

在职场中“不断提高自我意识”是十分重要的。很多大型企业都注重员工的自我意识的培养。自我意识就是指员工都能够有工作自觉性、自控力，对自我教育和提高有推动作用。人只有意识到自己是谁，应该做什么的时候，才会自觉自律地去行动。所以，千万别忘了在面试时提到自己的“self-awareness”。

5. Ready to seek help of a mentor

工作中“把上级当作自己的导师”是一个十分积极的工作态度和上下级的沟通方法。同时，这也是自己能够加速成长，升职加薪的“不二秘籍”。希望各位在职场打拼的朋友都能领会这一点，尤其是别忘了对面试官提及这一点。

18.2 面试中的常见问题

在面试的过程中，很多人都会很害怕，万一我说错了什么怎么办？万一问题我不会回答该怎么办？等等。别担心许多面试官在面试中问的几乎都是基本问题。因此只要准备一下，你就可以避免讲错话而失去你梦想的工作了。一般的面试都会围绕如下几点进行提问：

- 家庭，成长环境。
- 教育背景，专业优势，人格魅力。
- 参加或组织过的活动。
- 你对这份工作的认识以及工作态度。
- 未来有什么发展目标。

真题 1：Can you sell yourself in two minutes？Go for it.（你能在两分钟内自我推荐吗？大胆试试吧！）

【考频】★★★★★

【参考答案】

Good morning, it’s my great honor to have this interview. My name is Xiao Cheng. I graduated from ××University this year. My major is Software Engineering. In campus, I have studied Java programming language, Oracle database, data structure and so on. I made a student management system during my spare time. I hope I can make a good performance today and eventually enroll in your company.（早上好，很荣幸能参加这次面试。我是小程，今年毕业于××大学。我的专业是软件工程。在校期间，我学习了 Java 语言、Oracle 数据库、数据结构等。业余时间里，我完成了一个学生管理系统。我希望今天能发挥良好并顺利进入贵公司。）

自我介绍的方式有很多种，其实掌握一些核心要点，很能吸引面试官的注意力。

To create an impressive pitch, know the answers to the following questions（要做一个让人眼前一亮的简介，先了解下面的这些问题吧）:

1. What is your goal or objective?（你的目标或目的是什么？）

2. What do you offer? Identify the skills and accomplishments that make you stand out from other people in your industry.（你的与众不同之处在哪？列举那些能让你在同行业竞争者中脱颖而出的技能和成果。）

3. What do you do? Include information about your goal or objective as it relates to your target audience.（你做的是什么？需要包含听众所感兴趣的你的目标或目的。）

4. What problems do you solve? Every job description stems from a company's problem or specific need. Make sure you know how your contributions will make a difference for the organizations you target.（你解决了哪些问题？每个职业设立都是源于公司的某个困难或者专业需求。一定要知道你的贡献如何能对这个企业产生重大的影响。）

5. What results do you create? Think about your accomplishments in your current or past positions.（你有什么成果？想想你在现任或过去的行业里所取得的成果。）

真题 2：How do you rate yourself as a professional？(你如何评估自己是位专业人员呢？)

【考频】★★★★★

【参考答案】

① With my strong academic background, I am capable and competent.（凭借我良好的学术背景，我可以胜任自己的工作，而且我认为自己很有竞争力。）

② I participated in the development of many projects, and accumulated rich practical experience. (我参与了很多项目的开发，积累了丰富的实践经验。)

真题 3：What do you think you are worth to us？（你怎么认为你对我们有价值呢？）

【考频】★★★★★

【参考答案】

① I feel I can make some positive contributions to your company in the future.（我觉得我对贵公司能做些积极性的贡献。）

② I think this job can give me the best chance to practice what I have learned in the university.（我认为这份工作可以给我学以致用的大好机会。）

真题 4：What make you think you would be a success in this position？（你如何知道你能胜任这份工作？）

【考频】★★★★★

【参考答案】

① My graduate school training combined with my internship should qualify me for this particular job. I am sure I will be successful.（我在研究所的训练，加上实习工作，使我适合这份工作。我相信我能成功。）

② I like this job, and I have good professional skills.（我喜欢这份工作，并且我具有很好的专业技能。）

真题 5：Are you a multitasked individual？(你是一位可以同时承担数项工作的人吗？) or Do you work well under stress or pressure？（你能承受工作上的压力吗?）

【考频】★★★★

【参考答案】

① Yes, I think so. The trait is needed in my current（or previous) position and I know I can handle it well.（可以的，这种特点就是我目前（先前）工作所需要的，我知道我能应付自如。）

② Yes, I like to challenge myself, my compression capability is good.（我喜欢挑战自己，我的抗压能力还是不错的。）

真题 6：What is your greatest strength？（你的最大长处是什么？）

【考频】★★★★

【参考答案】以下几种回答都可以：

① I manage my time perfectly so that I can always get things done on time.（我极懂分配时间，因此总能准时完成任务。）

② I suppose a strong point is that I like developing new things and ideas.（我想我有一个优点就是喜欢创新。）

③ I can take on jobs that bother other people and work at them slowly until they get done.（我能承担别人认为烦恼的工作，然后慢慢努力，直到把工作完成为止。）

真题 7：What are your weak points？（你的缺点是什么？）

【考频】★★★★

【参考答案】

① When I think something is right， I will stick to that. Sometimes it sounds a little stubborn but I am now trying to find a balance between insistence and compromise.（若我认为某件事情是对的，我会坚持到底。有时候，这显得有点顽固，因此我正努力在执着与妥协之间寻求平衡。）

② I think one of my weakness is talking too much, always eager to express my point of view.(我觉得我的一个缺点是说话太多，总急于表达自己的观点。)

求职面试，最怕面试官问些让人“无从下口”的问题，像“你有哪些缺点？”，就是典型的面试难题。对这个问题，若照实的回答，你会丢了工作，雇主试图使你处于不利的境地，观察你在类似的工作困境中将作出什么反应。面试问缺点怎么答？最高境界是你可以把自己的优点当成缺点来说，既解答了难题，又全方位地推销了自己一把。

一般来讲，对应聘有利的优点有：注重学习、办事认真、容易相处、敢拼敢闯、不轻易认输、以公司为家等。了解了考官的偏好，回答就容易多了，关键看你如何将上述这些优点逐一分解为“缺点”。

真题 8：What is your strongest trait(s)？（你个性上最大的特点是什么？）

【考频】★★★★

【参考答案】以下几种回答都可以：

① Helpfulness and caring.（乐于助人和关心他人。）

② Adaptability and sense of humor.（适应能力和幽默感。）

③ Cheerfulness and friendliness.（乐观和友爱。）

真题 9：What personality traits do you admire？（你欣赏哪种性格的人？）

【考频】★★★★

【参考答案】以下几种回答都可以：

① (I admire a person who is) honest, flexible and easy-going. （诚实、不死板而且容易相处的人。）

② (I like) people who possess the "can do" spirit.（有“实际行动”的人。）

真题 10：How do you normally handle criticism？(你通常如何处理别人的批评？)

【考频】★★★★

以下几种回答都可以：

① Silence is golden. Just don't say anything; otherwise the situation on could become worse. I do, however, accept constructive criticism.（沉默是金。不必说什么，否则情况更糟，不过我会接受建设性的批评。）

② When we cool off, we will discuss it later. （我会等大家冷静下来再讨论。）

真题 11：How do you handle your conflict with your colleagues in your work?（你如何处理与同事在工作中的意见不和？）

【考频】★★★★

【参考答案】

① I will try to present my ideas in a more clear and civilized manner in order to get my points across.（我要以更清楚、文明的方式，提出我的看法，使对方了解我的观点。）

② First of all, should respect the experience of the others and the choices they have made,then ram my point home，and discussed and solved those problems together with them.（首先要尊重对方的观点和选择，然后要阐释清楚自己的观点，一起商量解决问题。）

真题 12：How do you handle your failure？（你怎样对待自己的失败？）

【考频】★★★★

【参考答案】

① None of us was born "perfect". I am sure I will be given a second chance to correct my mistake.（我们大家生来都不是十全十美的，我相信我有第二个机会改正我的错误。）

② Fails to calm analysis, summed up the reasons for the failure, learn to avoid the same mistakes!（失败时，要冷静分析、总结失败的原因，吸取教训，避免重蹈覆辙！）

真题 13：What specific goals, including those related to your occupation, have you established for your life (career)?（为你的职业生涯制订了什么样的具体目标？）

【考频】★★★★

【参考答案】

① My specific goals related to my occupation is to work for a company where I can apply my technical and business skills I obtained from college and my past experience. To take advantage of the continuous learning process that goes along with the many technological advances.（我的职业的具体目标是为一个可以让我施展我在大学及过往经验中积累的技术与商业技巧的公司工作。通过不断学习推进技术创新。）

② To develop together with the company, professional technology continues to improve, and can become a manager.（能够与公司共同发展，专业技术不断提高，并能成为一名管理者。）

面试官寄语

英文面试方式灵活多样，本章所列举的种类只是其中最常见的一部分，目的是让大家对面试有个初步认识，做好心理准备。英文面试不同于笔试这种硬性的考核，主要考查应聘者随机应变的能力。有的人心理素质比较差，看到一个新的面试环境，特别是房间摆设、风格和上次面试完全不同时，心里也会七上八下，还没开始面试就手脚冰凉，连话都说不利索。这种情况下，如果对面试种类稍有了解会有助于缓解不必要的紧张情绪。

第 19 章
另辟蹊径：电话面试

赵老师，有些公司为了提高面试效率，要进行一番电话面试，对于求职者进行第一次考核，电话面试有什么要点可谈吗？

现在求职者越来越多，用人单位的选择也越来越多，有时甚至是上百个人在争取一个职位。这就有必要在面试前先对求职者做一轮筛选，所以用人单位往往选择先在电话里和求职者做一次面试，对求职者各方面的情况有一个初步的掌握，再决定是否给他（她）面试的机会。

另一方面，随着大学毕业生们在制作简历等方面的“求职技巧”越来越丰富，他们简历里的“水分”也开始增大，这使得用人单位无法单单从简历和求职信上去了解一个人。为了“挤”去水分，找到合适的人参加面试，用人单位也乐于先采用电话面试的手段。所以，求职者也要为突如其来的电话面试做一些准备。

19.1　电话面试的注意事项

很多外企在收到简历之后，为了在面试前做进一步的筛选，用人单位往往用打电话的形式进行首轮面试。电话面试的时间一般在 20~30 分钟，用以核实求职者的背景和语言表达能力。对于大学毕业生来说，电话面试不像面对面交流时那样直接，表现余地相应较小，仅能凭声音传达个人信息。电话求职是利用短短的通话时间，用最简明扼要的话语清楚地表达自己的求职意愿，展示自己的特长，博取对方的好感，从而达到求职目的。进行电话面试时需要注意以下几点：

① 态度。不能太过骄傲，也不能太过自谦。不要一听到对方是自己心仪已久的公司就马上喜形于色，也不要一听是不知名的公司或是你反感的公司就马上冷脸挂电话。其实我们所在的世界很小，养成不卑不亢的职业习惯是一种成熟的标志。

② 控制语速。太慢，会给人一种始终在思考、犹豫的感觉。太快，对方可能会因此错过你想要表达的重点。因为这是电话面试，你无法通过肢体语言来辅助表达你的观点。

③ 不宜长篇大论。尽管 HR 会套话，问些开放性的问题，但你也不能因此滔滔不绝，要保持节奏，尽可能做到言简意赅。

④ 不宜提薪资。除非是对方提出，不然尽量不要在电话面试中提出薪资问题。因为贸然提出薪资的风险与在现场面试时是一样的。

⑤ 礼貌结束面试。当电话面试结束时，求职者最好感谢一下企业对自己的关注。虽然礼貌不一定能给你的面试印象加分，但没有礼貌却一定会减分。

19.2　电话面试中的常见问题

电话面试往往是非常突然的。投递简历后就会接到这样的电话，它可能在你洗澡时、开会时、吃饭时打来。电话面试的组织方有可能是第三方中介，因此，面试问题多半是格式化的、单调的问题。作为求职者也要为电话面试提前做好准备，因为其具有不确定性，对于一些常见的问题应该做到心里有数，在此列举了一些常见的电话面试问题。

1. 我们为什么要聘用你

（测试你的沉静与自信。）给一个简短、有礼貌的回答。

比较好的回答：“我能做好我要做的事情、我相信自己，我想得到这份工作。”这样的回答让人感觉应聘者很自信。

不好的回答：“选择我是你们公司最大的荣幸”、“以我的能力完全可以胜任你们的工作”等，这些会让人觉得你很轻浮，不踏实，从而失去进一步面试的机会。

2. 为什么你想到这里来工作

（这应该是你喜爱的题目。）因为你在此前进行了大量的准备，你了解这家公司。组织几个原因，最好是简短而切合实际的。

比较好的回答：“我了解贵公司的情况，对于公司的发展前景有信心，而且这个岗位也正和我自己的专业相符。”这样的回答可以看出应聘者很重视这份工作，也做了充分的准备。

不好的回答：“看专业符合，我就给你们投了简历。”这样会让人感觉你这个人很随便，做事情不加以考虑，失败的概率很大。

3. 这个职位最吸引你的是什么

（这是一个表现你对这个公司、这份工作看法的机会。）回答应使面试官确认你具备他要求的素质。

比较好的回答：“能够让我学以致用，和我所学专业对口，还可以有很大的发展和提高空间。”这样的回答让人觉得你很上进好学。

不好的回答：“这个岗位似乎挺轻松的，不太累。”这样的回答让人觉得你很懒散，不求上进。

4. 你是否愿意去公司派你去的那个地方

如果你回答“NO”，你可能会因此而失掉这份工作，记住：被雇用后你可以和公司就这个问题再进行谈判。

比较好的回答：“可以的，去另外一个地方也许可以进一步提高自己的能力。”这样的回答可以让面试官觉得你的执行力很强。

不好的回答：“不可以的，我不喜欢离开现在所在的城市。”这样的回答完全失去进一步面试的机会了。

5. 谁曾经给你最大的影响

选一个名字即可，最好是你过去的老师等，再简短准备几句说明为什么。

比较好的回答：“我的一位学长，他家境贫寒，但是自己十分努力，不仅学习用功，而且十分勤快，靠自己的能力读完了大学，最后成为知名外企的高级管理人员。”

不好的回答：“没有什么人给我留下深刻印象。”这样的回答让人觉得你没有什么奋斗目标和追求。

6. 你将在这家公司待多久

回答这样的问题，你该持有一种明确的态度，即：能待多久待多久，尽可能长，“我想在这里继续学习和完善自己”。

比较好的回答：“如果条件允许，我会和公司一起奋斗到底的。”这样的回答给人一种信任感。

不好的回答：“这说不准，看公司效益了。”这样的回答让人觉得你太注重自身利益了。

7. 导致你成功的因素是什么

回答要短，让面试官自己去探究。

比较好的回答："我喜欢挑战性工作。"、"对于知识的追求我毫无止境。"这样的回答让人感觉你爱学习，而且能够有所发展。

不好的回答："我自身的天分就是成功，从来没失败过。"这样的回答一看水分就很大，给人不信任感。

8. 你最低的薪金要求是多少

这是必不可少的问题，因为你和你的面试官出于不同考虑都十分关心它。

比较好的回答：不做正面回答。强调你最感兴趣的是这个机遇和挑战并存的工作，避免讨论经济上的报酬，直到你被雇用为止。

不好的回答："我原来工作的月薪是×××元，现在的工作当然要高于原来的了。"这样的回答让人感觉你只看重薪资待遇。

9. 你还有什么问题吗

你必须回答"当然"。你要准备通过你的发问，了解更多关于这家公司、这次面试、这份工作的信息。

假如你笑笑说"没有"（心里想着终于结束了，长长吐了口气），那才是犯了一个大错误。这往往被理解为你对该公司、对这份工作没有太深厚的兴趣；其次，从最实际的考虑出发，你难道不想听话听音敲打一下考官，推断一下自己入围有几成希望吗？

19.3　电话面试中的技巧

很多人经历过电话面试，往往 1 小时的电话面试中，自己感觉和面试官的沟通很顺畅，但在此之后却得不到任何面试邀约，这给求职者带来极大的困惑，更不知道该不该打电话过去询问结果。

电话，作为现今最为便捷的通信工具之一，被招聘企业频繁地运用于与求职者之间的面试沟通上。然而，与传统的现场面试相比，电话面试虽然节省了时间成本，但同时也削减了求职者在人际沟通时的一些参照标准，使他们无法准确把握一些相关且重要的细节信息。那么，在缺少环境暗示的参照下，求职者该如何判断电话面试是否成功？就让我们来细数一下在"电面"中那些决定成败的细节关键。

1. 主动选择通话时间

接到电话的地点可能在任何地方，街道、商场、公共汽车站等，这些地方声音嘈杂，不利于沟通，这时，你可以主动要求另约时间再联系，如说："对不起，我正有事，目前的环境比较吵，是否可以半个小时之后给您回电话？"面试官一般都会答应这样的要求。这时，你要留下电话，等到约定的时间主动回复电话。

2. 主动选择通话地点

主动选择你可以安静地坐下来，拿着纸笔进行记录的地点进行电话沟通。安静的环境能保证你们双方都能听清楚，不会有漏听或误听。用纸笔对面试问题要点进行记录，也可以适当地记录回答的要点。

3. 要坐直身体，并面带微笑回答问题

不要以为电话面试，就可以斜在沙发上，翘着腿回答问题，相信你的表情一定会被面试官“看到”，要用重视、严谨的态度对待电话面试。也不能一边上网，一边回答电话面试，这样的回答心不在焉，效果可想而知。

4. 接听电话时要用“你好”等礼貌用语

绝不能说“喂”，这样印象分就会打折扣。要用“你好”、“谢谢”等礼貌用语，这也是职业化的一种表现。

5. 拿着准备好的简历

电话面试的时候，只能凭声音对对方进行判断，因此，应聘者在回答问题的时候要冷静干脆，手中拿着简历，有利于用肯定的语气回答面试官的问题。拿着简历进行自我介绍既有条理，也不会遗漏要点。

6. 准备计算器、工具书，还可以准备一杯水

如果面试官问到一些技术性的问题，有这些可以帮助你快速利落地回答，能够突出你的专业能力。喝水不仅能帮助你润喉，还是镇静情绪的好方法。

7. 电话面试时的语速不必太快

无论对方在电话面试时是语速很快，还是不紧不慢，应聘者的回答语速都不必太快，主要是口齿清晰，语调轻松自然。如果你太紧张，可适当用深呼吸来进行情绪调节，使自己放松下来。冷静、自信是电话面试的成功关键之一。

8. 如实回答问题

如果没有听清问题，可以再问一次，对问题要尽量如实回答，如果觉得说得不好，可以再重复总结一次。在总结的时候，可以加入 1、2、3 这样的要点。

9. 询问面试官的问题

电话面试的双方是对等的，面试官在问了你一堆问题后，也会反问你是否有什么需要了解的情况。你不问问题不好，显得你并不太关心这个职位。问得太多也不好，你可以问下一步的招聘流程、面试时间、岗位期望的上岗时间等。此时，最好不问薪酬，在双方合作的意向还没有进入实质性阶段时，问薪酬显得过于功利。

10. 电话面试结束时，要感谢对方

面试结束时，要感谢对方来电话，感谢对方的认可，表达进一步合作的愿望，如你可以这么说：“感谢您的来电，谢谢您对我的认可，我希望能有机会与您面谈，您有任何问题请随时来电话。”

如果企业没有在约定的期限内打电话给求职者告知后续再次面试的安排，通常这就代表了此次应聘的失败，即使打电话询问也无可挽回。当然，若是在先前的电话面试过程中，求职者自认为给面试官留下了非常深刻的印象，且双方交流愉快的话，那么不妨打个电话去提醒一下对方。需注意的是，回打电话的时候必须要找到当天与你进行电话面试的面试官，然后向对方报出你的名字，提醒他面试当天的场景，并同时向对方表达自己非常重视公司的面试机会，这样可以增加电话面试的成功率。自然，如若求职者具有良好的心理素质，能够坦然对待漫长的等待，是否回打电话询问结果就不在考虑的范围。

面试官寄语

俗话说：成功是不能复制的，但经验教训却是相通的。面试过程中会有许多令人促不及防的状况，这时，考验的就是求职者自身所具有的良好应变能力了，作为求职者一定要有敏锐的思维、快捷的判断能力，这样才能胸有成竹地应对面试中的一些突发情况和困

最后，专家提醒求职者：无论如何，大学生在电话面试中要把握实话实说的原则，同时，在接电话过程中保持合适的语速和职业化态度是能赢得高分的关键要素。

第 20 章
最强大脑：IQ 测试

赵老师，为什么很多公司在面试时都会问一些 IQ（智商）测试问题？难道一道 IQ 测试题就能测出一个人的智商是否适合某个职位或胜任某项工作吗？

面试中设置 IQ 测试题的目的并不是测试你的智商，而是考查你分析问题的能力，以及思维模式与方法。其实这些问题的设置与回答并无定律，答案大可以千变万化。在大规模招聘人才时，在笔试环节中设置一系列的 IQ 测试题，有助于考官迅速判断一个人的思路清晰与否，进而首先淘汰一批思考速度相对滞后的应聘者。面试中现场提问 IQ 题，可以使考官通过一个人的现场答题速度考查一个人的反应能力、思维速度以及现场心理调控能力。

20.1　数学推理测试

数字推理题一直是 IQ 测试中的固定题型。解答数学推理题时，应试者的反应不仅要快，而且要掌握恰当的方法和技巧。数学推理的过程常常是相连的，前一个推理的结论可能是下一个推理的前提，并且推理的依据必须从众多的公理、定理、条件、已证结论之中提取出来，可以提高人们的逻辑思维能力，从而能够判断事务的延伸性。

真题 1：工程问题（国内某知名软件公司 2013 年面试真题）

【考频】★★★★

某工程由甲、乙、丙 3 人合作完成，过程如下：甲、乙两人用 6 天时间完成工程的 1/3，乙、丙两人用两天完成剩余工程的 1/4，甲、乙、丙 3 人用 5 天时间完成剩余工程。如果总收入为 1 800 元，则乙应该分得多少？（　　）

A．330 元　B．910 元　C．560 元　D．980 元

【真题分析】

在遇到此类问题时，需要注意两点：工作量和工作时间。通常可以使用列方程的方式来解决这类问题。假设甲、乙、丙三人的工作效率分别是每天完成整个工程的 x、y 和 z。根据已知条件列方程如下：

$$\begin{cases} x+y=1/18 \\ y+z=1/12 \\ x+y+z=1/10 \end{cases}$$

解得，x=3/180，y=7/180，z=8/180。

由于乙一共工作了 13 天，完成了任务的 91/180，因此应分得 910 元。

【参考答案】B

真题 2：计算飞行距离（国内某知名购物网站 2013 年面试真题）

【考频】★★★★

A、B 两地相距 1000km，如果甲、乙两辆车分别从 A、B 两地出发，甲车的速度是 10km/h，乙车的速度是 15km/h。同时有一只鸟从 A 地出发飞往 B 地，速度是 20km/h。如果遇到乙车，则立即转向飞往 A 地；如果再遇到甲车，则立即转向飞往 B 地。如此反复，直到甲乙两车相遇为止。问这只鸟一共飞行的距离是多少？

【真题分析】

在遇到此类问题时，需要注意路程、时间和速度三者之间的关系。本题计算的是路程，而路程 = 时间 ×速度。如果将题中鸟的飞行过程分开计算是非常烦

琐的。现在已知鸟的速度，只需计算鸟的飞行时间即可，即甲乙两车的相遇时间，因此鸟的飞行距离是 20×1000 /(10 + 15)= 800（km）。

【参考答案】800km

真题 3：夫妇握手问题（美国某知名跨国软件公司 2013 年面试真题）

【考频】★★★★★

史密斯夫妇邀请另外 4 对夫妇就餐，已知他们每个人都不和自己握手，不和自己的配偶握手，且不和同一个人握手 1 次以上。在大家见面握手寒暄后，史密斯问大家握手了几次，每个人的答案都不一样。

问：史密斯太太握手几次？

【真题分析】

解决本题可用排除法，把一些无关的信息先排除，可以确定的问题先确定，尽可能缩小未知的范围，以便于问题的分析和解决。这种思维方式在我们的工作和生活中都是很有用处的。根据已给的条件可知：

（1）总共 10 个人，每个人不与自己握手，不与配偶握手，不与同一个人握手超过一次，所以每个人最多握 8 次手，最少 0 次。

（2）史密斯先生问其他 9 个人握了几次手，各人回答不一样，所以每个人的握手次数应为 0~8 次，每种不同次数有 1 个人。可知除了斯密斯先生外，其他 9 个人的握手次数如图 20-1 所示。

假设 I 握了 8 次手，即 I 与其配偶以外的所有人都握了手；可以假设 I 为史密斯太太，她握了 8 次手，即与史密斯先生以外的每个人都握了 1 次手。可以推知除斯密斯夫妇外的其他 3 对夫妇的握手次数至少为 1，与上面推断已知的 A 的握手次数为 0 冲突。所以假设不成立。并可推知握手 0 次的 A 和握手 8 次的 I 为 1 对夫妇。实际的握手情况按夫妻分配可以参考图 20-2 所示。

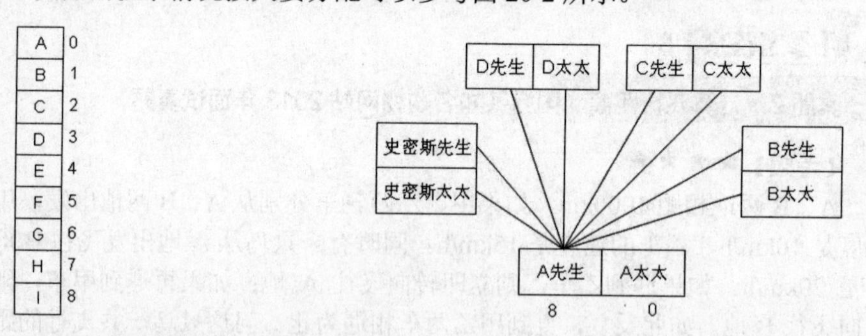

图 20-1　4 对夫妇及史密斯夫人的握手次数

图 20-2　5 对夫妇中 1 对夫妇的握手情况

（3）根据（2）可知 A 夫妇其中 1 人，与每个人握手 1 次，另外 1 个人没有握手。所以可以排除夫妇 A，即假设夫妇 A 没有参加聚会，其余 7 人的握手次数减 1，此时参加聚会的人数为史密斯夫妇和另外 3 对夫妻 8 人。除史密斯先生外，其他 7 人的握手次数情况如图 20-3 所示。

假设 H 为史密斯太太，则史密斯太太与其他 3 对夫妇每人握手 1 次，即其他 6 人的握手次数至少为 1 次，但是根据图 20-3 可知，B 握手 0 次，所以假设不成立，即 H 不是史密斯太太，并可推知 B 和 H 是 1 对夫妇。去掉夫妇 A 后握手情况按夫妻分配可以参考图 20-4 所示。

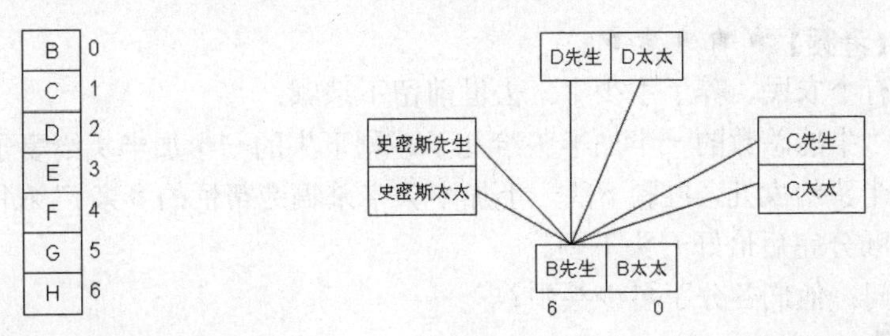

图 20-3 3 对夫妇及史密斯夫人的握手次数　　图 20-4　4 对夫妇中 1 对夫妇握手情况

（4）去掉夫妇 B 后（即假设夫妇 B 没有参加聚会）其余 5 人的握手次数分配情况如图 20-5 所示。

假设 G 为史密斯太太，则史密斯太太与其他两对夫妇每人握手 1 次，即其他 4 人的握手次数至少为 1 次，但是根据图 20-6 可知，C 握手 0 次，所以假设不成立，即 G 不是史密斯太太，并可推知 C 和 G 是 1 对夫妇。去掉夫妇 B 后握手情况按夫妻分配可以参考图 20-7 所示。

图 20-5　两对夫妇及史密斯夫人的握手次数　　图 20-6　3 对夫妇中 1 对夫妇的握手情况

（5）去掉夫妇 C 后（即假设夫妇 C 没有参加聚会）其余 3 人的握手次数分配情况如图 20-7 所示。

假设 F 为史密斯太太，则史密斯太太与另外 1 对夫妇每人握手一次，这两人的握手次数至少为 1 次，但是根据图 20-7 可知，D 握手 0 次，所以假设不成立，即 F 不是史密斯太太，并可推知 D 和 F 是 1 对夫妇。去掉夫妇 B 后握手情况按夫妻分配可以参考图 20-8 所示。

图 20-7　1 对夫妇及史密斯夫人的握手次数　　图 20-8　两对夫妇中 1 对夫妇的握手情况

而剩下的E便是史密斯太太。根据图20-1可知她总共握了四次手。

【参考答案】史密斯夫人握了4次手。

真题4：分牛问题（国内某知名软件公司2012年面试真题）

【考频】★★★★★

有个农民，养了不少牛。去世前留下遗嘱：

“牛的总数的一半加半头给儿子，剩下牛的一半加半头给妻子，再剩下的一半加半头给女儿，再剩下的一半加半头宰杀犒劳帮忙的乡亲。”农民去世后，他们按遗嘱分完后恰好一头不剩。

问：他们各分了多少头牛？

【真题分析】

此题用倒推法来解答。

（1）假设第4次剩下的一半是0.5头牛，说明乡亲分了1头牛，第3次剩下1头牛，牛恰好一头不剩。

（2）第3次剩下1头牛，说明第2次剩下的一半是1.5头牛，则女儿分了2头牛，第2次剩下3头牛。

（3）第2次剩下3头牛，说明第1次剩下的一半是3.5头牛，则妻子分了4头牛，第1次剩下7头牛。

（4）第1次剩下7头牛，说明牛的总数的一半是7.5头牛，则儿子分了8头牛，牛的总数是15头牛。

（5）儿子分了8头牛，妻子分了4头牛，女儿分了2头牛，乡亲分了1头牛，恰好等于牛的总数15头牛。

（6）假设第3次剩下的一半不是0.5头牛，设为N，说明乡亲分了N+0.5头牛，第3次剩下2N头牛，牛恰好一头不剩，则N+0.5=2N，N=0.5，因此第3次剩下的一半一定是0.5头牛。

【参考答案】

牛的总数是15头牛。

儿子分了8头牛，妻子分了4头牛，女儿分了2头牛，乡亲分了1头牛。

真题5：还剩几盏灯（国内某知名嵌入式公司2012年面试真题）

【考频】★★★★★

有一间屋子的墙上装有100盏灯，分别编号为1~100，现在都灭着。屋外有100人，编号也分别从1~100，按顺序进屋。每个人都必须按自己编号的倍数按一下所对应灯的开关，例如1号人进去会把所有是1的倍数的灯的开关按一下，2号人进去会把所有是2的倍数的开关按一下。

问：以此类推，请问最后有几盏灯还亮着？

【真题分析】

这道题一看让人感觉很复杂，但是也非常有趣，其实要解答这道题，只要弄清下面三点，问题就可迎刃而解。

（1）对于每盏灯，拉动的次数是奇数时，灯就是亮着的，拉动的次数是偶数时，灯就是关着的。

（2）每盏灯拉动的次数与它的编号所含约数的个数有关，它的编号有几个约数，这盏灯就被拉动几次。

（3）在 1~100 这 100 个数中有哪几个数，约数的个数是奇数。我们知道一个数的约数都是成对出现的，只有完全平方数约数的个数才是奇数个。

所以这 100 盏灯中有 10 盏灯是亮着的。

它们的编号分别是： 1、4、9、16、25、36、49、64、81、100。

【参考答案】

100 盏灯中有 10 盏灯是亮着的。

它们的编号分别是： 1、4、9、16、25、36、49、64、81、100。

真题 6：判断及格人数（国内某知名网络通信公司 2013 年面试真题）

【考频】★★★★

100 个人回答 5 道试题，其中有 81 人答对第一题，91 人答对第二题，85 人答对第三题，79 人答对第四题，74 人答对第五题，至少要答对 3 道题才能算及格。

问：在这 100 个人中，至少有多少人及格？

【真题分析】

根据以上题意加以分析可整理出如下已知条件：

（1）答错 3 道及以上者为不及格。

（2）100 人总共答对了 410 道题，答错了 90 道题。

（3）总共有 500 道题。

（4）在答错总数一定的情况下，至少的及格数即是最多的不及格数。

想要让及格的人数最少，就要做到两点：

第一，不及格的人答对的题目尽量多，这样就减少了及格的人需要答对的题目的数量，也就只需要更少的及格的人。

第二，每个及格的人答对的题目数尽量多，这样也能减少及格的人数。

（5）根据以上已知条件，可知，总共有 90 道错题，要得到最大的不及格数，就是让每个不及格的人做错的题尽量减少，也就是假设每人做错 3 道，最多的不及格人数为 30，同理可推，至少有 70 人及格。

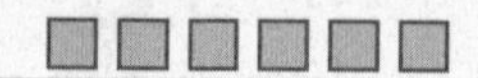

【参考答案】至少有 70 人及格。

真题 7：找坏球（国内某知名门户网站 2012 年面试真题）

【考频】★★★★

一共有 13 个球，其中有 1 个是坏球，重量与其余的 12 个不同。

问：如何用天平称量 3 次便可找出坏球。

【真题分析】

这个问题是一道比较复杂的智力题，需要有丰富的想象空间和理解力以及良好的逻辑思维能力，这也是为什么这道题能成为面试中经典题目的原因之一。

（1）首先进行第 1 次测量，左右天平各放 4 个，若平衡进行第 2 步，不平衡转到第 5 步。

（2）异常的应该在未测的 5 个球当中，已测过的球为标准球，取怀疑异常的 3 个球和 1 个标准球，把 4 个球平均分放在天平两边进行第 2 次测量，若平衡进行第 3 步，不平衡进行第 4 步。

（3）说明不合格的在余下的两个球当中，取任意 1 个与标准球称第 3 次，不平衡则该球不合格，否则另 1 个球不合格。（3 次已知结果）

（4）第二次测量时，先给球分别编号，天平一边编号为 A、B，另一边编号为 C、D，其中 D 是标准球，这时天平不平衡，有两种情况，即 A+B>C+D 和 A+B<C+D 然后进行第 3 次测量，测 A 和 B。

若 A=B，不合格的必须是 C，当第 2 次测量时 A+B>C+D，则 C 偏轻；若 A>B，当第 2 次测量时 A+B>C+D，断定 A 偏重；若第 2 次测量时 A+B <C+D，断定 B 偏重；若第 2 次测量时 A<B （3 次已知结果）。

（5）第 1 次测量的 8 个球不平衡，分别给 8 个球编号，重的一边编为 A、B、C、D，轻的一边编为 E、F、G、H，其他的 4 个球为标准球，取一个编为 I。有 A+B+C+D>E+F+G+H。

进行第 2 次测量，取 A、B、E 和 C、D、F 比较，有 3 种情况：

- 如果 A+B+E=C+D+F，则说明 G 或 H 轻了，转到第 6 步；
- 如果 A+B+E>C+D+F，则说明 A 或 B 重了或者 F 轻了，转到第 7 步；
- 如果 A+B+E <C+D+F 第 3 次测量比较 G 和 I，若相等则是 G 不合格，比其他球轻；若不相等，则是 H 不合格，且比其他球轻。（3 次已知结果）

（6）第 3 次测量比较 A 和 B。

若 A>B，则说明 A 不合格，是 A 重了；

若 A=B，则说明 F 不合格，是 F 轻了；

若 A<B （3 次已知结果）

（7）第 3 次测量比较 C 和 D。

若 C>D，则说明 C 不合格，是 C 重了；

若 C=D，则说明 E 不合格，是 E 轻了；

若 C<B （3 次已知结果）

【参考答案】与上面的推论相符即可。

真题 8：换汽水（美国某知名硬件公司 2013 年面试真题）

【考频】 ★★★★

小明有 20 元钱可以拿去喝汽水，汽水 1 元 1 瓶，喝完后两个空瓶可以换 1 瓶汽水。

问：小明最多可以喝到多少瓶汽水？

【真题分析】

根据已知的条件，我们可以按以下方法来求解。

（1）首先花 20 元买 20 瓶汽水，喝空。

（2）用 20 个空瓶换 10 瓶，喝空。

（3）用 10 个空瓶换 5 瓶，喝空。

（4）用 4 个空瓶换 2 瓶，喝空，余 3 个空瓶。

（5）用 2 个空瓶换 1 瓶，喝空，余 2 个空瓶。

（6）用 2 个空瓶换 1 瓶，喝空，剩 1 个空瓶。

（7）再向老板借 1 个空瓶，换取 1 瓶汽水，欠老板 1 个空瓶。

（8）最后再把喝完的最后 1 个空瓶还给老板。

所以可以喝到 40 瓶汽水。

【参考答案】小明最多可喝到 40 瓶汽水。

很多考生容易忽略最后 1 个喝完的汽水瓶，从而得到 39 瓶的结论，这道题就是考查考生观察事务是否细致，从而可以引申到工作思维是否紧密。

真题 9：飞机加油问题（美国某知名硬件公司 2013 年面试真题）

【考频】 ★★★★

某航空公司有一个环球飞行计划，但有下列条件限制：每架飞机只有一个油箱，飞机之间可以相互加油；一箱油可供一架飞机绕地球飞半圈。

问：为使至少一架飞机绕地球一圈回到起飞时的飞机场，至少需要出动几架飞机（包括绕地球一周的那架在内）？

注：所有飞机从同一机场起飞，而且必须安全返回，加油时间不计。

【真题分析】

作图法就是借助图形解决问题的方法。根据问题中已知的条件，画出图形，有助于问题的解决。许多问题，画图后就会变得容易解决。

如本题若只是单纯地用想象来解决是件很复杂的事，但是借助于图形来解决就简单多了。在此，假设地球 1 圈的长度为 1，根据题意可知 1 箱油可以让 1 架飞机绕地球持续飞行 1/2 圈。现假设飞机起飞地点为 x，如图 20-9 所示。

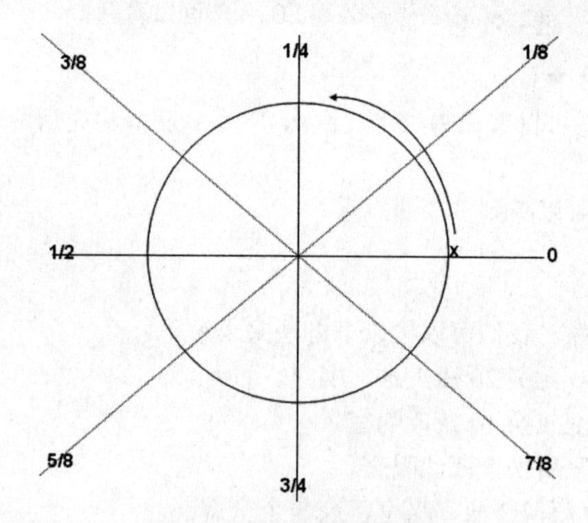

图 20-9 飞机绕地球示意图

根据条件可推知，只用 1 架飞机肯定是无法完成任务的。当用两架飞机时，两架飞机的油量刚好够 1 架飞机绕地球 1 圈，无论怎么补充也完成不了航行任务。所以至少有 3 架飞机，设为飞机 A、飞机 B 和飞机 C。整个飞行过程如下：

（1）3 架飞机同时从飞机场 x 同向起飞，如图 20-10 所示。

（2）到 1/8 圈时 A、B 和 C 的可持航油量都为 3/8，此时 C 将油量的 1/8 给 B，另外 1/8 的油量给 A 后，A 和 B 的剩余可持航油量 1/2，C 剩余 1/8 的可持航油量正好足够返航。A、B 继续飞行，C 返航，如图 20-11 所示。

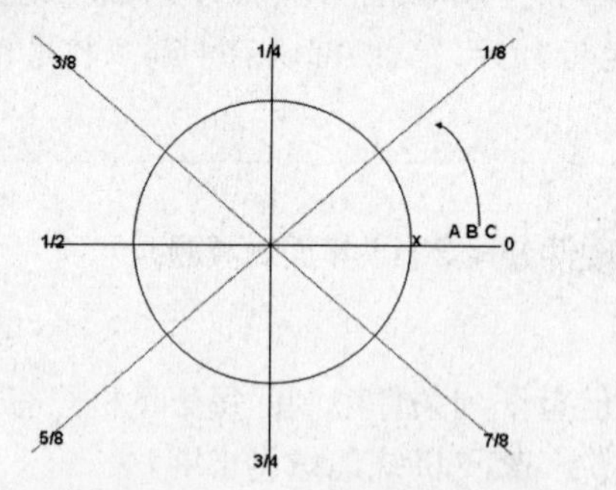

图 20-10 3 架飞机同时逆时针起航

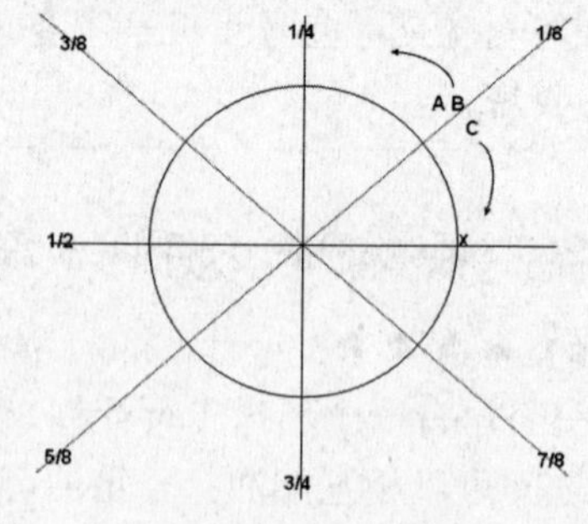

图 20-11 C 返航

（3）到达 1/4 圈处时，A 和 B 的可持航油量都为 3/8，C 已返回机场。此时 B 将 1/8 的油量给 A，A 的可持航油量为 1/2，B 的可持航油量为 1/4 恰好可以安全返航，此时 A 继续绕地球飞行，B 返航，如图 20-12 所示。

（4）当 A 到达 1/2 圈处时，A 的可持航油量为 1/4，此时 A 继续绕地球飞行。

B 已经到达机场，B 加满油顺时针起飞，如图 20-13 所示。

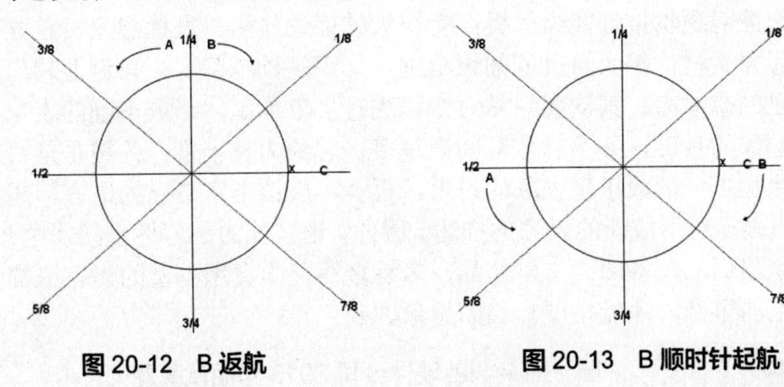

图 20-12　B 返航

图 20-13　B 顺时针起航

（5）A 和 B 在 3/4 圈处相遇，此时 A 的可持航油量为 0，B 的可持航油量为 1/4，B 将 1/8 的可持航油量分给 A 后，A、B 的油量相等，都为 1/8。A 和 B 同时逆时针飞行，C 此时在机场装满油顺时针起飞，如图 20-14 所示。

（6）A、B 和 C 相遇在 7/8 圈处，此时 A 和 B 的油量为 0，C 的油量为 3/8，C 将 1/8 的可持航油量分给 A，再将 1/8 的可持航油量分给 B 后，三者的油量相同，都恰好够飞回机场。3 架飞机逆时针向机场飞行，如图 20-15 所示。

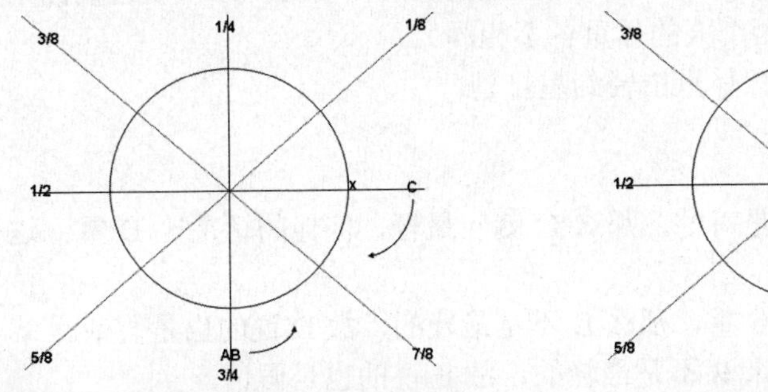

图 20-14　C 顺时针起航，B 逆时针返航

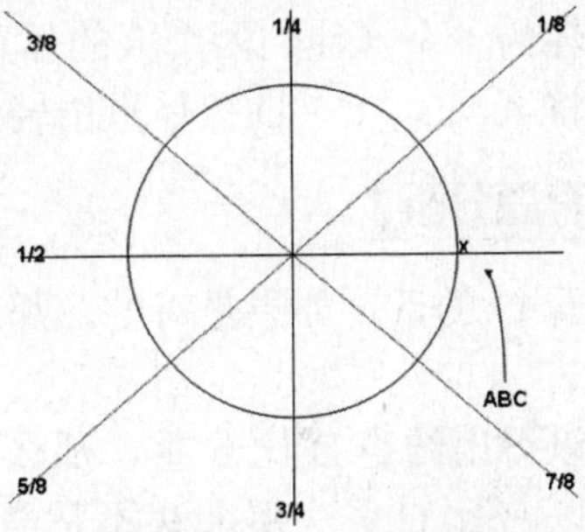

图 20-15　C 逆时针返航

（7）3 架飞机同时安全返回机场，飞机 A 成功绕地球飞行 1 圈。

共用了 3 架飞机，A 起飞 1 次，B 起飞两次，C 起飞两次。所以共用了 3 架飞机，5 个航次。

根据观察可以发现，后面 1/2 圈的飞行情况是前面 1/2 圈的反序。所以在分析完前面 1/2 圈时，就已经可以算出总共需要的飞机架次。

【参考答案】共用了 3 架飞机，5 个航次。

20.2　逻辑推理测试

逻辑推理可以训练人的思维，使人在头脑中得到真正纯粹的思想。逻辑推理能力是以敏锐的思考分析、快捷的反应，迅速地掌握问题的核心，在最短时间内作出合理正确的选择。

发挥想象对逻辑推理能力的提高有很大的促进作用。发挥想象，首先必须丰富自己的想象素材，扩大自己的知识范围。知识基础越坚实，知识面越广，就越能发挥自己的想象力。其次要经常对知识进行形象加工，形成正确的表象。知识只是构成想象的基础，并不意味着知识越多，想象力越丰富。关键是是否有对知识进行形象加工，形成正确表象的习惯。再者，应该丰富自己的语言。想象依赖于语言，依赖于对形成新的表象的描述。因此，语言能力的好坏直接影响想象力。有意识地积累词汇，多阅读文学作品，多练多写，学会用丰富的语言来描述人物形象和发生的事件，才能拓展自己的想象力。

真题 10：比体重（中国台湾某知名硬件公司 2013 年面试真题）

【考频】★★★★

有人说过："伟大的灵魂常寓于短小的躯体"。A、B、C、D 都特别注意各自的体重。有一天，他们根据最近称量的结果说了以下的一些话：

A. B 比 D 轻。　　B. A 比 C 重。

C. 我比 D 重。　　D. C 比 B 重。

他们说的这些话中，只有一个人说的是真实的，而这个人正是他们四个人中体重最轻的一个（他们四个人的体重各不相同）。

请将 A、B、C、D 按体重由轻到重排列。

【真题分析】

先看 C 的话，如果是对的，那么 C 就应最轻，但他的话是比 D 重，这样就相悖了。

所以得出结论 D 比 C 重，那么 D 不是最轻的，故 D 说的也是假话。

所以 B 比 C 重，那么 B 不是最轻的，故 B 说的也是假话。

所以 C 比 A 重，那么只有 A 可能是最轻的，那么 A 说的是真话。

因此顺序为：A，C，B，D。

【参考答案】他们的体重由轻到重排列：A，C，B，D。

真题 11：推断帽子颜色（国内某知名门户网站 2012 年面试真题）

【考频】★★★★

有 3 顶黑帽子，2 顶白帽子。让 3 个人从前到后站成一排，给他们每个人头上戴 1 顶帽子。并且保证每个人都看不见自己所戴帽子的颜色，只能看见站在前面那些人头上的帽子的颜色。

所以最后一个人可以看见前面两个人头上帽子的颜色，中间那个人看得见前面那个人的帽子的颜色但看不见在他后面那个人的帽子和颜色，而最前面那个人谁的帽子都看不见。

现在从最后那个人开始，问他是不是知道自己戴的帽子的颜色，如果他回答说不知道，就继续问他前面那个人。事实上他们 3 个戴的帽子都是黑色。

问：最前面那个人戴了什么颜色的帽子？为什么？

【真题分析】

根据题意我们可以按以下的方式来解决问题：

假设这 3 个人是 A 、B、 C 。

下面设 B 代表黑色，W 代表白色，所以就一共有 7 种情况：

A	B	C
B	B	B
B	B	W
B	W	B
W	B	B
W	W	B
W	B	W
B	W	W

首先可以排除最后两种情况，因为 A、B 两人中任意一个在看到另外两个人都是白色帽子的时候就不可能再猜自己的是白色了，也就是说不可能会猜错。

然后是第三种情况，B 看到 A 猜错又知道 A 戴黑色之后肯定能猜到 A 猜自己是白色，也就是说 B、C 不可能两个都是白色，但此时 B 看到 C 已经是白色，故自己一定是黑色，但是 B 也猜错了，所以这也不可能。

所以只可能是剩下的 4 种情况，但无论是哪种，C 戴的都是黑色帽子。

所以 C 一定戴黑帽。

【参考答案】最前面那个人戴了黑色的帽子。

真题 12：推断语言问题（国内某知名软件公司 2012 年面试真题）

【考频】★★★★

在某次国际会议上，有甲、乙、丙、丁 4 名技术人员在交流，他们使用了汉语、英语、日语和法语 4 种语言。已知：

（1）甲、乙、丙都说两种语言，丁说一种语言；

（2）有一种语言有 3 个人说；

（3）甲说日语，丁不说日语，乙不说英语；

（4）甲与丙、丙与丁是不能直接交谈的，但乙与丙能直接交谈；

（5）没有人既说日语，又说法语。

问：甲、乙、丙、丁都会什么语言？

【真题分析】

在遇到此类问题时，应该从一些明确的条件入手进行分析。当条件不够充分时，可以进行假设，然后看能否推出矛盾。

本题中通过条件（3）和（5）的组合，可以推得甲会日语，不会法语。由于甲会两种语言，因此在汉语和英语中，甲还会说一种。假设说汉语，由于甲和丙不能直接交谈，则丙说英语和法语。由于丁说一种语言且不是日语，而且丙与丁是不能直接交谈的，推得丁说汉语。由于乙与丙能直接交谈但是乙不说英语，推得乙说法语。最后，由于有一种语言有 3 个人说，推得乙说的另一种语言是汉语。

假设甲说英语，由于甲与丙是不能直接交谈的，因此丙说汉语和法语。由于丙与丁是不能直接交谈的，且丁不说日语，推得丁说英语。此时无论乙说何种语言，都不能满足一种语言有 3 个人说，因此假设不成立。

当逻辑关系比较复杂时，可以使用表格来辅助分析。本题中假设会说一种语言标记为 1，不会说标记为 0，则根据条件（3）、（5）可以列表 20-1。

表 20-1　推理前已知的状态

	汉语	英语	日语	法语
甲			1	0
乙		0		
丙				
丁			0	

如果假设甲说汉语，则通过表 20-1 可以清晰地看到丙说英语和法语，丁说汉语，乙说法语，即如表 20-2 所示。

表 20-2　甲说汉语的推理结果

	汉语	英语	日语	法语
甲	1	0	1	0
乙		0		1
丙	0	1	0	1
丁	1	0	0	0

结合条件（2）完成推理，如表 20-3 所示。

表 20-3　最后的推理结果

	汉语	英语	日语	法语
甲	1	0	1	0
乙	1	0	0	1
丙	0	1	0	1
丁	1	0	0	0

【参考答案】甲说汉语和日语，乙说汉语和法语，丙说英语和法语，丁说汉语。

真题 13：推断水果种类（国内某知名嵌入式公司 2013 年面试真题）

【考频】★★★★

有三筐水果，标签标明第一筐装的全是苹果，第二筐装的全是橘子，第三筐是橘子与苹果混在一起装的。已知筐上的标签都是骗人的，（即如果标签写的是橘子，那么可以肯定筐里不会只有橘子，可能还有苹果）。你的任务是拿出其中一筐，从里面只拿一个水果，然后正确写出三筐水果的标签。

问：你将如何完成这样的任务？

首先根据题意可得：

（1）标签都是幌子。

（2）第一筐装的可能是橘子或者是混合的水果。

（3）第二筐装的可能是苹果或者是混合的水果。

所以由上面结论，能得到的只会有以下两种标签情况：

第一种：橘子（标签－苹果）；苹果（标签－橘子与苹果）；橘子与苹果（标签－橘子）

第二种：橘子（标签－橘子与苹果）；苹果（标签－橘子）；橘子与苹果（标签－苹果）

所以从标签“橘子与苹果”里面取水果，取到苹果就是第一种情况，取到橘子就是第二种情况。

【参考答案】在标有混合标签的筐中拿一个水果，如果这个水果是苹果，则在标有苹果的筐中装的是橘子，而标有橘子的筐中装的是混合水果。如果这个水果是橘子，则在标有苹果的筐中装的是混合水果，在标有橘子的筐中装的是苹果。

解答这道题的时候，考虑需要全面，不能片面地想问题，这样不利于拓展思维。

真题 14：遗产的继承（国内某知名网络公司 2012 年面试真题）

【考频】★★★★

某人写了一份遗嘱，有 5 个人可能继承者，他们分别是 S、T、U、V 和 W。遗产共分为 7 块土地，编为 1~7 号。7 块土地将按以下条件分配：

（1）没有一块地可以合分，没有一个继承者可继承 3 块以上的土地；

（2）谁继承了 2 号地，就不能继承其他土地。

（3）没有一个继承者可以既继承 3 号地，又继承 4 号地。

（4）如果 S 继承了一块地或数块地，那么 U 就不能继承。

（5）如果 S 继承 2 号地，那么 T 必须继承 4 号地。

（6）W 必须继承 6 号地，而不能继承 3 号地。

问题：

（1）如果S继承了2号地，那么谁必须继承3号地？

（2）如果S继承了2号地，其他3位继承者各继承两块地，那么3人当中没人能同时继承哪两块地？

（3）如果U和V都没有继承土地，谁一定继承了3块土地？

【真题分析】

（1）根据已知条件（2），可以排除S。根据已知条件（4），排除U。根据已知条件（3）和（5），排除T。根据已知条件（6），排除W。因此，只有V必须继承3号地。

（2）根据条件（5），T必须继承4号地；根据条件（6），W必须继承6号地；根据条件（3）、（4）和（6），可以推断V将继承3号地，由此剩下的只能是1、5、7号3块地。根据题意T、V、W 3人每人两块地。1、5、7号3块地与3、4、6号3块地配对，不可能出现1号地与7号地搭配的情况。

（3）根据题意只能由S、T、W 3人来继承7块地，而其中有一人继承2号地后就不可再继承其他地，因此，不可能只有一人继承3块地。根据已知条件（6），W必须继承6号地，由此可以推断，他不可能继承2号地，他必须是继承3块地的两人中的其中之一；而且T也不可能继承3块地，因为如果S继承了2号地，则4号地只能给T，而W不能继承3号地，这块地又得给T，这就违反了已知条件（3）。所以是S和W每人都继承了3块地。

【参考答案】

（1）V必须继承3号地。

（2）没人能同时继承1号地与7号地。

（3）S和W每人都继承了3块地。

真题15：怪异的村庄（国内某知名网络公司2012年面试真题）

【考频】★★★★

某地有两个奇怪的村庄，王庄的人在星期一、三、五说谎，刘村的人在星期二、四、六说谎。在其他日子他们说实话。一天，外地的张某来到这里，见到两个人，分别向他们提出关于日期的问题。两个人都说："前天是我说谎的日子。"

问：如果被问的两个人分别来自王庄和刘村，那么这一天是星期几？

【真题分析】

由已知条件，我们可以充分地运用假设法和排除法来解决本题。

（1）如果这天是星期日，那么两个人都说的真话，追溯前天是星期五，星期五王庄人说谎，刘村人说真话，所以星期日错误。

（2）如果这天是星期五，那么王庄人说的是假话："前天说谎（其实说实话）"，刘村人说真话："前天说谎"，追溯到前天是星期三，王庄人说假话，刘村人说真话，所以星期五错误。

（3）如果这天是星期六，那么这一天王庄人说真话："前天说谎"，刘村人说假话："前天说谎"（其实是说真话），追溯前天是星期四，星期四王庄人应该说真话，而刘村人应该说假话，所以答案星期六错误。

（4）如果这天是星期三，王庄人说的是假话："前天说谎（其实说实话）"，刘村人说真话："前天说谎"，追溯到前天是星期一，星期一王庄人说假话，刘村人说真话，所以星期三错误。

（5）如果这天是星期四，王庄人说的是真话："前天说谎"，刘村人说的是假话"前天说谎（其实前天说真话）"，追溯到前天是星期二，星期二应该是王庄人说真话，刘村人说假话，所以星期四错误。

（6）如果这天是星期二，那么王庄人说真话："前天说谎"，刘村人说的是假话"前天说谎（其实前天说真话）"，追溯到前天是星期日，这天两人都说真话，所以星期二也是错误的。

（7）如果这天是星期三，那么王庄人说假话："前天说谎（其实前天说真话）"，刘村人说真话："前天说谎"，追溯到前天是星期一，星期一王庄人说假话，刘村人说真话，所以星期三也错。

（8）如果今天是星期一，那么这一天王庄人说谎："前天说谎（其实说真话）"，刘村人说真话："前天说谎"，追溯到前天是周六，周六王庄人说真话，刘村人说假话。所以只有星期一是正确的。

【参考答案】这天是星期一。

面试官寄语

一个具有推理能力的人，无论遇到什么事情，都会自觉地寻求并弄清事情发生的本源，讲道理，判明是非，从而采取公正、合理的措施来解决问题。具有较强的推理能力对每个人的成长以及智力发展都起着加速和促进的作用，使其能够应对如今社会中大量纷繁复杂的信息，并对其进行筛选，理出头绪。

第 5 部分

职场发展篇

求职成功是不是很令人兴奋啊，真正进入职场是每个大学毕业生的梦想，进入职场之后怎么去应对复杂的人际关系、怎么去和人沟通交流、职场的相关注意事项有哪些，等等，这些都是即将步入职场的人士必须要掌握的，只有被别人认可，才能够有发展。做好自己的本职工作，寻求发展之路，是每一个人应该追求的目标。

第 21 章
达成愿望：第一次步入职场

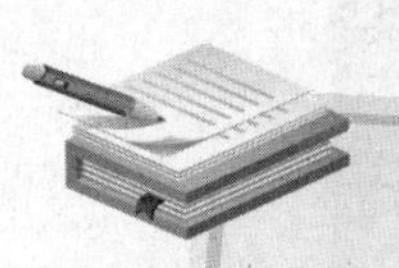

赵老师，如果面试通过了，对于第一次步入职场的毕业生来说，有哪些需要注意的吗？

对于刚步入职场的大学生来说确实需要走好这第一步，从我个人的经验来说，我觉得最重要的是一个人的品质，因为大学生刚毕业，工作的专业知识还需要以后慢慢学，人际关系也是需要时间慢慢学，你要学习这些的前提就是要做好人，树立好自己的形象，坚持诚实守信、懂礼貌、谦虚、多做事少说话等为人处世的原则。

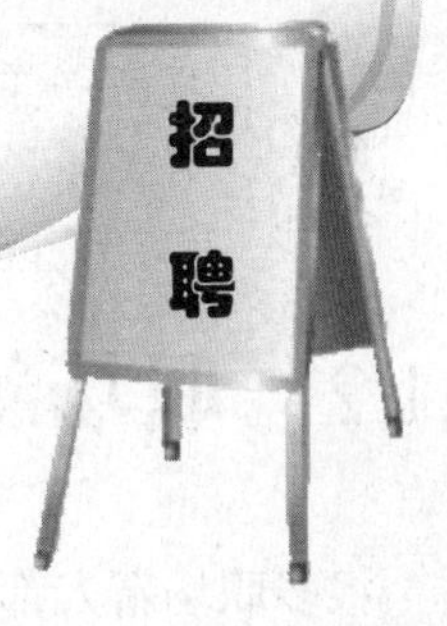

21.1 步入职场的第一天

天空晴好，心情像放飞的鸽子一样轻松，穿着精神气十足的衣服，走在干净的马路上，迈着矫健的步伐，我们走向自己的第一个工作岗位，心里确实很高兴，但高兴的同时，还有一分忐忑，毕竟是第一次工作，让人很是纠结，喜悦掺杂着紧张，有点五味杂陈的感觉，如图 21-1 所示。

图 21-1 上班第一天

俗话说“万事开头难”。每个人都要经历步入职场的第一步，这不仅是开始工作的一步，更是深入学习的一步。上班第一天一定要注意着装的整洁，要放松，不要将自己搞得很紧张，保持自然的心态。上班第一天笔者总结了一些需要处理的事项。

- 务必遵守公司的作息时间，不要迟到。
- 先去人事部报到。
- 与部门里的同事相互认识一下。
- 去行政部领取办公用品。
- 问下人事部何时签订书面的劳动合同，其间要注意发薪日、工资、社保，还有住房公积金方面的问题，要当场问清。
- 和部门领导沟通下,明白你的工作职责和要处理的事情。

提醒一下刚步入职场的同学要尽量保持低调，并与主管领导和同事搞好关系，以利于试用期后的转正，一般公司的试用期都是 3 个月。

21.2 职场新人七法则

很多职场新人都有好高骛远、手高眼低的习惯，所以他们不懂得如何遵守职场法则从而让自己在职场走得更加艰难。其实把小事做好、做到位能体现一个人的责任心，尤其是职场新人，想干大事必须得遵守职场法则、树立工作责任心。只有从小事做起，端正工作态度，才能真正发现细节、成就大业。职场新人都应该遵守以下职场法则：

职场法则一：不做与工作无关的事情。职场新人大多是刚出校门的毕业生，记住千万不要在上班时间借工作掩护上网、玩游戏、看 DVD，甚至是睡觉。在工作中，如果你经常做这些事情，只会浪费有限的时间和精力，增加工作压力感，根本无法提高工作效率，如图 21-2 所示。

图 21-2　上班时睡觉

职场法则二：保持办公桌的整洁、有序，如图 21-3。如果客户或老板一走进办公室，映入眼中的便是办公桌上乱七八糟堆放的东西，他会有什么感想?尤其你还是一个职场新人，对你不满意是一定的了。更糟的是，凌乱的办公桌在无形中会加重工作任务，冲淡自己的工作热情。

图 21-3　整洁的办公桌

职场法则三：做好文件分类，如图 21-4 所示。试想一下，在一次重要会议上，老板正等着看你精彩的企划案，而你却怎么也找不到文件，作为职场新人的你一紧张就感到焦急万分，就连电子文档也不知存到哪里去了，最后只能硬着头皮作口头报告。原本精彩的企划内容无法完整展现，你的心血付之东流。这个时候你应该觉悟了吧?做好文件分类是多么重要啊!

图 21-4　好的文件分类

职场法则四：办公室里严禁干私活、闲聊，如图 21-5。任何私事都不要在上班时间做，更不能私自使用公司的物品，这也是职场新人常犯的错误。利用上班时间处理个人私事或闲聊，会分散注意力，降低工作效率，进而影响工作进度，造成任务逾期不能完成。另一方面，被上司发现肯定会留下非常糟糕的印象，要知道你还只是个新人。

图 21-5　办公室聊天

职场法则五：在办公室把手机调成震动或静音。上班时间手机响个不停是办公室大忌，要知道手机的声音会让身边的同事或上司反感。职场新人一定要把在学校和家里随意大声接听电话的习惯改掉，要知道办公室是工作的地方，如图 21-6 所示。

图 21-6　办公室打电话

职场法则六：别把请假当成一件小事。即使你是一个工作效率很高、很快上手或者有独特优势的职场新人，也不要轻易请假。更不要随便找个借口就去找老板请假，比如身体不好，家里有事，学校有事……因为你身处一个合作的环境，一个人的缺席很可能会给其他同事造成不便，而且，也会让老板对你产生反感。

职场法则七：下班后不要急着离开。这一条是职场新人最常犯的，很多职场新人一下班就兔子般想要离开办公室。作为职场新人下班后不要马上走，坐下来静心想想，将一天的工作简单做个总结。制订出第二天的工作计划，并准备好相关的工作资料。这样不仅有利于第二天高效率地开展工作，更能使工作按期或提前完成。

职场新人要注意到工作中细节的重要性，还要养成注重细节的好习惯。对细节给予必要的重视是一个人有无敬业精神和责任感的表现，更是关乎到自己职业发展的职场法则。所以职场新人要先把小事做好、做到位，从小处着眼思考问题，将会使得目标不再遥远，自己也会感到比较踏实。职场法则就是：想成功，先从细节做起。

21.3　初涉职场七忌

工作不要分第一次还是第 N 次，因为每一项新工作对谁来说都是第一次，所以重要的是摆正心态和位置。从事某项工作时间长些的人，不过是多了些经验和技巧，对于一个新手来说，如何尽快地获得这些经验和技巧是很重要的。这就需要你勤思善学，不耻下问。当然，你要做好心理准备，并不是所有的人都会被你的谦虚态度所感动而毫无保留地一手带你走向成功之路，也就是说完全把希望和未来寄托在别人的身上是不可靠的，凡事要想成功最关键的还是要靠你自己去把握。笔者通过多年的工作经验总结了职场七忌，希望能给求职者带来一些帮助。

一忌满脸世故

现在的大学生，对社会接触要比过去早得多，社会阅历比较丰富，但另一方面，因为可能看到的社会阴暗面比较多，并受某些条件影响，形成了一种满脸世故的人生态度，并带到新单位来。有些人为了显示自己的“人生阅历”，会摆出一副老江湖的架子，和同事们大谈人情世故，其实，人们很反感这些话题，这样同事们内心会对你有所顾虑，不敢深交。

二忌过于热情

刚参加工作，什么事都应主动多干些、多帮助同事，什么事都要冲在最前面，对人真诚、热情些固然正确，但凡事都讲究“度”，热情过头，反而适得其反，有些同事会认为你就爱出风头，爱耍眼前花，会引起大家的反感。所以说，不能一有什么事情，无论与自己有没有关系都鞍前马后跑个不停。

三忌溜须拍马

年轻人刚到单位，对那些有工作经验、处事能力强的老同志、大哥大姐们应给予尊重，可以适当说些好听的赞美之辞，以示你的虚心请教之意。但不能一说话就夸大其词，一张嘴就把人捧上天，甚至违心地把对方身上的缺点也说成是优点，结果造成你给同事和上级的印象是——这个人只会溜须拍马，是个没真本事的“马屁精”，大部分人都不喜欢和这样的人交往，所以对能力强的人赞美是无可厚非的，但一定要注意尺度，如果太夸张，会适得其反。

四忌滥用幽默

幽默被誉为现代人为人处世的重要法宝之一，也是用来衡量一个年轻人的口才乃至智慧的标准。但幽默要注意场合、对象，一定要注意尺度，切不可夸大其

词，拿别人的短处开玩笑，这样会伤害他人，也会影响你和别人交往。最不可取的是不分场合、不分对象，弄得大家烦不胜烦。滥用幽默可能就此冲淡你真正的工作成绩，反而得不偿失。

五忌卑卑怯怯

刚入社会，拘谨是难免的，但妄自菲薄就不应该了。主要表现在：一是把什么人都当成是天大的人物，自己是很小的小字辈——往好里说这是谦虚过了头，往坏里说这是一点社会经验都没有的表现，其实当其他人遇到不能解决的问题，而这正是你的强项的时候，一定要伸出援手去帮助，毕竟每个人都有自己的长处，既帮别人解决了问题，也发挥了自己的长处，何乐而不为呢？二是遇到稍稍强硬的竞争对手便不再坚持己见，即使明摆着自己的意见是正确的，但就是不敢说出来，一定要坚持正确的意见，如果对方能够认识到，会接受你的建议的；三是工作稍有难度，便心存畏惧不敢接手，即使接手也长时间不敢开展，更谈不上大刀阔斧了。

六忌择人而待

刚进单位，人生地不熟，深浅不知道，便产生找“大树”依靠的错觉。于是就做了“墙头草”，给人一种“势利小人”的印象。要知道，在一个单位，势利小人是最让人瞧不起的。客观来说，新进单位，对大人物、对上级和与普通同事态度稍有区别，是可以的，也是必要的，但千万不可势利眼。对所有的人要真诚，只有真诚相待，才能取得他人的信任。

七忌急不可耐

有些人一步入职场，就想让自己有更好的发展。三天没有达到自己预想的目标，便怀疑自己是不是选错了单位；六个月没有提升，就开始怀疑自己受了亏待，暗叹“遇人不淑”。急功近利是没有好结果的，毕业生刚步入社会，一定要稳扎稳打，“一步一个脚印”才是成功的法则。所有成功的人都是一个台阶一个台阶走过来的，不是大跨步飞过来的，摆正心态，做好自己才是最重要的。

21.4 职场处事技巧

人的一生，都是需要学习和工作的，少不了和同事的相处。然而，四海之内，各种奇人异士；世界之大，无奇不有。总有一些人，几句话就能够和睦相处，但也总有一些人，始终无法好好相处。如何与同事处好关系也成了一些刚步入职场的大学生的难题，有些人不善于交流、有些人不喜欢参加集体活动，有些人不喜欢和陌生人打交道……在此介绍一些职场处事技巧。

- 相互尊重：有句话说得很好，尊重是相互的，例如，同事有问题不懂请教你，请不要觉得自己高人一等，无视他人，甚至去刻意为难他们，大家是同事，是一起奋斗的伙伴，尊重是必须的，也是相处的首要条件。
- 礼貌待人：见面主动和同事打招呼，就算别人不爱理你，也要主动，这是亲近别人的方法，你的热情必然会换来别人的尊重。当别人跟你说心里话的时候，要认真聆听，别不耐烦，就算不耐烦也别表现出来。

- 诚实守信：坦诚与人相处是最好的处事方式，同时要注意一定要讲究诚信。比如和别人约好的时间，一定要准时。如果不能到，一定要让别人有心理准备，并要提前说明原因。
- 投其所好：如果你想和同事更好相处，要了解他们平时生活的兴趣爱好，比如一起打篮球、踢足球、逛步行街、唱 K 等活动，通过一起参加集体活动加深彼此的了解。
- 解决矛盾：当发生矛盾时，要懂得及时补救，避免情况进一步恶化。可以选择下班后一起吃个饭，或者打电话发短信、上 QQ 闲聊，只要保持沟通的心就好。你做出了让步，对方也不会让你怎么样。
- 宽容待人：在工作方面，不要和同事抢风头，更不要设计去陷害你的同事。不要抱怨自己工作量大，不要指责同事偷懒，真正优秀的人是不会斤斤计较的，别忘了，老板也是看在眼里的，一个团队，如果内乱，对整个公司而言是百害而无一利的。
- 责任心：遇到大事，谁都会认真处理，谨慎对待，有的时候责任心却是体现在琐碎的小事上。很多新人往往忽略了这一点，对此不屑一顾。对于职场新人做每件工作、每一件事情，都是在向上司或同事展示自己学识和价值，只有做好每件事，才能真正赢得信任。
- 提升自我：如果一个人足够有素质，他是不容易生气的，就算是面对同事的挑衅也能一笑而过，提升自己的人格魅力，让你的同事感受到你的魅力，平时多帮助一下同事，相信，你的同事也会被你感动。

面试官寄语

职场新人要想迅速在职场中占据一席之地，得到领导和同事的认可，需要经历一段成长期，而诚信、谦虚求问、沟通协作、踏实勤奋、责任心是成长过程中的修炼五诀。对于职场新人做每件工作、每一件事情，都是在向上司或同事展示自己学识和价值，只有做好每件事，才能真正赢得信任。自古“德才兼备”者才被人尊崇，为什么“德”放在“才”的前面，而不是“才德兼备”，可见“德”更被重视。“德”体现一个人的品质，其中诚信更是不少企业录用人才首要标准，甚至有些企业招聘时明确表示“有才无德莫进来”，因此，诚信的品质比实际技术更加重要。对于职场新人来说，在学校里学的理论知识永远无法替代实践工作经验，刚走出校门的你要想利用自己的专业知识获得企业青睐几乎不太可能。企业向你抛出橄榄枝的原因首先是对你品质和修养的肯定，其次才是你的学识和专业。

第 22 章 发扬特长：寻找晋升机会

赵老师，如果工作一段时间，自身的能力也得到了提高，但是老板总是不给加薪，该如何去谈呢？

小程

对于员工来说，和老板谈加薪和升职总是难以启口，不知道怎么找切入点。尤其对于程序员来说，平时很少参与管理方面的事项，没有什么管理经验，所以要想晋升真是难上加难。机会都是自己争取的，只有在平时的工作中多总结经验、多学习，踏踏实实走好每一步才是最关键的。

赵老师

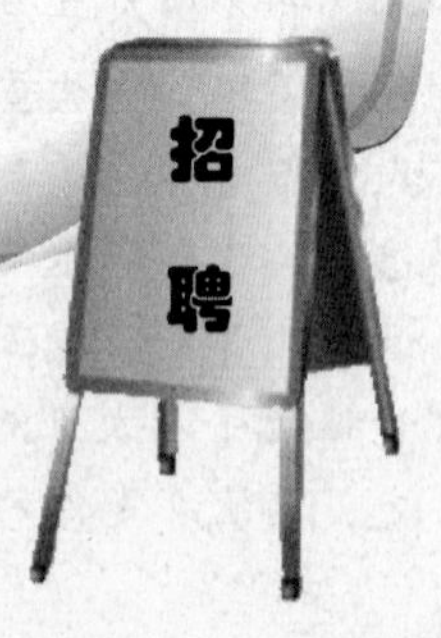

22.1 加薪和升职也讲究技巧

成功实现加薪或者晋升梦想的秘诀，不在于个人的业绩有多好，而在于你有没有艺术性地处理好一些细节。经常有一些不负责任的所谓职业顾问，抛出一些歪点子，鼓动职场人士要求老板加薪或者晋升，但是效果却不理想——大多人陷入尴尬境地，轻则遭到拒绝，重则被辞退。

有一位职场非常成功的人士曾经说过“职场成功非常重要的是设定你的职业目标，但是同等重要的是让老板分享你的个人职业目标。”这个忠告适用于任何行业。但是加薪不要太贪婪，自己要求的加薪幅度要适当参考整个行业的平均加薪幅度，不要太高，除非你有特殊贡献。

老板主动给你大幅度加薪，或是仅仅为弥补物价水平上涨带来的生活成本上升的加薪，概率都非常小。如果你没有这方面的要求，别人可能永远也不会提供给你。因此你必须主动行动。不过切记，无论你在谈判中处于多么有利的位置，正确地做好这件事情绝对是一项艺术。在你同老板开启工资或者晋升谈判之前，有 5 个关键步骤必须处理好。

（1）要求加薪存在着许多禁忌。你首先需要弄清楚的第一件事情——你对公司的价值值得你要求加薪。你必须向你的老板证明你对公司的价值，你对公司的盈利所做出的贡献。

（2）毫无疑问，你不能带着你的个人观点直冲冲地去见老板，你需要谋划一下。你需要分析你过去取得了哪些成绩，并将它们记录下来，另外还需要了解同业人员的薪酬水平。

（3）你必须非常清楚地知道自己将要向老板表达什么内容，并加以练习，要大声地说出来。记住，你是在推销自己。

（4）会谈时你需要充满信心，但是不要太具有进攻性，不要傲慢。而且不应该将加薪的理由放在个人需要的基础上，而应该是从公司的角度来理解。应该强调你对公司的忠诚和你未来的发展潜力，不要威胁离开。

（5）根据一家猎头公司的调查，只有不到 1%的员工加薪或者晋升的要求很快得到了满足。“如果你的要求立即不能得到满足，你应该同老板约定在 3 个月或者半年后重新再谈。”

下面列举两个加薪和晋升的案例。

1. 直言不讳

遇到性格直率、讲道理的老板，他很欢迎你跟他有一说一、实话实说，因为这有助于实现与员工的有效沟通，从而降低管理风险。但值得注意的一点是，如果你想谈加薪，一定事先要做好充分准备，要有有力理由来证明自己值得加薪。

案例：在一次员工聚餐会上，小许偶然从一位大嘴同事口中听到了一个令他做梦也想不到的“内幕”：对方跟他同在一个部门，拿的工资却是两重天。“论业务能力和业绩，我比他强；论资格，我比他还早进公司半年。凭什么他工资比我高？”按捺不住的小许度过了一个不眠之夜。第二天，他走进了老板的办公室。

在薪资保密制度下，小许当然不会说得知部门某同事工资比谁高，而是直截了当地要求老板给自己加薪。当他将加薪理由一个个罗列出来后，老板笑着说：“行，你很有勇气，就凭这敢作敢为的性格，我就给你加工资！不过，加薪是对你以前的工作的肯定，以后还要更加努力，公司不会亏待你！”

小许有点险中求胜的意味。不过，他首先摸准了老板的脾气性格，又趁着公司销售业绩攀升老板正高兴的时候，有理有据地提出自己的加薪要求，且实际情况是他与同事之间存在的薪酬差别，才让他的加薪要求顺利通关。看来，与老板谈加薪，“知己知彼，百战百胜”仍是首要策略！

如果你认为自己业务能力真的行，而且所付出的劳动与报酬明显不匹配时，那就不妨大声说出自己的要求来；但如果你只是想当然，或者一时之气与同事进行攀比，那么劝你最好还是不要去冒这个险，否则，难免要碰个大钉子，还给老板留下一个“干活不灵光，要钱不含糊”的不好印象。

2. 说得好不如做得好

有的领导向来深沉，他们习惯了按部就班地开展工作，并不喜欢那种直来直去、张口谈钱的做法，他们更相信“说得好不如做得好”。对于这样的老板，你自然要用行动、用业绩来打动他的心了。

案例：小韩是研发部的一名技术员，向来沉默寡言，一味埋头苦干，虽然连续几次在部门的绩效考核中排名靠前，但薪水就是没见上涨。他很苦恼，于是上论坛发帖求助，很快四面八方的网友纷纷出招，这让他大开眼界，恍然大悟：原来是自己平时在办公室里表现得不够勤奋和积极，只知道埋头苦干做好自己的分内事，没有和其他同事多一些沟通和协作。

从此以后，他不仅把自己的工作做好，还尽量帮助同事，适当加班，而且能够尽量提前完成领导布置的任务。两个月后，同事、主管对小韩的评价都有了质的提升，等到项目成功收尾时，小韩的工资袋里也比从前鼓了许多，而且也被提升为技术主管，真是一举两得的事情。

小韩的成功在于身为技术部门的一员，辛苦付出就有回报。这种办法的好处是员工不必花过多心思在工作之外，只要勤勉做事，就能赢得领导的“芳心”。

年初提加薪的人一般较多，一定要注意方法和技巧，不要在大家都神神秘秘地找领导“汇报工作”之时去找老板谈薪。否则，领导刚应付完一个你又来了，岂不自找没趣？在大家“群起而攻之”的时候，不如静观其变，用行动来证明业绩，领导自然会看在眼里记在心里，加薪机会来临也不会少了你。

如果想得到加薪和晋升的机会，其实还是要把工作做好，英明的领导都会看到勤奋进取的员工所取得的成绩，努力工作才是加薪和晋升的最好法宝。

如果你的要求得到满足，请表达你的感激之情，而且应该加倍努力工作，以证明老板做出这样的决策是完全正确的。

22.2　不能得到加薪或升职的六种类型

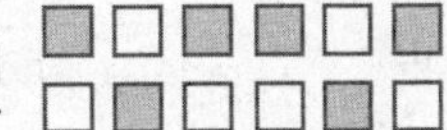

职场如弹簧，你越能承受压力，那你的弹性将越大，也就是你在职场中越能承受折磨越能屈，你也就越能承担责任和压力，较能承担责任和压力的人就具备了拥有更大权力的潜力和机会。升职加薪是我们每一个在职场打拼的人所期望的，可是 6 种人恐怕难有升职加薪的机会。其共同的特点是不能正确处理自己和他人的关系，缺乏自信心，从而使主观能动性受挫。

1. 伴娘型

这种类型的人工作做得其实挺不错的，就是不能充分发挥自己的潜能，属于默默无闻型。在你用心时，你的工作是一流的，但你的处事态度始终像伴娘一样，不想喧宾夺主，也不想发挥主动性，使得自己总是处于角落里，很难被人发现，这阻碍了你升迁晋级。

如果想改变现状需要适时展现自己的才华，充分表现自己。

2. 绵羊型

这种类型的人虽然勤于工作，也有技术和才华，但由于工作性质或人事结构，自己的能力完全无法施展。在别人升迁时，你却只是增加工作量，而你所做的工作与收入不能成正比增长。对于这种境遇，虽然早就心存不满，但不能大胆陈述，而只是拐弯抹角地讲一讲，信息得不到传达，或根本被上司忽视了。一切全因你像绵羊一样的性格，太温顺了，无法和领导直接表达自己的想法。

这种类型的人要主动和老板谈一下，安排自己擅长的工作去做，这样也可以施展自己的才华。如果你不主动找老板，老板永远发现不了你其他方面的特长。

3. 幕后型

这种类型的人工作任劳任怨，认真负责，可是工作却很少被人知道，总是做幕后英雄。自己做出的成果，功劳却是别人的，这主要是你不擅长表达自己所创造出来的成果，而是被别人钻了空子。如果取得成就一定要走到台前，让大家知道这件事情的成功你也付出了很多。

这种类型的人只有逐渐从幕后走出，适当展现自己的能力。

4. 仇视型

这种类型的人不能说不自信，其实是太过自信，觉得自己什么都比别人强，害怕别人在能力上超越自己，总是以敌视的态度与人相处，与每个人都有点意见冲突。行为上太放肆，常常干涉、骚乱别人，使自己处于孤立的局面。

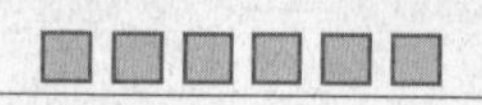

这种类型的人要切记“低调行事，与人为善”。

5. 抱怨型

这种类型的人一边埋头工作，一边对工作不满意；一边完成任务，一边愁眉苦脸。同事认为你难相处，什么事情都不愿意去做，爱推卸责任，结果升级、加薪的机会被别人得去了，你只剩下“天真”的牢骚，还会引来其他人的“白眼”。其实“少说多做”未必是坏事，你所做的一切其他同事会看到的，光有抱怨会引起人们的反感。

这种类型的人要记住四个字“少说多做”。

6. 水牛型

这种类型的人对任何要求，都笑脸接受，有时候会“热心”过度，引起别人的反感。别人请你帮忙，你总是放下本职工作去支援，自己手头落下的工作只好另外加班。你为别人的事牺牲不少，但很少得到赏识，背后还说你是无用的老实。有些人会因为你这样的性格而占你的便宜，本应该他们自己完成的工作也会推到你的头上，从而他们自己去邀功，而你却一无所获。

这种类型的人要做到“独立自我，学会说‘不’”。

22.3 IT 职场晋升十大绝招

笔者面试过的不少人的目标是以后成为一名经理，即使现在处在开发者的职位。而网络、报刊上也不乏这样的言辞，软件开发者，超过三十岁，如果升不了官，就应该转行了。我想，每个人都会针对现实，而选择让自己利益最大化的路线。所以，如果有那么多的技术人员把成为管理人员作为职业规划的目标，也说明这些人很有抱负，但是不是每个人都会成为经理或管理者的。尤其是对于程序员来说，天天和程序代码打交道，对于管理方面的知识很是欠缺，在平时做项目的时候，不要只是埋头写代码，而忽略了团队管理及配合方面的知识的补充，如果你的职场规划是要成为一名管理者，那就要多学习这方面的知识。在此总结了10 个技术人员晋升的绝招。

1. 兵来将挡，水来土掩

永远要有这样的心理准备：如果上司突然交给你一个任务，并要你在短时间内完成，你必须有兵来将挡、水来土掩的能耐与决心，千万不可表现出不知所措的恐慌状。一般公司老板在提拔人才时，吃苦耐劳的员工是最受青睐的。至于那些老是发牢骚、踢皮球的人，则压根儿也不放在眼里。

2. 把上司永远放在第一位

千万记住，老板的时间比你的值钱。当他派一项新任务给你时，最好立刻放下手边的事，以他的指令为优先。比如说，当你正跟别人通电话时，上司刚好要找你，你应该当机立断终止通话。假如通话的对方是公司的重要客户，你不妨以字条或唇形知会老板。总之，尊重老板的存在是属下与上司关系中极为重要的一环。

3. 以上司的事业为己任

在职场上（尤其是在私营和合资公司），能否成功上位，你的主管和上司往往是重要的决定因素。要知道，上司的事情就是你的事情，你的主管和上司发展顺利，你也跟着发展顺利；如果他们失败，你的前途同样一片黯淡。所以说，帮上司，就是帮你自己。

4. 参与决策，当机立断

想出人头地吗？先改掉你优柔寡断的毛病再说。当你有机会参与公司决策的时候，千万要记得：当机立断、刚毅果决。优柔寡断与婆婆妈妈是决策的致命伤。纵观世界成功企业名流哪一位不是雷厉风行、果敢决断的角色。

5. 保持大方得体的仪态

在这个物竞天择的时代里，想有一番作为，可得掌握一项基本原则：看场合穿衣服。此外，打扮合宜、修饰整洁并具备良好卫生习惯也同样重要，例如简单有型的头发、适时修剪指甲、避免浓妆艳抹等，都是不可忽视的原则。

6. 遇到问题要临危不乱

惊惶失措是职场中最忌讳的表现，记着，沉着镇静、处变不惊的人，方为职场最终的胜利者。老板都欣赏临危不乱的角色，因为唯有这种员工才有能力乘风破浪，独挑大梁。如果你有天塌下来都不怕的信心，那么出人头地必然指日可待。

7. 洞察先机，未雨绸缪

千万不要以为所有计划都能顺顺利利，事先想好后备方案防止意外的发生。比如你的上司准备出差，而你必须替他设想可能遗漏的东西以及可能出现的突发状况，不怕一万，只怕万一就是这个道理。如此一来，他不但会衷心感激你，也会对你未雨绸缪的应变能力留下深刻的印象。

8. 笑脸迎人是不二法门

没有人喜欢和一个整天愁眉苦脸的家伙在一起，原因很简单，这种人通常只把悲伤带给别人，而那正是大家最不想要的。如果你想获得同事基本的喜爱，尽量保持笑脸常开是不二法门。俗话说：伸手不打笑脸人。笑脸迎人不但让共事的气氛更欢愉，对于工作的完成也有事半功倍之效。

9. 不怕吃亏，善于沟通

在未来领袖的字典里，没有“对不起，我没空”这样的词句，它是从属关系中的大忌。想要收获，就必须付出代价。如果你的上司要你负责额外的工作，你应该感到高兴与骄傲，因为这表示他看重你、信任你，且极有可能是他在有意识

地考验你承受压力与担负重责的能耐。

凡是不愿意多承担责任的员工只有两种出路，一辈子在原地踏步，或是被别人踩在脚下，永不见天日。不过，对额外的工作来者不拒者，还是要先权衡一下额外与本分的界线，如果你觉得实在负荷不了，而且过度的工作已经明显造成你身体或心理上的不适，而你又不便推却上司交付的任务，不妨试着和上司沟通，妥善安排工作的优先顺序。

10. 出现错误，勇于承担

如果你在工作中犯了比较严重的错误，怎么办？与其逃避责任，不如试着冷静下来，评估事态的严重性，并研究可行的补救措施，然后视情况向上级反应，万万不可在情况未明朗之时告诉上司，而又不知如何解决；更不可装作什么都没发生，企图遮掩过失。有自己的主见，养成临阵不乱的沉着，这才是上司欣赏的特质。

22.3.1 晋升案例

小王是某软件公司的软件开发工程师，主要配合项目经理负责软件的开发和技术支持。测试部的小李热情、聪慧、富于创造性，对软件测试有自己独到的见解，并且喜欢与上司沟通；而小王则比较内向，虽然技术上比较突出，且软件开发技术较其他人都胜出一筹，但凡事不愿麻烦领导，大多数的困难都自行解决了。

某月，软件开发部的刘经理由于个人原因突然提出辞职，公司决定从内部提拔一名优秀的员工接替其职位。.小王满怀信心地认为，自己技术水平较高，能力较强，经验较丰富，且断断续续地代理过项目经理的工作，这个职位一定非他莫属。然而，经过上级的评选，最终确定小李担任了软件开发部的经理。此后，小王由于错过一次升职的机会，虽然仍保持着原来的技术，但工作积极性明显不如从前，而且他认为，以自己的水平，领导一定会发现他这个人才的，所以就一直处于一种懒惰的期待与抱怨状态中。

可能有些人也曾有过与小王类似的经历，也曾感慨：论能力，他们与我差不多；论技术，我比他们强一点，但是面对升职的机会，我总是排在他们的后面。为什么？这样太不公平了，或许还存在着不公正。

22.3.2 案例点评

该案例中出现的情况是很多公司和员工都会碰到的一种现象，下面从如下几个角度谈谈笔者自己的看法。

首先，从公司晋升人员选拔标准来看，是比较合理的。公司岗位出现空缺或者需要人才补充时，无论是外部招聘还是内部选拔，首要标准和原则是人岗匹配，也就是把合适的人放在合适的职位上。在案例中，空缺的岗位是一个基层管理岗，也是公司的基层核心岗。对该岗位任职资格的要求是不仅仅要熟悉公司生产环节所牵扯的基本知识，还要有一定的人员协调、沟通与综合管理能力，是专业性与管理性素质要求并重的岗位。一个拥有单纯的技术能力或是单纯管理能力的人都不是最佳人选。在该职位候选人中，小李、小王都拥有一线工作经历，也各有优势。小王的特长是在技术能力上，但在他的个人性格与管理性素质中，并不是特别合适软件开发部经理这一职务。小李或许在专项技术能力上没有小王强，但是在管理与沟通能力上要好于小王，这是基层管理者最重要的一种自我素质。所以公司最后没有选择小王是一种非常理性的选择。如果真把不是很具备要求的小王放在这个职位，最后的结果是小王会因为自身能力的缺陷而无法协调好工作，从而弄得自己很累，公司的工作也做不好，最终出现两败俱伤的情况。

其次，一个企业对优秀员工的肯定无非有两种最主要方式，就是加薪与晋升。在公司职务出现空缺时，优秀员工首先是会被晋升职务的，这是所有企业的普遍方式。并且伴随职务的晋升，不仅仅薪资福利待遇会水涨船高，而且员工的总体社会地位也会有提升。所以能够晋升职务是所有优秀员工的梦想。但是，一个企业中，可以晋升的岗位毕竟是有限的，大量的岗位更需要更多专业化的优秀人才，并且任何一个岗位能够达到优秀的专业能力的人，都不是一年两年不努力就可以轻松达到的。所以，小王作为一个技术性优秀员工，如果想走上管理岗位，不仅要做好本职工作，而且要锻炼自己的组织和管理能力，要与同事多沟通，多表达自己的想法，从而得到同事的认可。

最后，小王出现受挫后的消极心态，主要是由于个人对自我认识不清，一个员工的心态是会在不同的时期有变化的，前期小王刻苦钻研专业技术，并且是在这个岗位上达到了很优秀的程度，但是小王的这种优秀只是体现在技术方面，而没有体现出其管理才能。晋升受挫后的懈怠也是小王应该自我反省的，应该从自身总结失败的原因，要以更加努力的心态去面对以后的工作，只有这样才能有晋升的机会。

21.3.3　案例总结

对于 IT 技术类职位来说，入门的门槛要求比较高，进入不容易，但是因为视野受限，出来也不容易，开始是靠技术吃饭，后来就只能靠技术吃饭了。这一行业的整体薪资水平比较高，但是技术岗的待遇提升空间又很有限。了解自己，了解职业世界，在这中间找到结合点，在不同的企业发展模式下规划出最佳路径，才能摆脱“IT 民工”的套路，使自己走上管理道路。

面试官寄语

没有不合理的职场，只有不合理的心态。晋升对每个职场人士来说都很重要，也是每个职场人的目标和动力。但是，晋升是个双向选择的过程，一方是下级想晋升，但是否具备晋升的条件；另一方是上级是否需要提拔人才，同时是否有可以提拔的人才。如果双方观点一致，下级想晋升，且条件充足，同时上级正好需要提拔人员，你又能满足上级的要求，晋升也就是顺理成章的事。对此，台湾作家黄明坚有一个形象的比喻："做完蛋糕要记得裱花。有很多做好的蛋糕，因为看起来不够漂亮，所以卖不出去。但是在上面涂满奶油，裱上美丽的花朵，人们自然就会喜欢来买。"除非你打算继续坐冷板凳，蹲在角落里顾影自怜，否则，每当做完自认为圆满的工作，要记得向老板、同事报告，别怕人看见你的光亮；当有人来抢夺属于你的功劳时，也要坚决捍卫。总之，要让老板知道你做的事，看到你的工作成果，当然这些的前提是要踏踏实实做人，勤勤恳恳工作，你的晋升之路将会一片光明。

附录 A 面试经验谈

A.1 面试自我介绍技巧

应聘者到外企或其他用人单位时，往往最先被问及的问题就是“请先介绍介绍你自己”。这个问题看似简单，但一定要慎重对待，它是你突出优势和特长，展现综合素质的好机会。回答得好，会给人留下良好的第一印象。

回答这类问题，要掌握几点原则：

① 开门见山，简明扼要，不要超过三分钟。

② 实事求是，不可吹得天花乱坠。

③ 突出长处，但也不隐瞒短处。

④ 所突出的长处要与申请的职位有关。

⑤ 善于用具体生动的实例来证明自己，说明问题，不要泛泛而谈。

⑥ 说完之后，还可以问一下考官还想知道关于自己的什么事情。

为了表达更流畅，面试前应做些准备。而且由于主考喜好不同，要求自我介绍的时间不等。所以最明智的做法应是准备一分钟、三分钟、五分钟的介绍稿，以便面试时随时调整。 一分钟的介绍以基本情况为主，包括姓名、学历、专业、家庭状况等，注意表述清晰；三分钟的介绍除了基本情况之外，还可加上工作动机、主要优点、缺点等；五分钟的介绍还可以谈谈自己的人生观，说些生活趣事，举例说明自己的优点、在学校参与的一些实践活动等。

A.2 应聘者回答问题的技巧

面试回答问题是必不可少的环节，也是毕业生最发怵的环节，许多同学把考官提出的问题想得过于难，在做准备时重难轻易，把精力放在高难度的理论和技术知识上，而忽视了基础性的东西和一般的答题规律，甚至出现匪夷所思的低级错误。回答问题一般应掌握以下技巧：

① 把握重点，简洁明了，条理清楚，有理有据。一般情况下回答问题要结论在先，议论在后，先将自己的中心意思表达清晰，然后再做叙述和论证。否则，长篇大论，会让人不得要领。面试时间有限，神经有些紧张，多余的话太多，容易走题，反倒会将主题冲淡或漏掉。

② 讲清原委，避免抽象。用人单位提问总是想了解一些应聘者的具体情况，切不可简单地仅以“是”或“否”作答。针对所提问题的不同，有的需要解释原

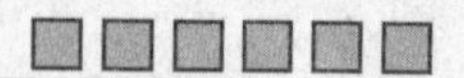

因，有的需要说明程度。不讲原委，过于抽象的回答，往往不会给面试官留下具体的印象。

③ 确认提问内容，切忌答非所问。面试中，如果对用人单位提出的问题，一时摸不到边际，以致不知从何答起或难以理解对方问题的含义时，可将问题复述一遍，并先谈自己对这一问题的理解，请教对方以确认内容。对不太明确的问题，一定要搞清楚，这样才会有的放矢，不致答非所问。

④ 有个人见解，有个人特色。用人单位有时接待应聘者若干名，相同的问题问若干遍，类似的回答也要听若干遍。因此，用人单位会有乏味、枯燥之感。只有具有独到的个人见解和个人特色的回答，才会引起对方的兴趣和注意。

⑤ 知之为知之，不知为不知。面试遇到自己不知、不懂、不会的问题时，回避闪烁、默不作声、牵强附会、不懂装懂的做法均不足取，诚恳坦率地承认自己的不足之处，反倒会赢得考官的信任和好感。

A.3 应试者语言运用技巧

面试场上你的语言表达艺术标志着你的成熟程度和综合素养。对应试者来说，掌握语言表达的技巧无疑是重要的。那么，面试中怎样恰当地运用谈话的技巧呢？

① 口齿清晰，语言流利，文雅大方。交谈时要注意发音准确，吐字清晰。还要注意控制说话的速度，避免磕磕绊绊，影响语言的流畅。为了增添语言的魅力，应注意修辞美妙，忌用口头禅，更不能有不文明的语言。

② 语气平和，语调恰当，音量适中。面试时要注意语言、语调、语气的正确运用。打招呼时宜用上语调，加重语气并带拖音，以引起对方的注意。自我介绍时，最好多用平缓的陈述语气，不宜使用感叹语气或祈使句。声音过大令人厌烦，声音过小则难以听清。音量的大小要根据面试现场情况而定。两人面谈且距离较近时声音不宜过大，群体面试而且场地开阔时声音不宜过小，以每个人都能听清你的讲话为原则。

③ 语言要含蓄、机智、幽默。说话时除了表达清晰以外，适当的时候可以插进幽默的语言，使谈话增加轻松愉快的气氛，也会展示自己的优越气质和从容风度。尤其是当遇到难以回答的问题时，机智幽默的语言会显示自己的聪明智慧，有助于化险为夷，并给人以良好的印象。

④ 注意听者的反应。求职面试不同于演讲，而是更接近于一般的交谈。交谈中，应随时注意听者的反应。比如，听者心不在焉，可能表示他对自己这段话没有兴趣，你得设法转移话题；侧耳倾听，可能说明由于自己音量过小使对方难于听清；皱眉、摆头可能表示自己言语有不当之处。要根据对方的这些反应，适时地调整自己的语言、语调、语气、音量、修辞，包括陈述内容。这样才能取得良好的面试效果。

A.4 面试前要先正确自我定位

终于挥泪告别校园生活，快乐地奔向新工作。笔者把作为面试官多年的经验总结了一下，有些经验还是值得刚找工作的大学生学习的。

1. 你是找工作，不是发传单

现在很多毕业生在找工作时，总是抱怨仅简历就需要花费大量的金钱，而且大多还是石沉大海。

要知道工作不是恋爱，有了感情就爱，没了感觉就走开。工作更像是一场肩负责任的婚姻，如果盲目地把媚眼抛向自己并不熟悉的岗位，那是对自己极其不负责任的做法。

如果你只是想找个工作，或许可以把自己的简历像传单一样发给每个过往招聘的单位；如果是想找到好的工作，那么建议最好有选择地投简历，这样省钱也省精力，而且也容易以好的精神面貌出现在主考官面前。

2. 你是去上班，不是去聚会

去面试时，你的仪表很重要。长得怎么样不是你所能决定的，但怎么装扮自己，主动权完全在自己。去大公司上班，女孩子化点淡妆是有必要的。

记得有一次和老总一起去招人时，发现女孩子打扮得很漂亮，只是那种漂亮过了头，嘴唇上打了好几个小洞洞，穿着嘻哈服饰。也有人化着浓妆，说话装腔作势，本来可以好好回答的问题，非要装着淑女样，这些在面试时都是比较忌讳的。

上班族的服饰，不被人关注就是最大的亮点。得体是一个公司职员起码应该做到的。

3. 不要模棱两可，学会转折

有些刚出来找工作的毕业生总是会听人说，人力部门的经理都比较无聊，总问些无聊的问题，这是一个很不正确的认识。几乎没有一家正规单位会有闲工夫和你拉家常，他们所问的问题，自然是有目的的。当对方问到不是你强项的地方时，不要掩饰自己的缺点，而是机灵地把自己的优点表现出来。比如你的英语确实没怎么学好，几乎不怎么会，但你学了法语和韩语，你可以如实回答："我的英语不太好，但是我法语和韩语还不错。"这样也许还为你添彩了。

4. 学会用价格评估自己

在当今这个竞争激烈的社会，工作大多时候是为了生存，只有在生存的基础上才可以谈发展。当对方问你理想月薪时，千万别说够吃够喝够租房就行，这样的概念实在是很笼统，也不要头脑发热说个过高的数。而是说出你的真实想法，如果你想月薪在 5000 元左右，那么你不妨说 5000 元到 6000 元之间。让彼此都有一个选择的空间。

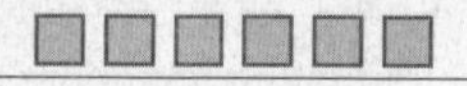

面试考查的是一个人的综合能力和素质，而不是某一方面的才能。面试时，不要以一个卑微的身份去乞求一份工作。
在结束面试离开时，别忘了要对主考官们说谢谢，要报以最真诚的微笑。

A.5 如何克服面试怯场的紧张心理

很多人在面试时或者面试前会有明显的紧张感，并产生怯场表现，直接对接下来的面试造成负面影响，无法发挥最佳的水平，如何克服面试怯场的紧张心理，我们提出一些有效易行的方法，来帮助克服这种不良焦虑：

1. 充分、夯实的知识储备

包括三个方面：知识点的整体性把握；口语表达，形体语言的有效拿捏；对细节的重视习惯。

没有准备就没有战场。知识点的整体性把握是构建理想大厦的基础。要充分了解面试基本测评要素，分类整合自己的资源。在口语表达、形体语言的拿捏上，要做到足够的练习，敢于表现自己，敢于让他人揭自己的短，勇于接受批评和意见。

2. 保持良好的心态

在面试前保持良好的心态、规律的生活和适当的休息娱乐，对克服面试怯场紧张心理大有效果。

3. 有效的心理暗示和自我操控能力

找到使自己出现紧张、焦虑的原因，用相反的思维去抵消怯场的心理，通过一些有激励作用的内部语言，使积极意识潜入自我意识，最终达到平衡克服紧张心理。比如“我一定能面试上!”、“我有信心!”，在暗示的同时，也可在头脑中联想过去成功的情境，以激励自己。

A.6 面试现场犯错了应该怎么办

求职者由于紧张，甚至产生恐惧心理，难免出错。错误的出现，又会加剧紧张情绪，导致接下来的面试效果越来越差，最终可能连说话都语无伦次了。那么，面试现场出错应该怎么办呢?

首先，对面试出错这一问题要有正确的认识。

面试中的难题大多是没有标准答案的，主要是考查你的能力。你只要鲜明地亮出自己的正向的观点，尽可以按照自己的思考做出回答，表现出自己的综合素质和不俗的能力。偶尔出点差错，考官也不会对你全盘否定，所以不必紧张。

其次，要迅速判断能不能进行弥补。答错了，总是想着找机会弥补，总想解释刚才为什么没答好，以证明自己水平不差，但由于下面的问题一个接一个，一方面要回答新问题，另一方面想着前面问题的回答缺憾，结果闹得新问题也没答好。所以，当自己判断不能进行弥补的话，就不必耿耿于怀，而要马上忘记，继续沉着地回答下面的问题。

最后，如果觉得自己有把握对出错进行弥补，也要讲究方式方法。具体说来，面试出错补救有以下几种技巧：

1. 以正改错

意识到错了，就要诚实地加以纠正，不要为了面子而置之不理。最好的办法就是按正确的讲法再讲一遍。诸如语句不通、词不达意、口误等，只要很自然地加以纠正，就会得到考官的理解。

2. 化错为正

察觉自己说错了，如果考生能够针对自己的失误，进行一番合乎情理的阐释，只要能够自圆其说，也不失为一种补救的办法。如对大学生卖猪肉、当保姆等现象的认识，在回答时，本来想好要重点谈大学生就业观念的改变、就业环境的变化、就业压力的增大等方面的问题，但回答时一开口就说是人才的浪费，自己觉得说错了，也不必紧张，就把人才浪费作为重点阐述，其他观点作为一般论述，自圆其说，效果也不差。

3. 续错成正

如果说错了话，有时可以采用调整语意，改换语气等方式予以补救。只要反应敏捷，应变及时，就可以收到不露痕迹的纠错效果。如列举了一系列腐败现象后，应试者想好要说的是“我们决不允许这种现象存在下去”，结果却说成“我们允许这种现象存在”。此时如果直接承认自己说错了，把正确的再说一遍，效果并不好。这种情况下，续错成正是最好的选择，考生可以接着“我们允许这种现象存在”说下去，“就是对人民的犯罪”。这样续接补救，可谓顺理成章，天衣无缝。

在紧张的面试过程中，要进行纠错不是一件容易的事，这就要求应试者尽量不出错。而要不出错或少出错，就要做好应试准备。平时的积累不可少，考前参加强化训练也很有必要。在专家的指导下全面提高自己，在面试时就能少出错，即使出错了，也能及时纠错，从容应对。

A.7 如何应对面试冷场

许多求职者在求职过程中可能都遇到过这样的情况：和面试官谈论问题很顺畅的时候，面试官突然不说话了，大家都陷入冷场的局面，有的求职者就可以从容以对，但是还有部分求职者则不知道如何应对。当面试官沉默时，他是在等着看你接下来的表现，看你怎样应付这被动的局面。这个时候，首先要做的是静下

心来，从下列招数中挑选出一项沉着应对。

1. 把球回传

例如，你可以适当地反问道，“以上是我个人的基本情况，对此您有什么看法?”或者说，“您还有什么需要了解的吗?”这样，往往能够化被动为主动。

2. 另起一个新话题

最好能在面试之前，就准备这样几个新话题，以备不实之虚。一旦遇到冷场，马上刀锋一转，与考官进行新的讨论。

3. 对以上所说作个补充

如果你刚刚谈了自己以前所取得的工作业绩，你可以接着谈一谈自己有哪些不足，或者有什么让自己感到遗憾的地方。可以从正面补充，也可以从反面，这样会让考官觉得你思考问题很全面。

4. 适当总结

适当总结一下，也是不错的处理办法。当考官沉默时，你可以大胆地说“总之……”，为你的言论做个简短的结尾。事实证明，这招往往行之有效。

当然，要处理好面试“冷场”的不利局面，关键还是要看个人长期积累起来的心理素质和应变能力。上面所说的方法，不能从根本上解决问题，最重要的是：不断锻炼自己的心理素质，努力增强应付意外事件的能力，以不变应万变。

A.8 “隐形”面试错误

在求职面试中，总有些错误即使是聪明的求职者也难免会犯的，我们称之为“隐形”错误。

1. 不善于打破沉默

面试开始时，应试者不善“破冰”（即打破沉默），他们出于种种顾虑而不愿主动说话，等待面试官打开话匣，结果使面试出现冷场。即便能勉强打破沉默，语音语调亦极生硬。实际上，面试者主动致意与交谈，会留给面试官热情和善于与人沟通的良好印象。

2. 与面试官“套近乎”

具备一定专业素养的面试官是忌讳与应试者套近乎的。过分“套近乎”，也会影响应试者面试时的陈述。聪明的应试者可以列举一两件事来赞扬招聘单位，表现出你对这家公司的兴趣。

3. 为偏见或成见所左右

面试前自己所了解的有关面试官或该招聘单位的负面评价会左右自己面试中的思维，误认为貌似冷淡的面试官或是严厉或是对应试者不满意，因此十分紧张。其实，在招聘面试这种特殊的关系中，应试者需要积极面对不同风格的面试官。

4. 慷慨陈词，却举不出例子

应试者大谈个人成就、特长、技能时，面试官一旦反问："能举一两个例子吗?"应试者便无言应对。在面试中，应试者要想以其所谓的沟通能力、解决问题的能力、团队合作能力、领导能力等取信于人，唯有举例。

5. 丧失专业风采

有些应试者面试时各方面表现良好，可一旦被问及现所在公司或以前公司时，就会愤怒抨击，甚至大肆谩骂。在众多国际化的大企业中，或是在具备专业素养的面试官面前，这种行为是非常忌讳的。

6. 不善于提问

有些人在不该提问时提问，如面试中打断面试官谈话。也有些人面试前对提问没有足够准备，轮到有提问机会时却不知说什么好。而事实上，一个好的提问，胜过简历中的无数笔墨，会让面试官对你刮目相看。

附录 B　程序员就业分析

现在就整体发展趋势来看，程序员的缺口比较大，就业形势还是比较明朗的，因为现在社会的发展已经离不开高科技了，而好多高科技产品离不开程序控制，所以以后程序员的需求量还会进一步加大，只要求职者掌握了硬本事，找工作是手到擒来的事情。在此我们对程序员的就行形势进行了分析。

1. 程序员

这里所指的程序员不包括高级程序员，在互联网时代，程序员职位的提供也更多地与网站相关。现在大约 40%的程序员职位都是关于网站动态页面编码与设计的，如 ASP、JSP、PHP、ASP.NET 等；18%的程序员职位是关于 Java 编程的，而 VC++大约占了 12%，这三类已经占据了普通程序员市场需求的三分之二。一般来说，普通程序员的职位要求都有如下特征：精通所需要的编程语言，有 1～3 年的工作经验；精通一类数据库的开发技术，其中网站动态页面程序员岗位以要求 SQL Server/My SQL 的居多，也有部分要求 DB2 的，Java 程序员岗位以要求 Oracle 的居多，普通程序员一般对学历要求不高，大学专科即可。由于应用领域的不同，有些有行业要求的程序员职位还有其他的少许要求。另外，该职位有少数的公司接收应届本科毕业生。

应聘此类职位，以往的作品是最好的通行证，比如以前工作设计的软件系统、网站系统（B/S 软件系统），或者学生时代制作的个人网站和小软件，另外还要注意准备的应当是具有良好编码风格的作品，别让未来的老板读不懂。

2. 高级程序员

高级程序员一般都被用于开发大型的应用项目，现在约 60%的高级程序员职位都要求应试者是 Java 程序员，另外有少数要求在 VC 或 PHP 领域有 3 年开发经验。一般来说，高级程序员职位都要求求职者具备如下素质：在精通所需要的编程语言的同时，要精通两种数据库技术，以 Oracle 和 SQL Server 居多。同时多数公司要求应聘者具备 UNIX/Linux 开发经验。高级程序员一般要求本科学历，同样由于应用领域的不同，一般还有其他的开发经验要求，有的还有特殊外语要求。需要注意的是，该职位一般不接收应届毕业生。

此类职位应聘侧重于两个方面，一是以往的工作项目经验，二是团队合作精神，这两个方面可以分别在简历作品和面试中得以体现。

3. 高级软件工程师

对于这个层次的职位来说，已经不会简单地要求熟悉某种计算机语言，而是要求应聘者对面向对象开发以及 Web 开发都要精通每类开发中的至少一种语言技术。此职位一般要求 3 年以上工作经验并有全程参与过大型项目开发、设计和构架的经验，同时一定要精通 UML，数据库开发至少精通两个，以 SQL Server、DB2、Oracle 居多。特别要注意，由于要面对客户采集需求或者领导团队进行开发，这个层次的职位对应聘者的沟通和协调能力要求较高，并且一般不接收应届毕业生。

简历中在你带领下开发项目的规模、种类、数量将是你的求职砝码，在面试中将主要考核你的沟通和团队组织能力。

4. 软件测试工程师

这是一个比较乐意接收应届毕业生的职位。一般来说，面向应届毕业生的职位对计算机语种没有过多的要求，有些要求应聘者学过特定的课程，并对应聘者的英语水平要求较高，一般都要求英语达到六级水平或者可以说出流利的口语，有的公司对学校和在校成绩也有要求。对于面向非应届毕业生的职位来说，对语种同样没有过多的要求，但一般要求有两年左右的工作经验，同时对各种常见的测试方法和技术要熟悉，还要熟悉各类开发文档的写作与阅读，另外学历要求一般为本科。

应届生应聘这个职位时，应该在简历中体现自己在学校的学习成绩优秀，以及应聘这个职位的优势。在面试中要体现自己严谨的态度，因为软件测试是绝对不容马虎的。

5. 数据库工程师

数据库工程师主要从事数据库开发和维护工作，在招聘时对国际企业认证比较看重，同时对经验要求也较高，一般都是面向当前主流数据库的，主要是 Oracle、SQL Server、Sybase 和 DB2。一般来说，要求应聘者精通一种数据库技术，同时有 3 年左右的数据库项目工作经验。由于数据库涉及企业生存，所以数据库相关的职位对应聘者的文档能力和流程规范化习惯要求很高，并要求应聘者具有一定的需求分析和独立、快速解决问题的能力，另外要求应聘者对数据库所处的操作系统及应用该数据库的编程语言也很熟悉。数据库职位对外语要求不高，另外学历一般以本科为主，同时该职位一般不接收应届毕业生。

应聘这个职位的要点就是要体现出高深的技术和丰富的经验。一般来说，如果能让对方相信你拥有很好的处理紧急事件的能力，将更容易应聘成功。

6. 系统集成工程师

严格地讲，系统集成是一个以某个应用领域或公司的计算机网络实施为重点，同时兼有计算机软硬件的安装配置，并辅之以维护的工作。但考虑到一般用人单位都把该职位编入软件类人才的招聘计划，所以笔者在此也简要介绍一下。一般该职位要求应聘者具有某种系统3年左右的集成经验，有些行业有着相关的行业背景或项目经验要求，技术上要求应聘人员对各类网络设备硬件的调试、配置等工作环节熟悉，同时对系统所用的数据库及操作系统可以进行熟练的安装、配置及管理调试（注意这里的技术要求一般不再是开发），并要求具有较强的规范文档撰写能力。有时出于维护需要，还要求应聘者有某种脚本语言的开发能力。该职位对英语（涉外公司除外）和学历的要求不是很高。部分公司接收应届毕业生，系统实施工作一般不招聘应届毕业生。

对于非应届人员，要着重体现出集成经验丰富，同时你所做过的项目运行稳定；如果是应届毕业生，曾经在校园网担任过维护或类似的工作，那么将这些写入简历，它将提高你应聘成功的概率。

7. 移动开发工程师

全球移动通信用户在爆发式增长，而移动互联网用户已经超过20亿，比10年前的数字增长近10倍，且数字仍在翻倍上升，以IOS、Android为主流的操作系统占据用户的移动设备，便捷易携带的各类生活指南、GPS定位、休闲娱乐等的手机软件铺满人们的视线，已经成为人们生活中不可分割的一部分，在此条件下，一切软件都有一举成名、甚至养活一个公司的可能。如此一块巨大的蛋糕正在慢慢成型，想吃到蛋糕的企业必须加速寻找合适的人才，在人才缺口高达百万的市场中，以重金相留也是必须而为之的举动，所以建议感兴趣的同学可以往移动开发工程师方向发展，前途很好。部分公司接收应届毕业生，一般要求本科以上学历。

对于这类求职者，一定要了解当前移动开发的发展形势，并且要有相关开发的经验积累，可以列举自己曾经开发的案例，并能够解释出一些关键技术点。

综上可以看出，在软件行业中，测试、维护和初级开发类的工作岗位一般要求不高，适合于经验较少的人或者应届毕业生，其他岗位则一般需要两三年的工作经验。因此在找工作时，还需有的放矢，以增加求职的成功率。